Christian Schlieder

Autodesk® Inventor® 2021
BELASTUNGSANALYSE (FEM)

Viele praktische Übungen am
Konstruktionsobjekt RADLADER

Christian Schlieder

Autodesk® Inventor® 2021

BELASTUNGSANALYSE (FEM)

**Viele praktische Übungen am
Konstruktionsobjekt RADLADER**

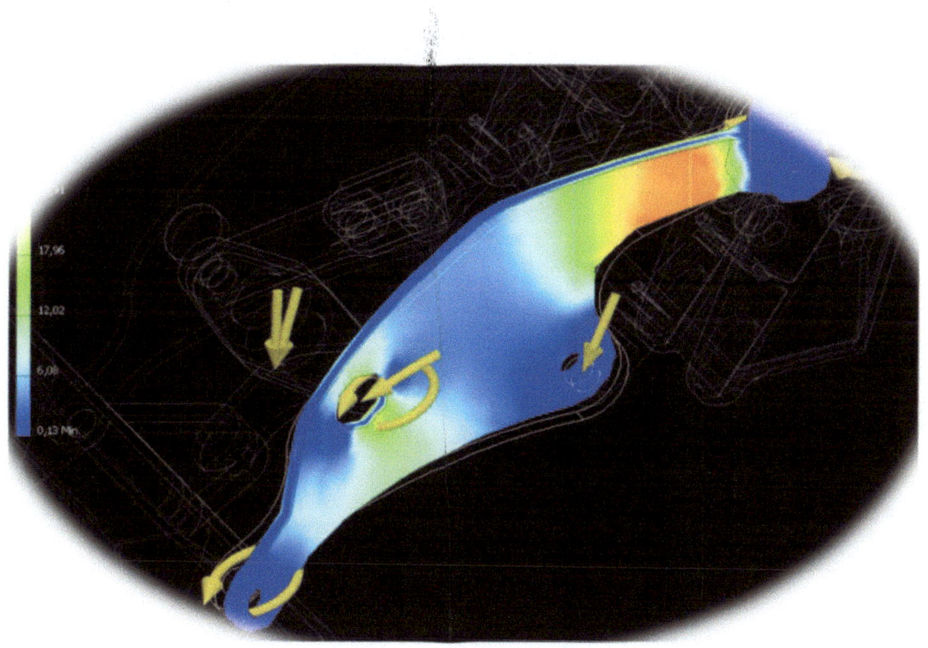

AUTODESK INVENTOR
Dynamische Simulation
CAD-Trainings.de

ISBN

978-3-7519-5763-2

IMPRESSUM

Dipl.- Ing. Christian Schlieder
www.cad-trainings.de
Fax: +49 (0) 3212 - 1122290

HERSTELLUNG UND VERLAG

Books on Demand GmbH, Norderstedt
www.BoD.de

INHALTSVERZEICHNIS

1	GRUNDLEGENDES ZUM BUCH	9

2	INSTALLATION VON AUTODESK® INVENTOR® 2021	10
2.1	Systemanforderungen	10
2.2	Für Anwender von Autodesk® Inventor® 2021 auf Macintosh	11
2.3	Download des Programms	11
2.4	Installationsvoraussetzungen	12
2.5	Installation von Autodesk® Inventor® 2021	12
2.6	Aktivierung von Autodesk® Inventor® 2021	13

3	PROGRAMMAUFBAU UND PROGRAMMOBERFLÄCHE	15
3.1	Programmaufbau	15
3.2	Hauptmenü	16
3.3	Schnellzugriff-Werkzeuge	17
3.4	Multifunktionsleiste	17
3.5	Browser	18
3.6	Arbeitsbereich	19
3.6.1	Startbildschirm	19

4	DIE ERSTEN SCHRITTE	20
4.1	Programmhilfe und neue Funktionen	20
4.2	Lernprogramme	21

4.3	**Zusatzmodule (empfohlene Einstellungen)**	**21**
4.4	**Anwendungsoptionen (empfohlene Einstellungen)**	**23**

5 GRUNDLEGENDE VORBEREITUNGEN — 33

5.1	**Projektordner erstellen**	**33**
5.2	**Download der Übungsdateien**	**33**
5.3	**Aktivierung des Einzelbenutzerprojektes**	**33**
5.4	**Die Baugruppe im Überblick**	**35**

6 DIE UMGEBUNG DER BELASTUNGSANALYSE — 36

6.1	**Arten der Inventor®-Belastungsanalyse**	**36**
6.2	**Grundlegender Aufbau des Analysebereiches**	**37**
6.2.1	Baugruppe DYNAMISCHER_RADLADER_VEREINFACHT öffnen	37
6.2.2	Befehlsgruppen in der Belastungsanalyse	38
6.2.3	Der Browser in der Belastungsanalyse	41

7 STUDIEN STATISCH BESTIMMTER BAUTEILE — 42

7.1	**Randbedingungen definieren**	**42**
7.1.1	Grundlagen: Neue Studie erstellen	42
7.1.2	Einzelpunkt-Studie erstellen	43
7.1.3	Grundlagen: Handbuch	44
7.1.4	Grundlagen: Belastungsanalyse-Einstellungen	45
7.1.5	Grundlagen: Material zuweisen	48
7.1.6	Materialien zuweisen	49
7.2	**Mechanismus simulieren**	**50**
7.2.1	Grundlagen: Simulieren	50
7.2.2	Simulation ausführen	50
7.3	**Ergebnisanalyse**	**51**
7.3.1	Kräfte und Momente	52
7.3.2	Grundlagen: Begrenzungsbedingungen	53

7.3.3   Begrenzungsbedingungen deaktivieren 53
7.3.4   Grundlagen: Schattierungen 53
7.3.5   Grundlagen: Farbleisteneinstellungen 55
7.3.6   Grundlagen: Gleicher Maßstab 55
7.3.7   Grundlagen: Verschiebungsanzeige 56
7.3.8   Grundlagen: Maximal- und Minimalwertdarstellungen 56
7.3.9   Maximalwert der Von Mises-Spannung lokalisieren 57
7.3.10   Grundlagen: Netzeinstellungen und Netzansicht 57
7.3.11   Netzdarstellung aktivieren 58

7.4   Kontakt- und Kraftangriffsflächen präzisieren **59**
7.4.1   Bauteil HUBRAHMEN bearbeiten 59
7.4.2   Oberflächen trennen 60
7.4.3   Umgebung der Belastungsanalyse aktivieren 61
7.4.4   Grundlagen: Lokale Netzsteuerung 61
7.4.5   Netzstruktur lokal verfeinern 61
7.4.6   Simulation ausführen 63

7.5   Prüfpunkte platzieren **64**
7.5.1   Grundlagen: Prüfen 64
7.5.2   Prüfpunkte hinzufügen 64

7.6   Ergebnisinterpretation **65**
7.6.1   Grundlagen: Animieren 66
7.6.2   Simulationsergebnisse animieren 66
7.6.3   Grundlagen: Konvergenzeinstellungen und -plot 67

7.7   Konstruktionselemente von Studien ausschließen **68**
7.7.1   Studie kopieren 68
7.7.2   Simulation ausführen und aufzeichnen 70
7.7.3   Rundungen von Studie ausschließen 71
7.7.4   Simulation ausführen und aufzeichnen 72

8   STUDIEN STATISCH UNBESTIMMTER BAUTEILE **74**

8.1   Einzelpunkt-Studie erstellen **74**
8.1.1   Bauteil HUBZYLINDER_KOLBEN öffnen 74
8.1.2   Umgebung der Belastungsanalyse aktivieren 74
8.1.3   Materialien zuweisen 75

8.2   Belastungen platzieren **76**

8.2.1	Grundlagen: Kraft und Druck	76
8.2.2	Grundlagen: Lagerbelastung und Drehmoment	77
8.2.3	Grundlagen: Schwerkraft	77
8.2.4	Grundlagen: Externes Kraftmoment	78
8.2.5	Grundlagen: Körperlasten	78
8.2.6	Einspann- und Belastungssituation des Bauteils KOLBEN	79
8.2.7	Kraft zwischen KOLBEN und ZYLINDER platzieren	80
8.2.8	Simulation ausführen und aufzeichnen	81
8.2.9	Lagerkraft zwischen KOLBEN und HUBRAHMEN platzieren	83
8.2.10	Simulation ausführen und aufzeichnen	83
8.3	**Kontaktflächen bearbeiten**	**85**
8.3.1	Baugruppe DYNAMISCHER_RADLADER_VEREINFACHT öffnen	85
8.3.2	Bauteile isolieren	86
8.3.3	Kontaktflächen präzisieren	87
8.3.4	Bauteil KOLBEN öffnen	90
8.4	**Kontaktflächen zwischen KOLBEN und HUBRAHMEN def.**	**90**
8.4.1	Grundlagen: Festgelegte Abhängigkeiten	90
8.4.2	Grundlagen: Pin-Abhängigkeiten und reibungslose Abhängigkeiten	91
8.4.3	Reibungslose Abhängigkeiten definieren	92
8.4.4	Simulation ausführen und aufzeichnen	92
8.5	**Kontaktflächen zwischen KOLBEN und ZYLINDER definieren**	**93**
8.5.1	Reibungslose Abhängigkeiten platzieren	93
8.5.2	Simulation ausführen und aufzeichnen	94
8.6	**Tatsächlich auftretende Kräfte ermitteln**	**95**
8.6.1	Studie kopieren	95
8.6.2	Kraft durch festgelegte Abhängigkeit ersetzen	96
8.6.3	Simulation ausführen	96
8.6.4	Rückstoßkräfte ermitteln	97
8.6.5	Verformungen ermitteln	98
8.7	**Benötigte Kraft einer gewünschten Verformung berechnen**	**99**
8.7.1	Studie kopieren	99
8.7.2	Lagerbelastung durch festgelegte Abhängigkeit ersetzen	99
8.7.3	Simulation ausführen	101
8.7.4	Benötigte Kraft ermitteln	101
8.7.5	Grundlagen: Bericht	102
8.7.6	Bericht erstellen	103

9 PARAMETRISCHE STUDIEN 106

9.1 Vorbereitungen im Modellbereich treffen 106
9.1.1 Bauteil RAD_BOLZEN_VR öffnen 106
9.1.2 Parameter im Skizzenbereich kennzeichnen 106
9.1.3 Kontaktflächen präzisieren 109

9.2 Vorbereitungen im Bereich der Belastungsanalyse treffen 111
9.2.1 Umgebung der Belastungsanalyse aktivieren 111
9.2.2 Parametrische Studie erstellen 112
9.2.3 Material zuweisen 113

9.3 Lasten und Abhängigkeiten platzieren 113
9.3.1 Randbedingungen analysieren 113
9.3.2 Kraft F_1 platzieren 114
9.3.3 Kraft F_2 platzieren 115
9.3.4 Schwerkraft platzieren 116
9.3.5 Radbolzen verankern 116
9.3.6 Reibungslose Abhängigkeiten platzieren 117

9.4 Die parametrische Tabelle 118
9.4.1 Grundlagen: Parametrische Tabelle 118
9.4.2 Konstruktionsabhängigkeiten auswählen 119
9.4.3 Studien-Parameter auswählen 120
9.4.4 Simulation ausführen und aufzeichnen 121
9.4.5 Parametrische Tabelle bearbeiten 122

9.5 Ergebnisinterpretation 123
9.5.1 Simulation ausführen 123
9.5.2 Maximalen Sicherheitsfaktor ermitteln 125
9.5.3 Minimale Masse ermitteln 126

9.6 Exportieren der Ergebnisse 127
9.6.1 Berechnungsergebnisse in den Parameter-Manager übernehmen 127
9.6.2 Optimierte Bauteilgeometrie anwenden 128

10 STUDIEN DÜNNWANDIGER BAUTEILE 130

10.1 Konstruktion eines dünnwandigen Blechbauteils 130
10.1.1 Neues Blechbauteil erstellen 130
10.1.2 Blechstärke festlegen 130

10.1.3   Basiskontur zeichnen 131

10.1.4   Fläche erstellen 131

10.1.5   Laschen hinzufügen 132

10.2 Vorbereitungen im Bereich der Belastungsanalyse treffen   133

10.2.1   Umgebung der Belastungsanalyse aktivieren 133

10.2.2   Einzelpunkt-Studie erstellen 134

10.2.3   Material zuweisen 134

10.2.4   Netzansicht generieren 135

10.2.5   Grundlagen: Dünne Körper suchen 135

10.2.6   Grundlagen: Mittelfläche und Versatz 135

10.2.7   Mittelfläche generieren 136

10.2.8   Netzansicht generieren 137

11   MODALANALYSEN   138

11.1 Modalanalysen unbefestigter Bauteile   138

11.1.1   Bauteil HUBRAHMEN öffnen 138

11.1.2   Umgebung der Belastungsanalyse aktivieren 138

11.1.3   Einzelpunkt-Studie erstellen 138

11.1.4   Material zuweisen 140

11.1.5   Simulation ausführen 140

11.1.6   Ergebnisinterpretation 140

11.2 Modalanalyse befestigter Bauteile   141

11.2.1   Studie kopieren 141

11.2.2   Feste Abhängigkeiten platzieren 141

11.2.3   Simulation ausführen 142

11.2.4   Ergebnisinterpretation 142

11.2.5   Simulation aufzeichnen 143

12   STUDIEN AN SCHWEIßBAUGRUPPEN   144

12.1 Schweißbaugruppe analysieren   144

12.1.1   Baugruppe SBG-KIPPZYLINDER_FIXIERUNG öffnen 144

12.1.2   Aufbau der Schweißbaugruppe 144

12.2 Randbedingungen definieren   145

12.2.1   Einzelpunkt-Studie erstellen 145

12.2.2   Materialien zuweisen 146

12.2.3 Randbedingungen analysieren 146
12.2.4 Reibungslose Abhängigkeiten platzieren 147
12.2.5 Kräfte platzieren 148
12.2.6 Lagerbelastung platzieren 149
12.2.7 Grundlagen: Automatische Kontakte und manuelle Kontakte 149
12.2.8 Kontaktbedingungen berechnen und auswerten 150

12.3 Simulation der fehlerhaften Kontaktsituation **150**
12.3.1 Simulation ausführen und aufzeichnen 150
12.3.2 Ergebnisinterpretation 151

12.4 Kontaktbedingungen korrigieren **152**
12.4.1 Kontaktflächen bearbeiten 152
12.4.2 Simulation ausführen und aufzeichnen 153
12.4.3 Ergebnisinterpretation 154

13 TOPOLOGIEOPTIMIERUNG MIT DEM FORMENGENERATOR **155**

13.1 Formen-Generator-Studie erstellen **155**
13.1.1 Bauteil KIPPZYLINDER_FIXIERUNG öffnen 155
13.1.2 Formen-Generator-Studie erstellen 155

13.2 Randbedingungen definieren **156**
13.2.1 Material zuweisen 156
13.2.2 Festgelegte Abhängigkeit platzieren 157
13.2.3 Kraft platzieren 157

13.3 Optimierungskriterien auswählen **158**
13.3.1 Grundlagen: Bereich beibehalten 158
13.3.2 Grundlagen: Symmetrieebene 159
13.3.3 Grundlagen: Formengenerator-Einstellungen 159
13.3.4 Überarbeiten der Grundeinstellungen 160
13.3.5 Unveränderbare Bereiche festlegen 160
13.3.6 Symmetrieebene festlegen 162

13.4 Bauteil KIPPZYLINDER_FIXIERUNG optimieren **162**
13.4.1 Grundlagen: Form erstellen 162
13.4.2 Optimierte Kontur berechnen 163
13.4.3 Ergebnisinterpretation 163

13.5 Berechnungsergebnisse verwerten **164**

13.5.1   Grundlagen: Form anwenden 164

13.5.2   Optimierte Kontur in den Modellbereich übertragen 164

13.5.3   Überschüssiges Material entfernen 165

13.6   Optimierte Bauteilgeometrie erneut berechnen   **167**

13.6.1   Studie kopieren 167

13.6.2   Simulation ausführen und aufzeichnen 168

13.7   Vergleichsstudie erstellen   **168**

13.7.1   Studie kopieren 168

13.7.2   Subtraktionsgeometrie von der Studie ausschließen 169

13.7.3   Simulation und Ergebnisinterpretation 169

14   SCHLUSSWORT   **171**

15   INDEX   **172**

16   AUSZUG AUS DEM BUCH DYNAMISCHE SIMULATION   **180**

17   AUSZUG AUS DEM BUCH KONSTRUKTION   **181**

Dieses Buch ist ein Aufbaukurs für Fortgeschrittene, die mit den Grundlagen von **Autodesk®** **Inventor® 2021** bereits vertraut sind. Es wird empfohlen vor der Arbeit mit diesem Buch die folgenden beiden Übungsbücher zu erarbeiten:

> - **Autodesk® Inventor® 2021 – Grundlagen in Theorie und Praxis**
> - **Autodesk® Inventor® 2021 – Dynamische Simulation**

Bauteile und Baugruppen können in Autodesk® Inventor® einer **FEM-Analyse** unterzogen werden. Dort wird ihr strukturmechanisches Verhalten unter Last simuliert, um daraus Rückschlüsse auf kritische Bereiche ziehen zu können, deren Optimierung dann bereits während der Konstruktionsphase möglich ist. Die Studien können zu einem bestimmten Zeitpunkt und mit fest definierten Lasten und Auflagern stattfinden, oder parametrisch unter Verwendung beliebiger Variablen. Auch Analysen der Eigenfrequenzen eines Bauteils sind möglich. Weiterhin können Bauteile einer Topologieoptimierung unterzogen werden. Unter Beachtung aller Lasten und Auflager berechnet das Programm dabei die Möglichkeiten, welche Bereiche eines Bauteils entfernt werden können, ohne die Stabilität des Bauteils wesentlich zu beeinflussen. Somit kann das Konstruktionsprinzip der minimalen Masse konsequent umgesetzt werden.

Die folgenden **Themen der Belastungsanalyse** werden behandelt:

> - Erstellen von Einzelpunkt-Studien, parametrischen Studien und Modalanalysen
> - Parameter aus der Dynamischen Simulation in den FEM-Bereich übernehmen
> - Platzieren und Bearbeiten von Abhängigkeiten, Kräften, Drehmomenten oder Drücken
> - Generieren und Verfeinern von FEM-Netzen
> - Präzisieren von Bauteiloberflächen
> - Besonderheiten der Kontakteigenschaften zwischen Bauteiloberflächen
> - Der Umgang mit dünnwandigen Bauteilen
> - Erstellen, Animieren und Aufzeichnen von Bauteilverformungen
> - Topologische Optimierung von Bauteilen mit dem Formengenerator
> - Exportieren der Simulationsergebnisse

2 Installation von Autodesk® Inventor® 2021

2.1 Systemanforderungen

Die folgenden von Autodesk® empfohlenen Systemanforderungen gelten für Bauteile und Baugruppen mit weniger als 1000 Bauteilen:

Betriebssystem	64 Bit-Version von Microsoft® Windows® 10
CPU-Typ	Empfohlen: 3 GHz oder mehr, mindestens 4 Kerne Mindestens: 2,5 GHz oder mehr
Arbeitsspeicher	Empfohlen: 32 GB RAM Mindestens: 16 GB RAM
Festplattenspeicher	Empfohlen: 40 GB
Grafikkarte	Empfohlen: 4 GB GPU mit einer Bandbreite von 106 Gbit/s und kompatibel mit DirectX 11 Mindestens: 1 GB GPU mit einer Bandbreite von 29 Gbit/s und kompatibel mit DirectX 11
Bildschirmauflösung	Empfohlen: 3840x2160 (4K) Bevorzugte Skalierung: 100%, 125%, 150% oder 200% Mindestens: 1280x1024 (1080p)
Zeige-/ Eingabegerät	Maus, Tastatur, optional 3D-Maus
Netzwerk	Internetverbindung für die Webinstallation mit der Autodesk® Desktop-App, die Autodesk®-Funktion für die Zusammenarbeit, die .NET-Installation, Webdownloads und die Lizenzierung. Network License Manager unterstützt Windows Server® 2016, 2012, 2012 R2, 2008 R2 und die oben aufgeführten Betriebssysteme.
Tabellenkalkulation	Vollständige lokale Installation von Microsoft® Excel 2016 oder höher höher für Workflows, die Tabellenkalkulationen erstellen und bearbeiten. Inventor-Workflows, die Tabellenkalkulationsdaten lesen oder exportieren, erfordern kein Microsoft® Excel.Abonnenten von Office 365 müssen sicherstellen, dass Microsoft Excel 2016 lokal installiert ist. Windows Excel Starter®, OpenOffice® und browserbasierte Anwendungen von Office 365 werden nicht unterstützt.
Browser	Google Chrome™ oder gleichwertig
.NET Framework	.NET Framework Version 4.7 oder höher. Die Installation von Windows-Updates ist aktiviert.

Die folgenden zusätzlichen von Autodesk® empfohlenen Systemanforderungen gelten für Bauteile und Baugruppen mit mehr als 1000 Bauteilen:

CPU-Typ	Empfohlen: 3,3 GHz oder mehr, mindestens 4 Kerne
Arbeitsspeicher	Empfohlen: 24 GB RAM oder mehr
Grafik	Empfohlen: 4 GB GPU mit einer Bandbreite von 106 Gbit/s und kompatibel mit DirectX 11

2.2 Für Anwender von Autodesk® Inventor® 2021 auf Macintosh

Sie können Autodesk® Inventor® Professional auf einem Mac®-Computer auf einer Windows-Partition installieren. Das System muss Apple Boot Camp® zum Verwalten einer Konfiguration mit zwei Betriebssystemen verwenden und die folgenden Mindestsystemanforderungen erfüllen:

Betriebssystem	Mindestens: Mac OS™ X 10.13.x Empfohlen: Mac OS™ X 10. 12.x
Parallels	Parallels Desktop 13 oder höher
CPU-Typ	Mindestens: Intel® Core 2 Duo (3 GHz oder höher)
Arbeitsspeicher	Mindestens: 8 GB RAM Empfohlen: 16 GB Ram oder mehr
Partitionsgröße	Mindestens: 100 GB freier Festplattenspeicher Empfohlen: 250 GB freier Festplattenspeicher oder mehr
Betriebssystem	64 Bit-Version von Microsoft® Windows® 10 Anniversary Update (Version 1607 oder höher) 64-Bit-Version von Microsoft® Windows® 8.1 64-Bit-Version von Microsoft® Windows® 7 SP1 mit Update KB4019990

2.3 Download des Programms

Sollten Sie die Software nicht bereits besitzen, haben Sie die Möglichkeit Autodesk® Inventor® 2021 zu privaten Schulungszwecken als kostenlose Version herunterzuladen:

> ➢ *https://www.autodesk.com/education/free-software/inventor-professional*

Eröffnen Sie hierfür einen kostenlosen Autodesk® Account unter demselben Link.

2.4 Installationsvoraussetzungen

Zugriffsrechte

Sie müssen über lokale Benutzer-Administratorrechte verfügen.

> *Systemsteuerung > Benutzerkonten > Benutzerkonten verwalten*

System-Updates/ Antivirenprogramm

Vor der Installation von Autodesk® Inventor® 2021 sollten eventuell noch ausstehende Updates von Windows® durchgeführt werden. Starten Sie den Rechner danach neu. Antivirenprogramme müssen während der Installation eventuell vorübergehend deaktiviert werden.

Language Packs

Prüfen Sie vor der Installation von Autodesk® Inventor® 2021 ob die heruntergeladene Programmversion in der richtigen Sprache vorhanden ist. Eventuell muss vorab ein Sprachpaket heruntergeladen und installiert werden.

Seriennummer/ Produktschlüssel

Beim Download müssen Seriennummer und Produktschlüssel in Erfahrung gebracht werden. Diese werden bei der Installation benötigt.

Beenden anderer Programme

Beenden Sie alle anderen Programme vor der Installation von Autodesk® Inventor® 2021.

2.5 Installation von Autodesk® Inventor® 2021

Stellen Sie vor der Installation von Autodesk® Inventor® 2021 sicher, dass alle Teile des Programms vollständig vorhanden sind. Wurden diese vollständig heruntergeladen (Schritt entfällt, wenn die Software auf DVD vorhanden ist), kann mit der Installation begonnen werden. Sollte das Installationsprogramm noch nicht geöffnet sein, starten Sie dieses. Sie finden es für gewöhnlich im Pfad:

> *C:\Autodesk\Inventor_2021_...\Setup.exe*

Nachdem Sie die Lizenzvereinbarung gelesen und akzeptiert haben, muss im Dropdown-Menü mit den Produktsprachen einer der folgenden Schritte durchgeführt werden:

1) Wählen Sie eine Sprache aus.
2) Wählen Sie unter Lizenztyp die Option *Einzelplatz*.
3) Geben Sie Seriennummer und Produktschlüssel ein (falls erforderlich).
4) Bestimmen Sie den Installationspfad (dieser Pfad darf maximal 260 Zeichen lang sein).
5) Übernehmen Sie die vorgegebene Konfiguration oder passen Sie die Installation an (weitere Informationen zur Konfiguration finden Sie in der Produktdokumentation).
6) Klicken Sie auf *Installieren*.
7) Nach der Installation: Klicken Sie auf *Fertigstellen*.

2.6 Aktivierung von Autodesk® Inventor® 2021

Online aktivieren und registrieren

Sobald Autodesk® Inventor® 2021 das erste Mal gestartet wurden, startet auch automatisch der Aktivierungsvorgang. Sollte der PC über eine bestehende Internetverbindung verfügen, führen Sie die folgenden Schritte aus:

1) Achten Sie darauf, dass Ihre Firewall oder Antivirenprogramme den Datenaustausch zwischen Autodesk® Inventor® 2021 und dem Server von Autodesk® nicht unterbrechen.
2) Starten Sie Autodesk® Inventor® 2021.
3) Stimmen Sie den Datenschutzrichtlinien zu.
4) Klicken Sie auf *Aktivieren*.
5) Geben Sie den Produktschlüssel ein, wenn Sie dazu aufgefordert werden sollten. Melden Sie sich an und registrieren Sie das Produkt.

Autodesk® überprüft jetzt die Berechtigungsinformationen, wie z. B. Ihre Seriennummer. Wenn Sie die Aktivierungsaufforderung sehen und keine Verbindung mit dem Internet herstellen können, ist die Aktivierung manuell vorzunehmen.

Manuelles Aktivieren und Registrieren (offline)

Sollte der PC über keine bestehende Internetverbindung verfügen, führen Sie die folgenden Schritte aus:

1) Starten Sie Autodesk® Inventor® 2021.
2) Stimmen Sie den Datenschutzrichtlinien zu.
3) Klicken Sie auf **Aktivieren**.
4) Wählen Sie Aktivierungscode **Mit einer Offlinemethode anfordern**.
5) Klicken Sie auf **Weiter**.
6) Notieren Sie die Aktivierungsinformationen, die auf dem Bildschirm angezeigt werden, einschließlich der URL.
7) Starten Sie ein Gerät mit einer bestehenden Internetverbindung.
8) Öffnen Sie die URL aus Punkt (6). Melden Sie sich an und registrieren Sie das Produkt.
9) Notieren Sie den Aktivierungscode.
10) Starten Sie Autodesk® Inventor® 2021.
11) Klicken Sie auf **Aktivieren**.
12) Wählen Sie die Option **Ich habe einen Aktivierungscode von Autodesk**.
13) Kopieren Sie den Aktivierungscode, und fügen Sie ihn in das erste Feld ein, um automatisch die anderen Felder auszufüllen.
14) Klicken Sie auf **Weiter**.

3 Programmaufbau und Programmoberfläche

3.1 Programmaufbau

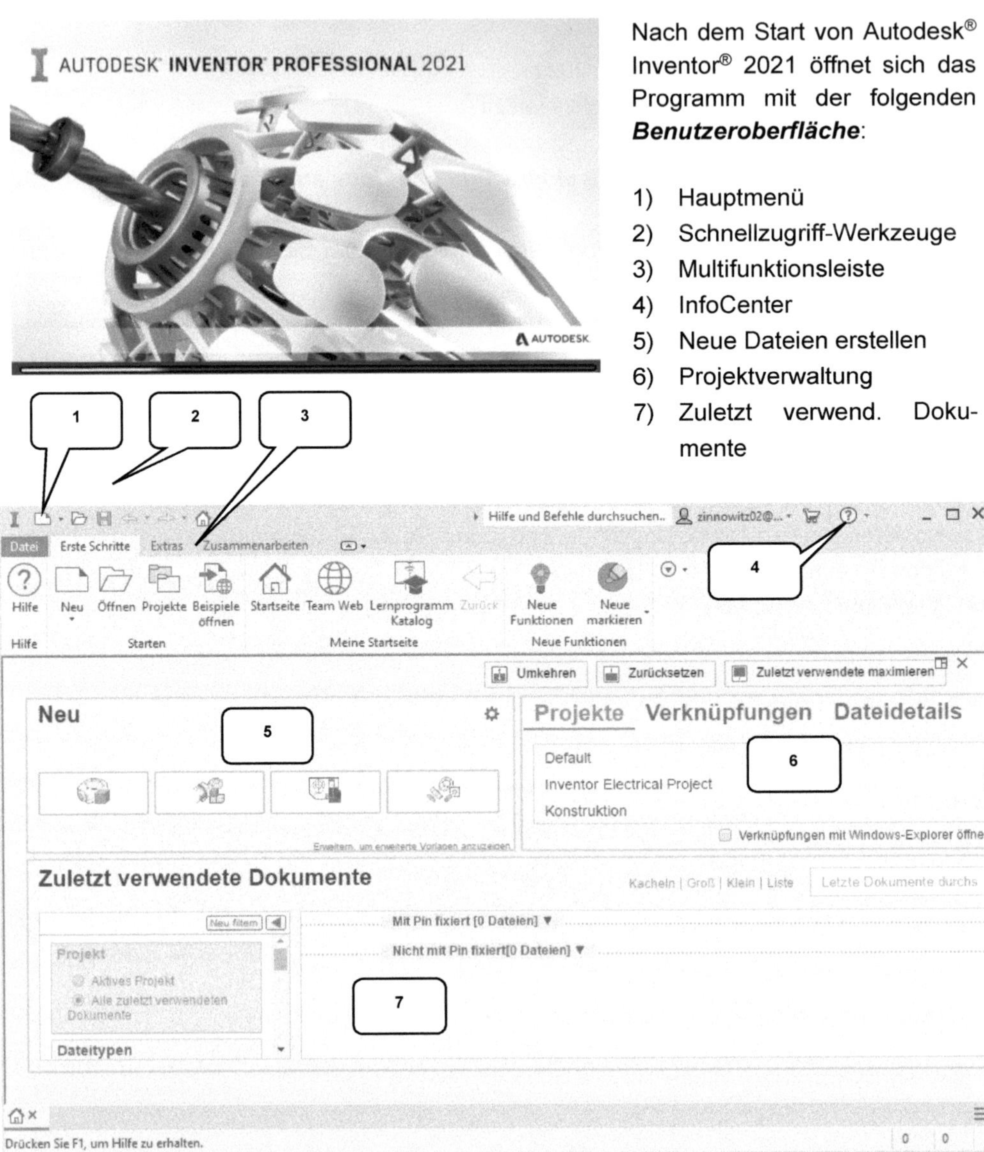

Nach dem Start von Autodesk® Inventor® 2021 öffnet sich das Programm mit der folgenden **Benutzeroberfläche**:

1) Hauptmenü
2) Schnellzugriff-Werkzeuge
3) Multifunktionsleiste
4) InfoCenter
5) Neue Dateien erstellen
6) Projektverwaltung
7) Zuletzt verwend. Dokumente

3.2 Hauptmenü

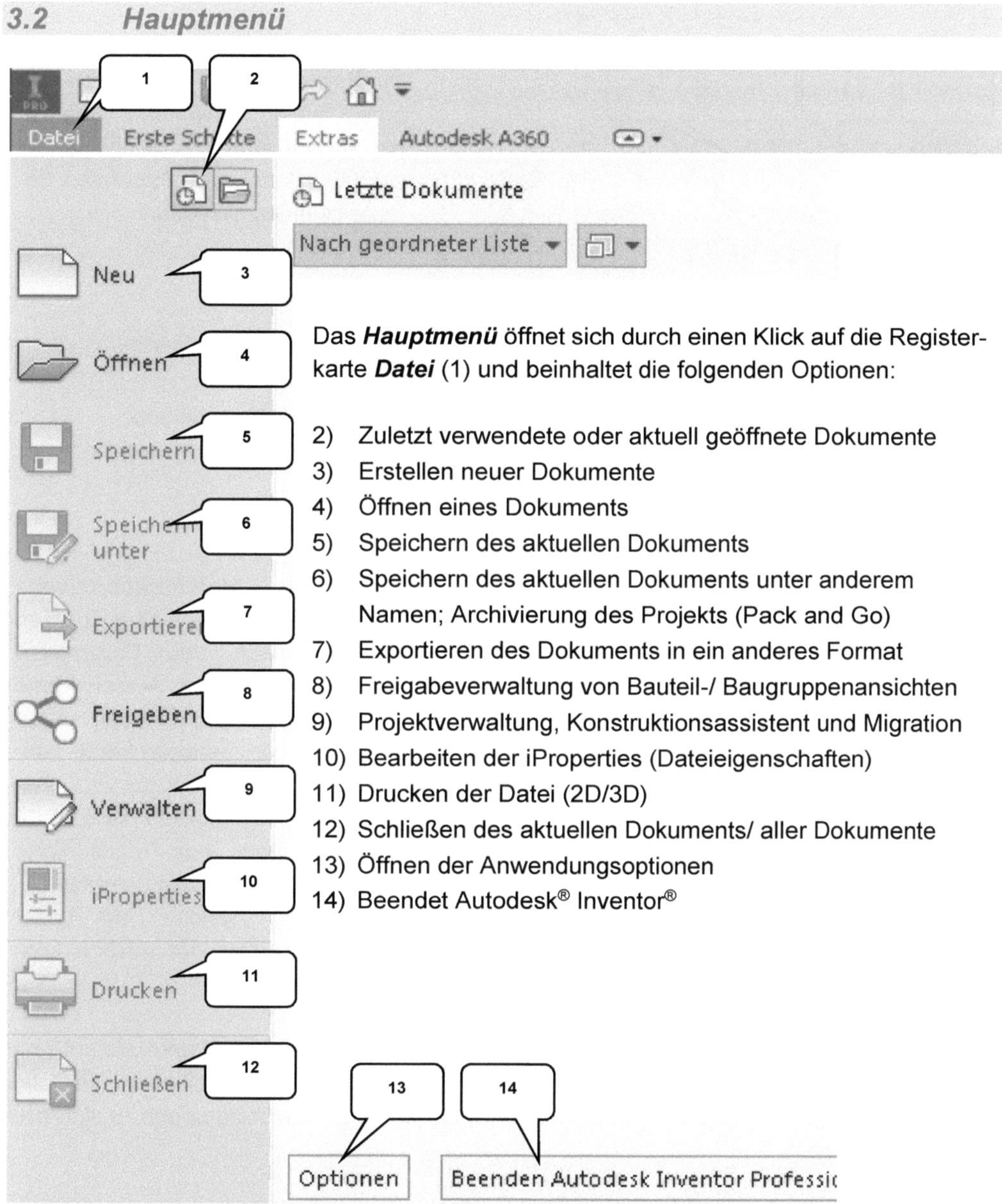

Das *Hauptmenü* öffnet sich durch einen Klick auf die Register-karte *Datei* (1) und beinhaltet die folgenden Optionen:

2) Zuletzt verwendete oder aktuell geöffnete Dokumente
3) Erstellen neuer Dokumente
4) Öffnen eines Dokuments
5) Speichern des aktuellen Dokuments
6) Speichern des aktuellen Dokuments unter anderem Namen; Archivierung des Projekts (Pack and Go)
7) Exportieren des Dokuments in ein anderes Format
8) Freigabeverwaltung von Bauteil-/ Baugruppenansichten
9) Projektverwaltung, Konstruktionsassistent und Migration
10) Bearbeiten der iProperties (Dateieigenschaften)
11) Drucken der Datei (2D/3D)
12) Schließen des aktuellen Dokuments/ aller Dokumente
13) Öffnen der Anwendungsoptionen
14) Beendet Autodesk® Inventor®

HINWEIS: Die jeweiligen Befehle können mit einem Klick der linken Maustaste auf die neben-stehenden Dreiecke noch erweitert werden.

3.3 Schnellzugriff-Werkzeuge

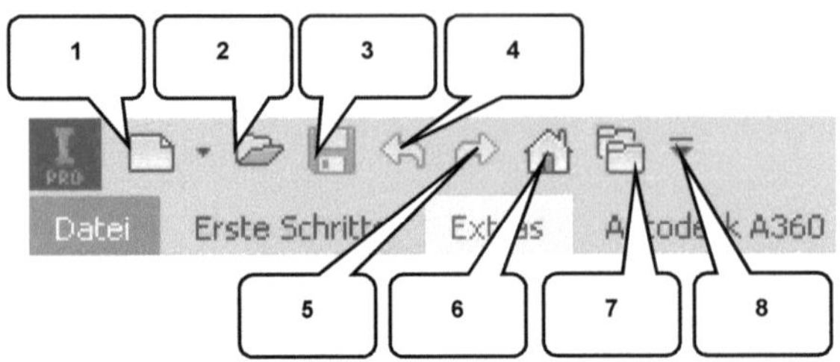

Die **Schnellzugriff-Werkzeuge** sind einige häufig verwendete Befehle, die einzeln ein- oder ausgeblendet werden können. Die folgenden Befehle befinden sich darin:

1) Erstellen eines neuen Dokuments
2) Öffnen eines vorhandenen Dokuments
3) Speichern des Dokuments
4) Einen Arbeitsschritt zurück

5) Einen Arbeitsschritt vorwärts
6) Aktiviert die Startseite
7) Öffnet die Projektverwaltung
8) Schnellzugriff-Werkzeuge anpassen

3.4 Multifunktionsleiste

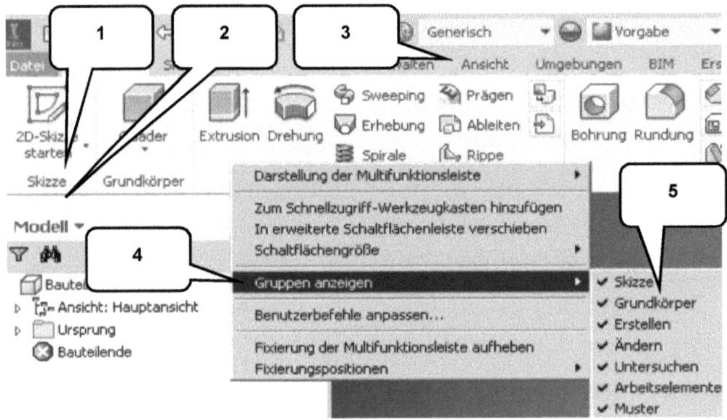

Die **Multifunktionsleiste** (1) befindet sich im oberen Bereich des Programms und enthält verschiedene Befehlsgruppen (2), deren Inhalt entsprechend der Auswahl einer der verfügbaren Registerkarten (3) variiert. Jede Registerkarte enthält diverse Befehlsgruppen, welche ein- oder ausgeblendet werden können.

Zum Ein- oder Auszublenden der Befehlsgruppen muss mit der **rechten Maustaste** auf einen beliebigen Bereich der Multifunktionsleiste (1) geklickt werden, um im Kontextmenü die Option **Gruppen anzeigen** (4) zu erweitern und darin (5) die jeweiligen Befehlsgruppen zu aktivieren oder deaktivieren.

HINWEIS: Sollten in diesem Buch Befehle verwendet werden, die Sie in Ihrer Multifunktionsleiste im entsprechenden Arbeitsbereich nicht finden können, kontrollieren Sie bitte ob die entsprechende Befehlsgruppe bereits aktiviert wurde. Wenn nicht, muss dieser Schritt zuerst durchgeführt werden.

3.5   *Browser*

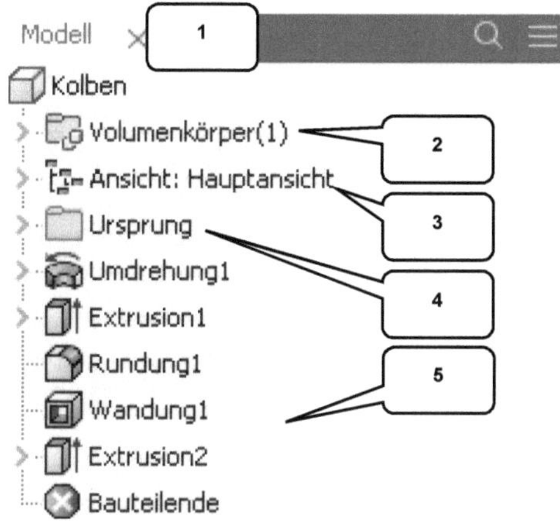

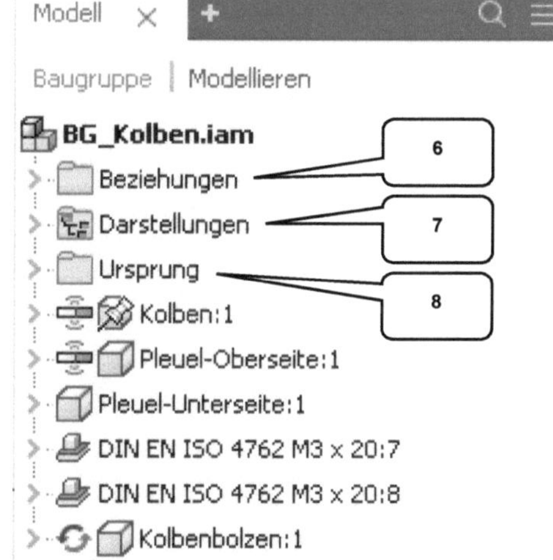

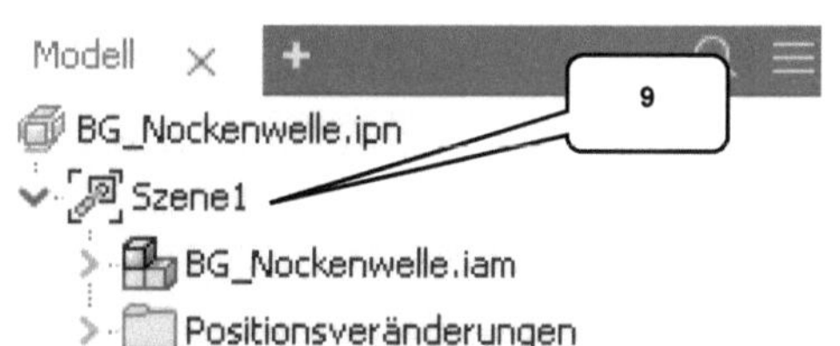

Der **Browser** (1) spiegelt den grundlegenden Aufbau eines Objekts wieder der je Arbeitsbereich inhaltlich variiert.

> #### *Bauteil-Browser*

In einem **Bauteil-Browser** befinden sich z. B. der Ordner **Volumenkörper** (2) (er listet die einzelnen Volumenkörper eines Bauteils auf), der Ordner **Ansicht** (3) (er beinhaltet die Ansichten eines Bauteils) sowie der Ordner **Ursprung** (4) (er listet die Hauptachsen und -ebenen des Bauteils auf). Weiterhin werden alle bereits am Bauteil vorgenommenen **Arbeitsschritte** (5) chronologisch aufgelistet und können hier bearbeitet werden.

> #### *Baugruppen-Browser*

Im **Baugruppen-Browser** befinden sich der Ordner **Beziehungen** (6) (mit allen in der Baugruppe besetzten Verbindungen/ Abhängigkeiten), der Ordner **Darstellungen** (7) (mit den Ansichten, Positionen und Detailgenauigkeiten der Baugruppe) und der Ordner **Ursprung** (8) mit den Achsen/ Ebenen. Natürlich werden auch alle in der Baugruppe vorhandenen Komponenten (Bauteile/ Normteile) aufgelistet.

> #### *Präsentations-Browser*

Der **Präsentations-Browser** enthält einen Ordner **Szene** (9). Darin werden die Präsentationsdrehbücher der animierten Baugruppen und die zugehörigen Pfade abgelegt.

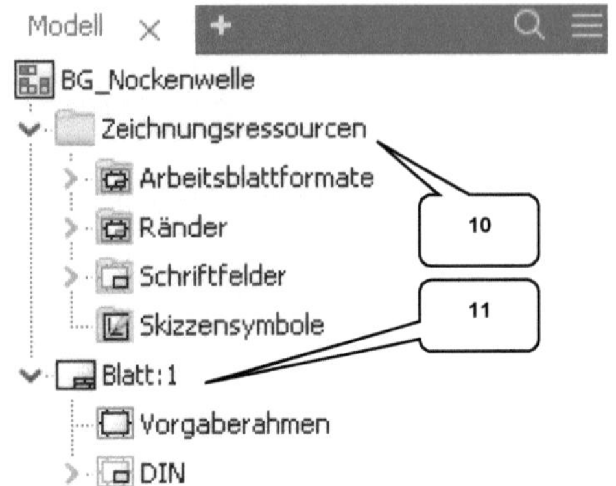

> ## *Zeichnungs-Browser*

Im *Zeichnungs-Browser* gibt es den Ordner *Zeichnungsressourcen* (10) (mit allen vordefinierten Arbeitsblattformaten, Rändern, Schriftfeldern und Symbolen) und je Zeichnung einen Ordner *Blatt* (11). Jedes Zeichnungsblatt beinhaltet die dem Blatt zugeordneten Arbeitsblattformate, Ränder, Schriftfelder und Symbole sowie dargestellten Ansichten mit den darin abgebildeten Komponenten.

3.6   *Arbeitsbereich*
3.6.1   *Startbildschirm*

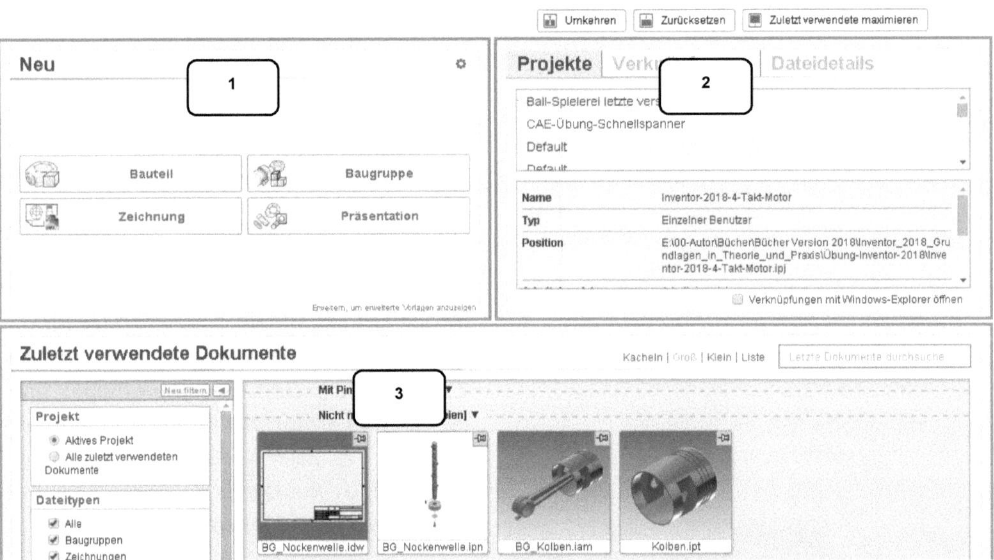

Nach dem Start des Programms wird dem Benutzer ein *Startbildschirm* mit den folgenden Inhalten angeboten:

1) Erstellen eines neuen Dokuments
2) Projektverwaltung
3) Öffnen eines bereits vorhandenen Dokuments

4 Die ersten Schritte

4.1 Programmhilfe und neue Funktionen

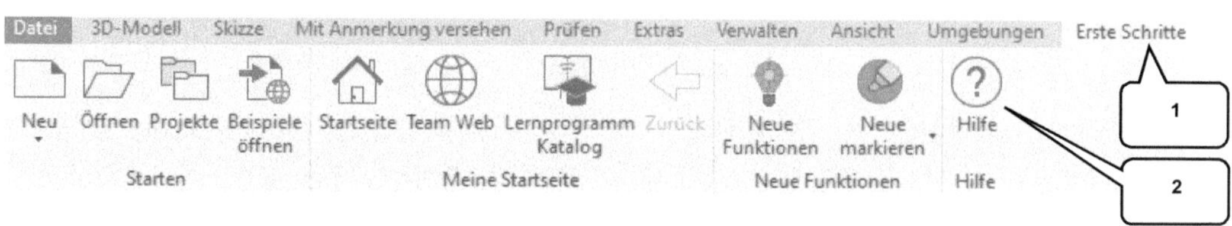

In der Befehlsgruppe **Hilfe** im Register **Erste Schritte** (1) befindet sich der Befehl ⬛ **Hilfe** (2). Ein Klick darauf öffnet im Arbeitsbereich die Online-Hilfe, sofern ein Internetzugang vorhanden ist (ggf. müssen die Einstellungen der Firewall bearbeitet werden).

In der Online-Hilfe kann entweder in der **Inhaltsübersicht** (3) aus einem der angebotenen Themengebiete auswählt werden, oder ein bestimmter Befehl/ Begriff **gesucht** werden (4).

Die Online-Hilfe bietet jede Menge Videos zu den einzelnen Themen und natürlich auch verschiedene Lernprogramme und Tutorials, die nach Bedarf erarbeitet werden können.

4.2 Lernprogramme

Startet man den Befehl ⬆ **Lernprogrammkatalog** (1) im Register **Erste Schritte**, so öffnet sich eine interaktive Lernumgebung (2), in der schrittweise der Umgang mit der Software erlernt und mit diversen Übungen gefestigt werden kann (Internetverbindung erforderlich!).

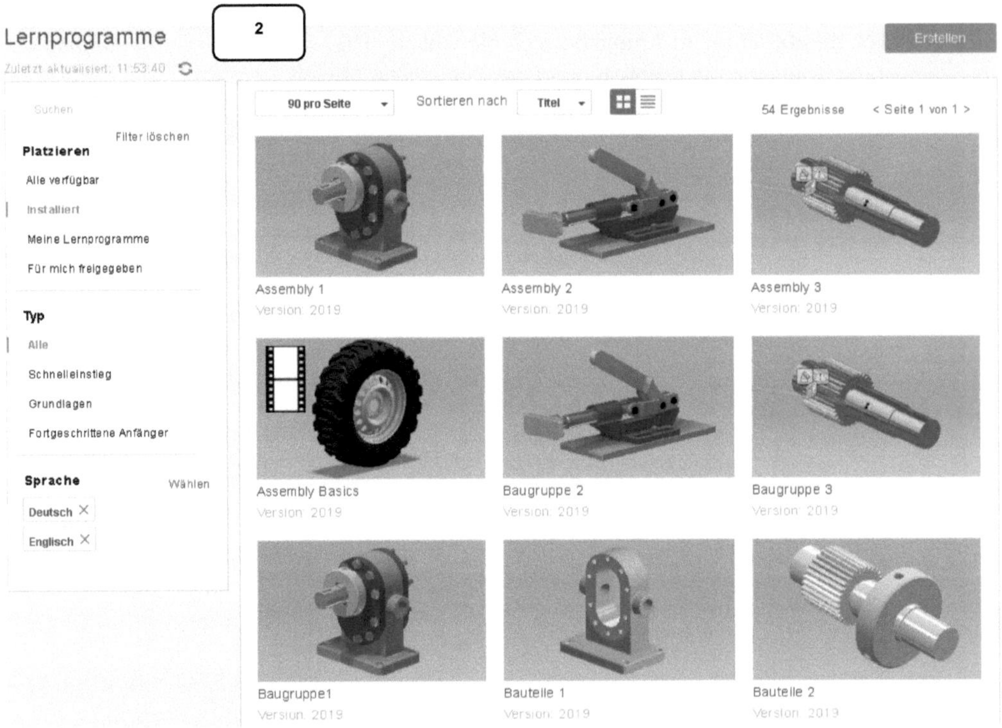

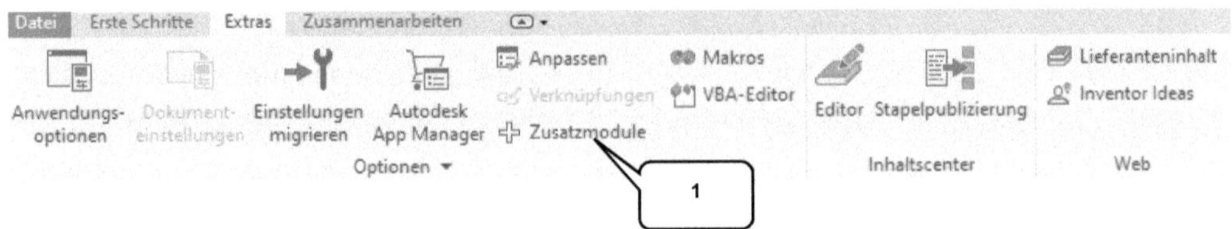

4.3 Zusatzmodule (empfohlene Einstellungen)

In der Befehlsgruppe *Optionen* (Register *Extras*) befindet sich der Befehl ✚ Zusatzmodule (1) welcher den *Zusatzmodul-Manager* öffnet. Damit können die automatisch beim Programmstart zusätzlich zu den Standardeinstellungen zu aktivierenden Programm-Module festgelegt werden.

Um ein Modul automatisch laden zu lassen, muss dieses in der *Liste* (2) aktiviert werden, um anschließend die beiden Haken im Bereich *Ladeverhalten* (3) zu setzen. Andernfalls sind die Haken zu entfernen.

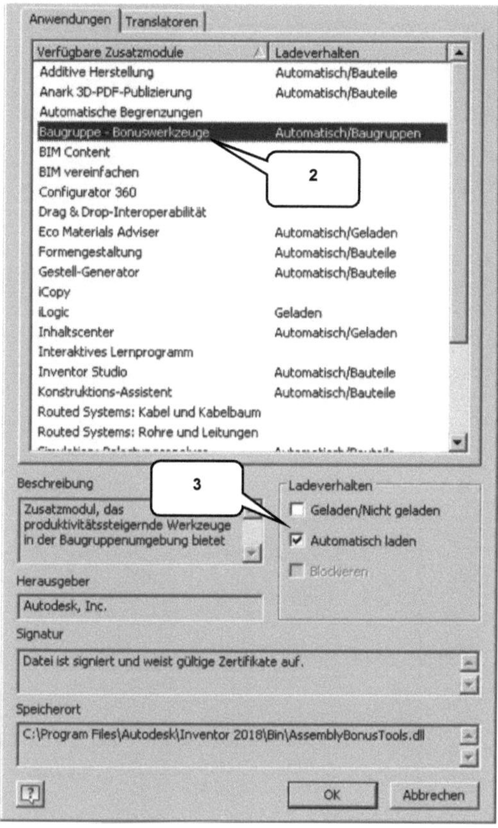

Die Aktivierung der folgenden Module wird dringend empfohlen:

- Additive Herstellung
- Automatische Begrenzungen
- Baugruppe - Bonuswerkzeuge
- BIM-Austausch
- BIM-Vereinfachen
- Gestell-Generator
- iCopy
- iLogic
- Inhaltscenter
- Inventor Studio
- Konstruktions-Assistent
- Simulation: Belastungsanalyse
- Simulation: Dynamische Simulation
- Simulation: Gestellanalyse

HINWEIS: Je nach Programversion (Inventor® oder Inventor® Professional) können einige der Module unter Umständen nicht aktiviert werden. Bitte beachten Sie weiterhin, dass eine generelle Aktivierung aller verfügbaren Module die Leistungsfähigkeit des PCs stark beeinträchtigen kann und deshalb nicht zu empfehlen ist.

4.4 Anwendungsoptionen (empfohlene Einstellungen)

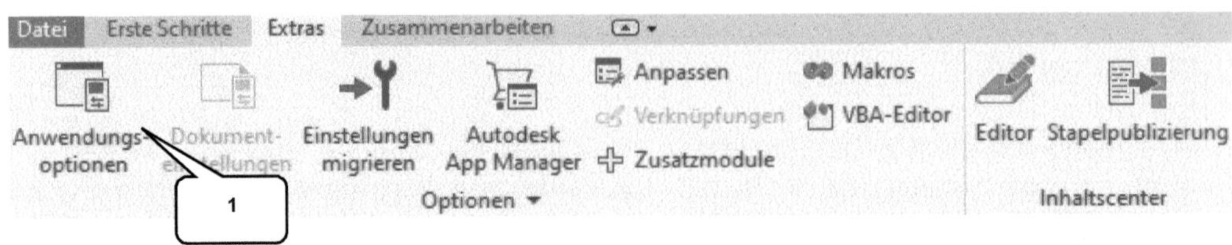

In den ▣ **Anwendungsoptionen** (1) werden die Grundeinstellungen des Programms festgelegt. Er sollte jetzt geöffnet und die folgenden Einstellungen kontrolliert werden:

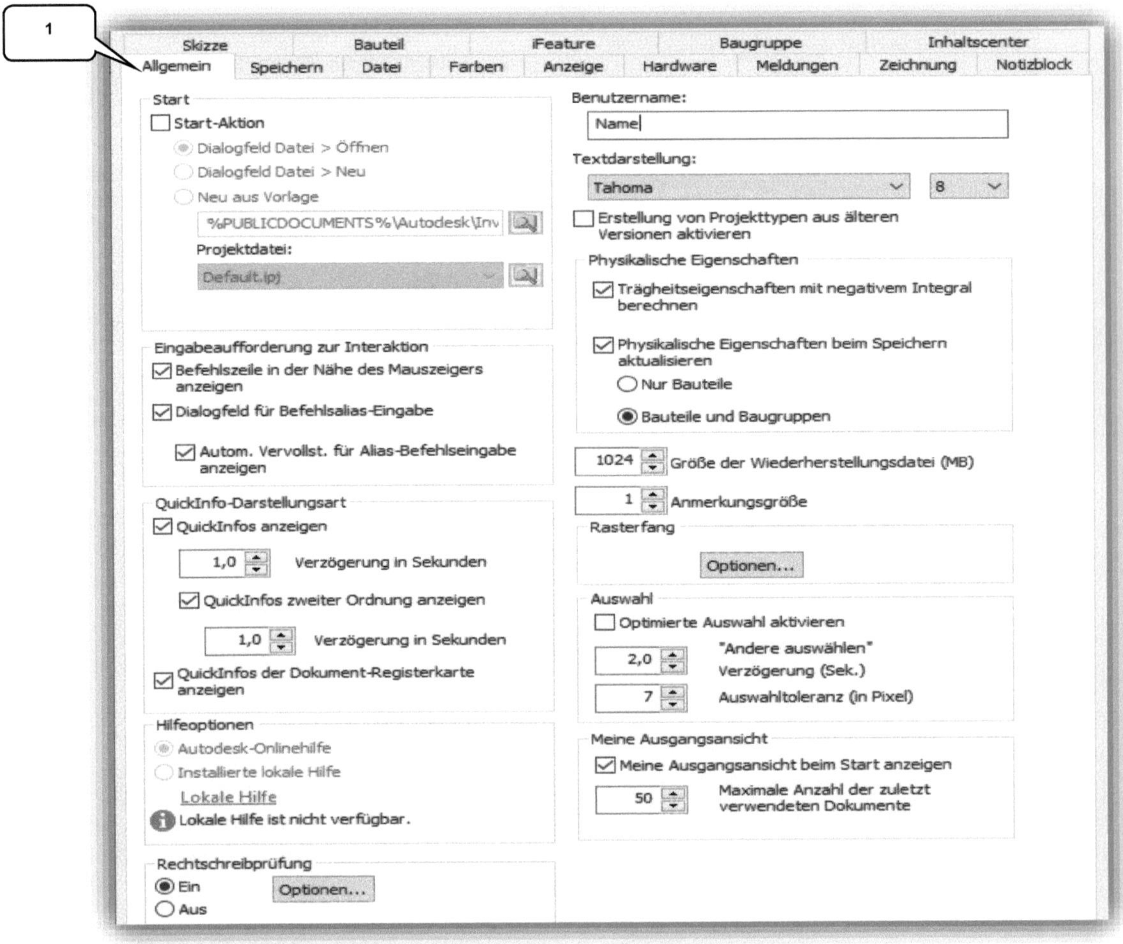

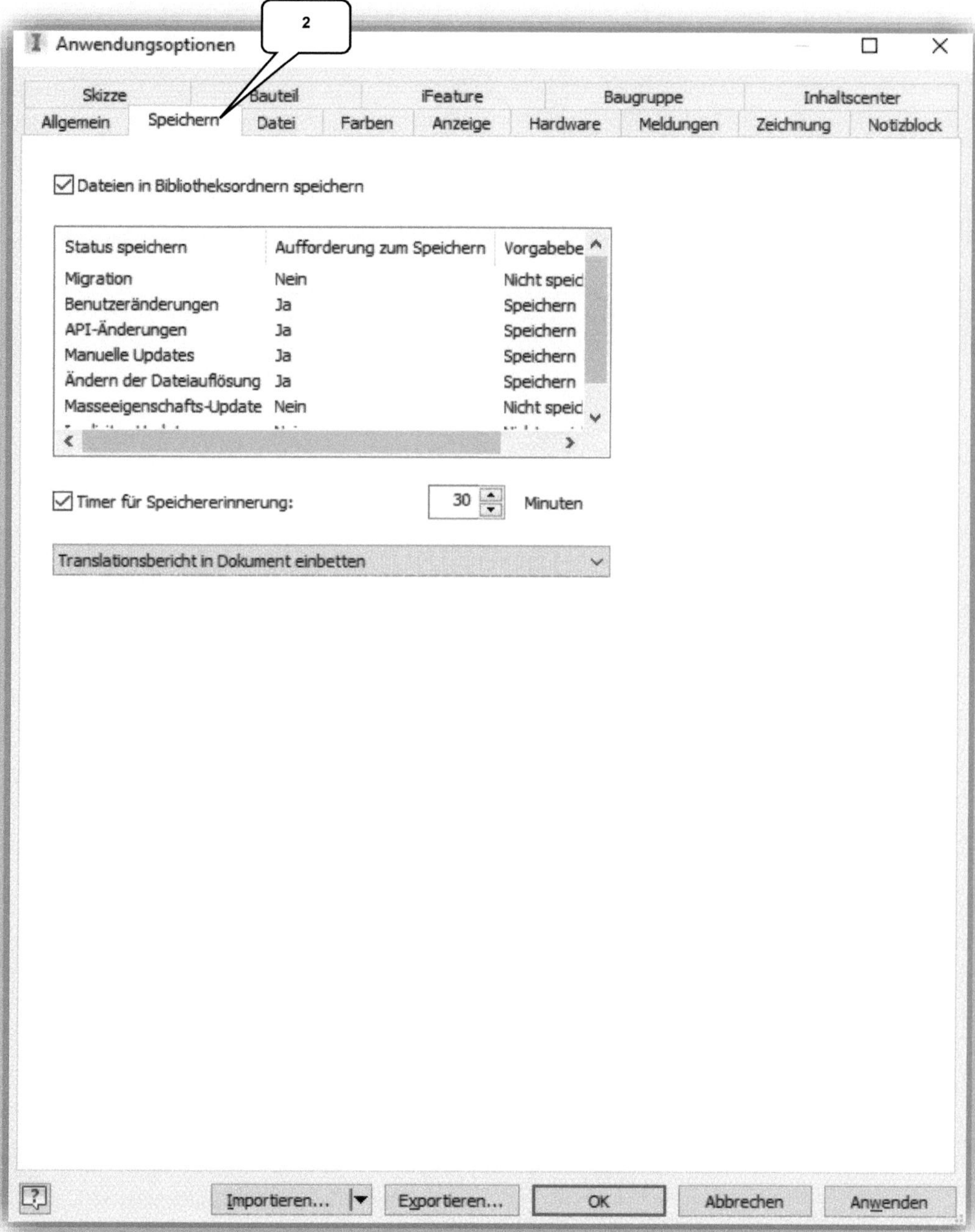
2
Anwendungsoptionen
Skizze   Bauteil   iFeature   Baugruppe   Inhaltscenter
Allgemein   Speichern   Datei   Farben   Anzeige   Hardware   Meldungen   Zeichnung   Notizblock

Dateien in Bibliotheksordnern speichern

Status speichern   Aufforderung zum Speichern   Vorgabebe
Migration   Nein   Nicht speic
Benutzeränderungen   Ja   Speichern
API-Änderungen   Ja   Speichern
Manuelle Updates   Ja   Speichern
Ändern der Dateiauflösung Ja   Speichern
Masseeigenschafts-Update Nein   Nicht speic

Timer für Speichererinnerung: 30   Minuten

Translationsbericht in Dokument einbetten

Importieren...   Exportieren...   OK   Abbrechen   Anwenden

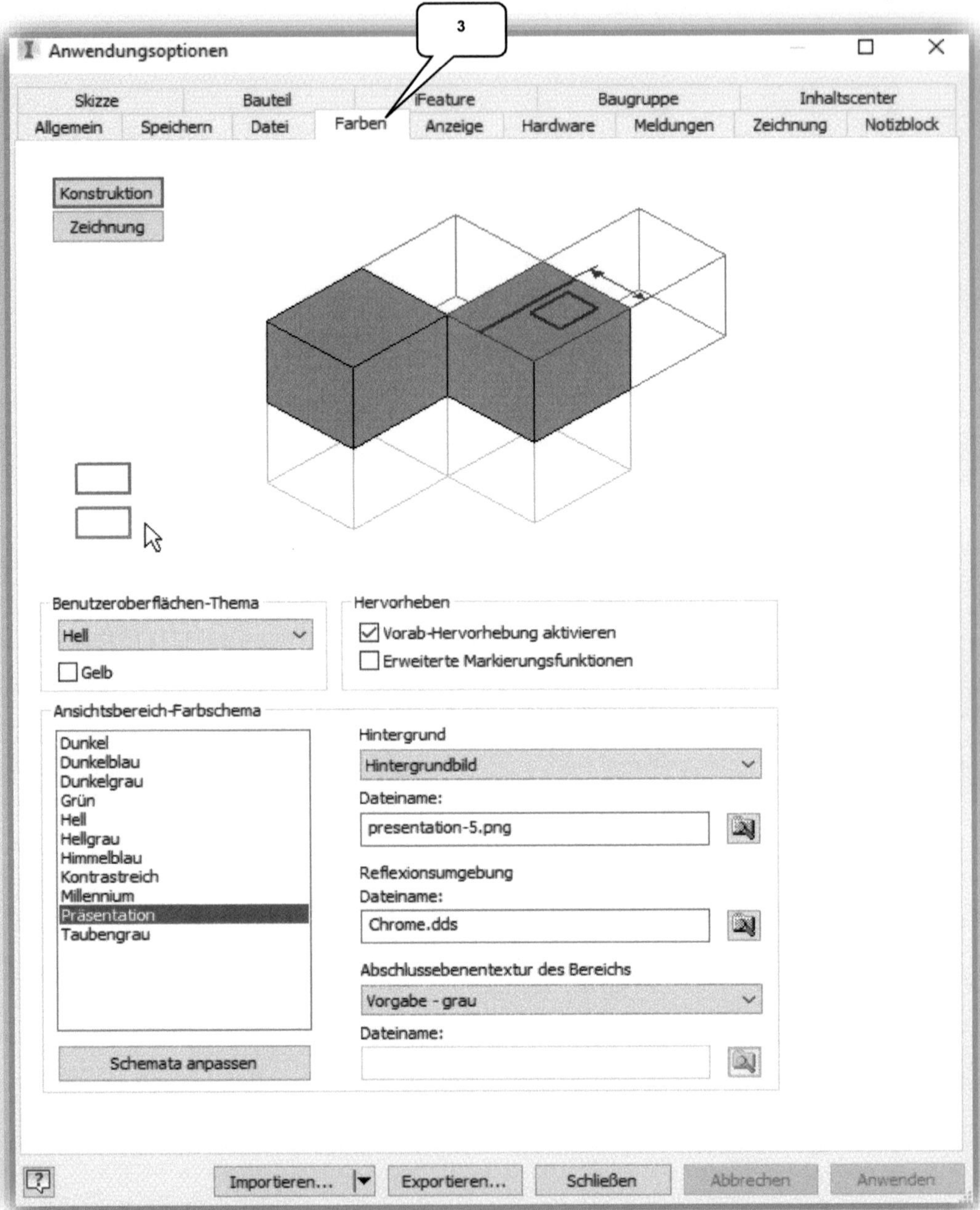
3

Anwendungsoptionen

Skizze
Bauteil
iFeature
Baugruppe
Inhaltscenter
Allgemein
Speichern
Datei
Farben
Anzeige
Hardware
Meldungen
Zeichnung
Notizblock

Konstruktion
Zeichnung

Benutzeroberflächen-Thema
Hell
Gelb

Hervorheben
Vorab-Hervorhebung aktivieren
Erweiterte Markierungsfunktionen

Ansichtsbereich-Farbschema
Dunkel
Dunkelblau
Dunkelgrau
Grün
Hell
Hellgrau
Himmelblau
Kontrastreich
Millennium
Präsentation
Taubengrau

Schemata anpassen

Hintergrund
Hintergrundbild
Dateiname:
presentation-5.png

Reflexionsumgebung
Dateiname:
Chrome.dds

Abschlussebenentextur des Bereichs
Vorgabe - grau
Dateiname:

Importieren...
Exportieren...
Schließen
Abbrechen
Anwenden

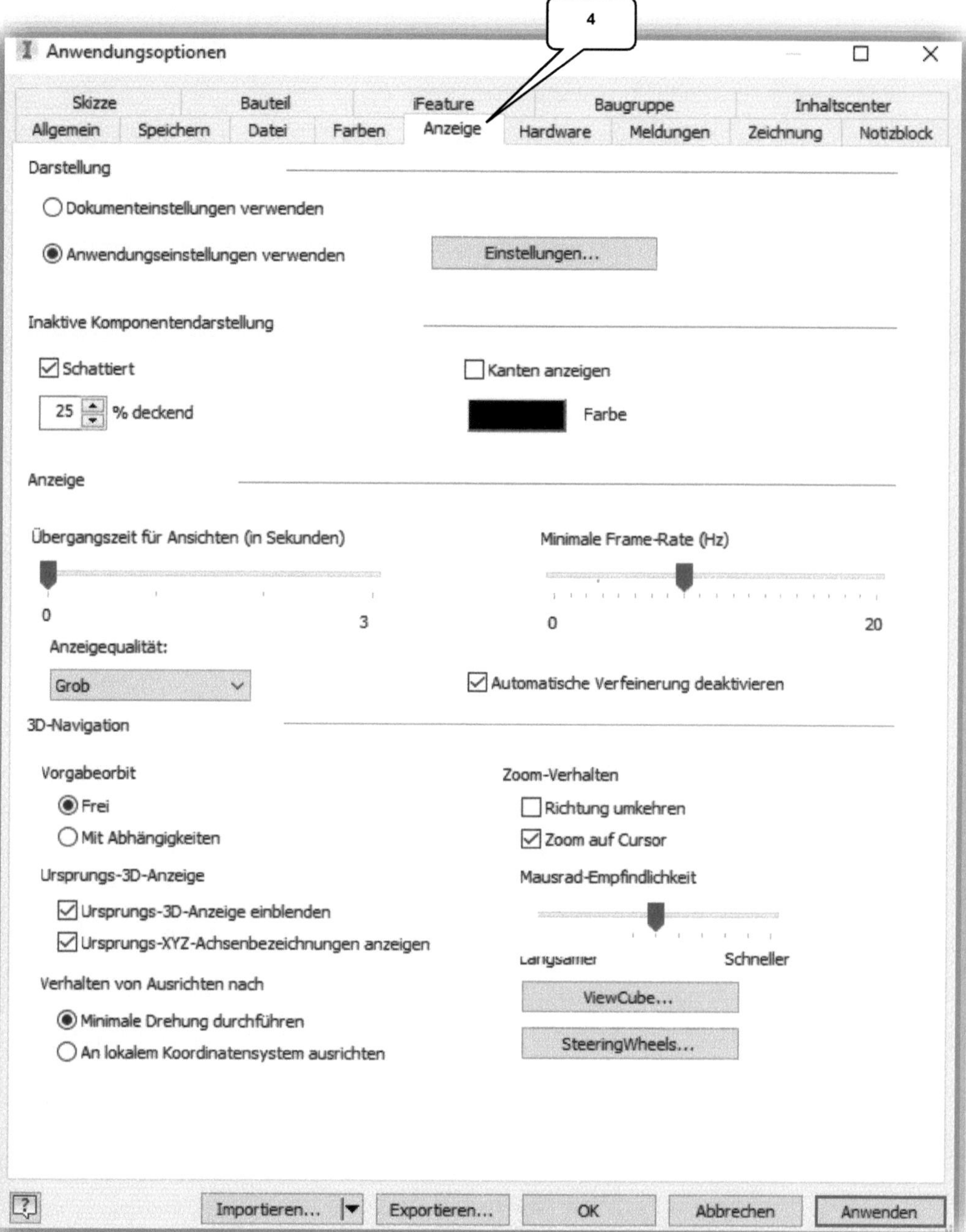
4

Anwendungsoptionen

Skizze
Bauteil
iFeature
Baugruppe
Inhaltscenter
Allgemein
Speichern
Datei
Farben
Anzeige
Hardware
Meldungen
Zeichnung
Notizblock

Darstellung

Dokumenteinstellungen verwenden

Anwendungseinstellungen verwenden
Einstellungen...

Inaktive Komponentendarstellung

Schattiert
Kanten anzeigen

25 % deckend
Farbe

Anzeige

Übergangszeit für Ansichten (in Sekunden)
Minimale Frame-Rate (Hz)

0
3
0
20

Anzeigequalität:
Automatische Verfeinerung deaktivieren
Grob

3D-Navigation

Vorgabeorbit
Zoom-Verhalten
Frei
Richtung umkehren
Mit Abhängigkeiten
Zoom auf Cursor

Ursprungs-3D-Anzeige
Mausrad-Empfindlichkeit
Ursprungs-3D-Anzeige einblenden
Ursprungs-XYZ-Achsenbezeichnungen anzeigen
Langsamer
Schneller

Verhalten von Ausrichten nach
ViewCube...
Minimale Drehung durchführen
SteeringWheels...
An lokalem Koordinatensystem ausrichten

Importieren...
Exportieren...
OK
Abbrechen
Anwenden

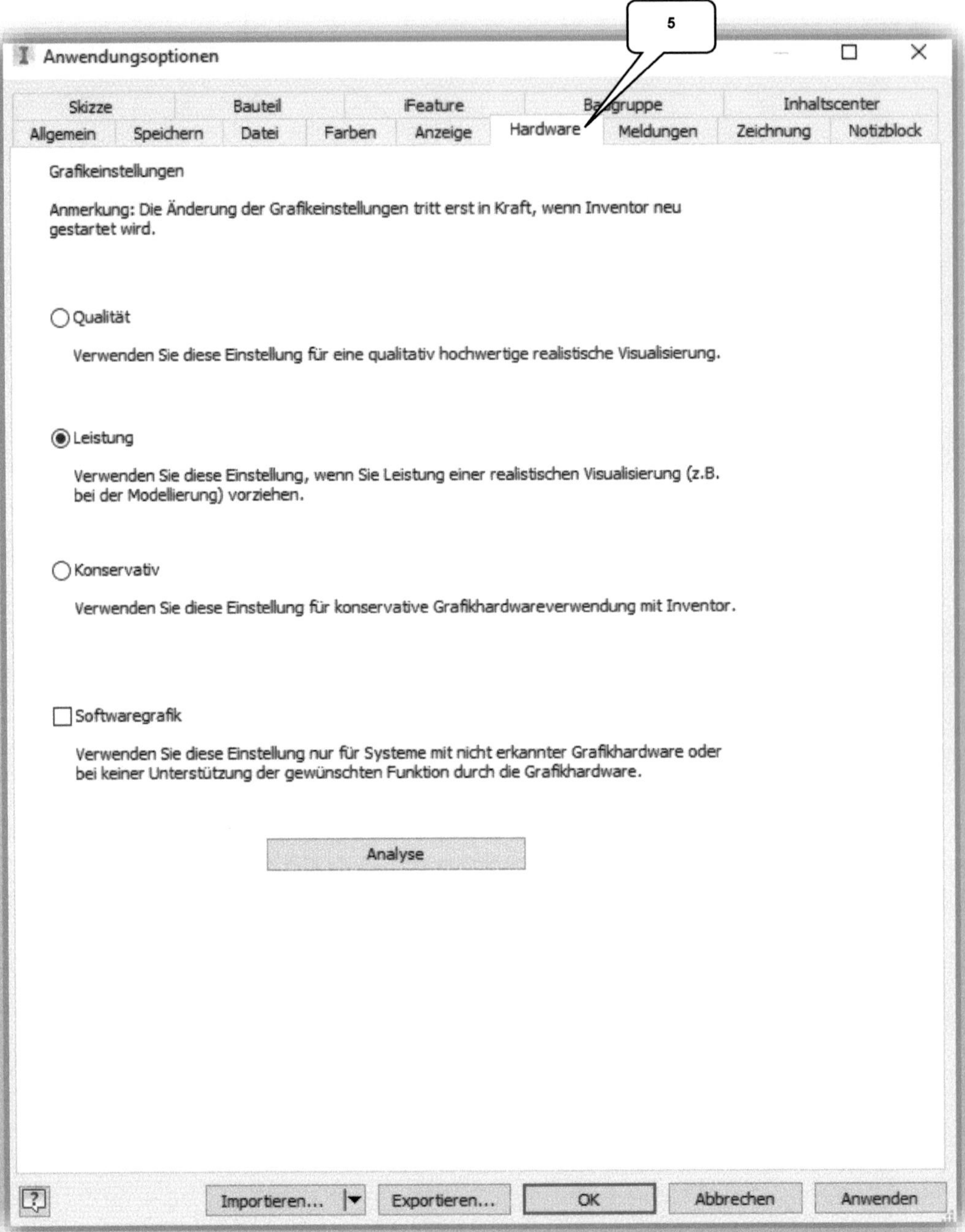
5
Anwendungsoptionen
Skizze   Bauteil   iFeature   Baugruppe   Inhaltscenter
Allgemein   Speichern   Datei   Farben   Anzeige   Hardware   Meldungen   Zeichnung   Notizblock
Grafikeinstellungen
Anmerkung: Die Änderung der Grafikeinstellungen tritt erst in Kraft, wenn Inventor neu gestartet wird.
Qualität
Verwenden Sie diese Einstellung für eine qualitativ hochwertige realistische Visualisierung.
Leistung
Verwenden Sie diese Einstellung, wenn Sie Leistung einer realistischen Visualisierung (z.B. bei der Modellierung) vorziehen.
Konservativ
Verwenden Sie diese Einstellung für konservative Grafikhardwareverwendung mit Inventor.
Softwaregrafik
Verwenden Sie diese Einstellung nur für Systeme mit nicht erkannter Grafikhardware oder bei keiner Unterstützung der gewünschten Funktion durch die Grafikhardware.
Analyse
Importieren...   Exportieren...   OK   Abbrechen   Anwenden

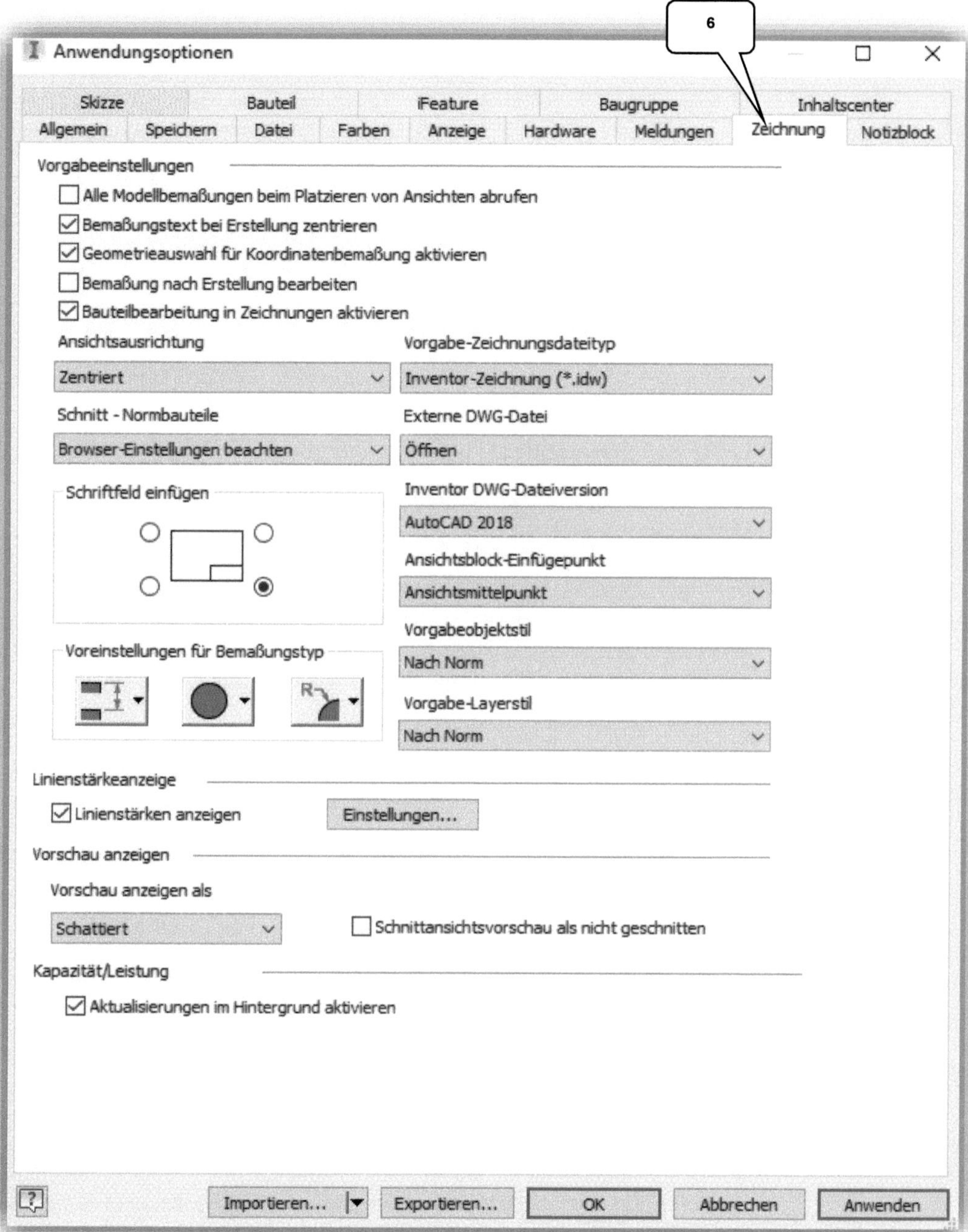
6

Anwendungsoptionen

Skizze   Bauteil   iFeature   Baugruppe   Inhaltscenter
Allgemein   Speichern   Datei   Farben   Anzeige   Hardware   Meldungen   Zeichnung   Notizblock

Vorgabeeinstellungen
Alle Modellbemaßungen beim Platzieren von Ansichten abrufen
Bemaßungstext bei Erstellung zentrieren
Geometrieauswahl für Koordinatenbemaßung aktivieren
Bemaßung nach Erstellung bearbeiten
Bauteilbearbeitung in Zeichnungen aktivieren

Ansichtsausrichtung
Zentriert

Vorgabe-Zeichnungsdateityp
Inventor-Zeichnung (*.idw)

Schnitt - Normbauteile
Browser-Einstellungen beachten

Externe DWG-Datei
Öffnen

Schriftfeld einfügen

Inventor DWG-Dateiversion
AutoCAD 2018

Ansichtsblock-Einfügepunkt
Ansichtsmittelpunkt

Voreinstellungen für Bemaßungstyp

Vorgabeobjektstil
Nach Norm

Vorgabe-Layerstil
Nach Norm

Linienstärkeanzeige
Linienstärken anzeigen   Einstellungen...

Vorschau anzeigen
Vorschau anzeigen als
Schattiert   Schnittansichtsvorschau als nicht geschnitten

Kapazität/Leistung
Aktualisierungen im Hintergrund aktivieren

Importieren...   Exportieren...   OK   Abbrechen   Anwenden

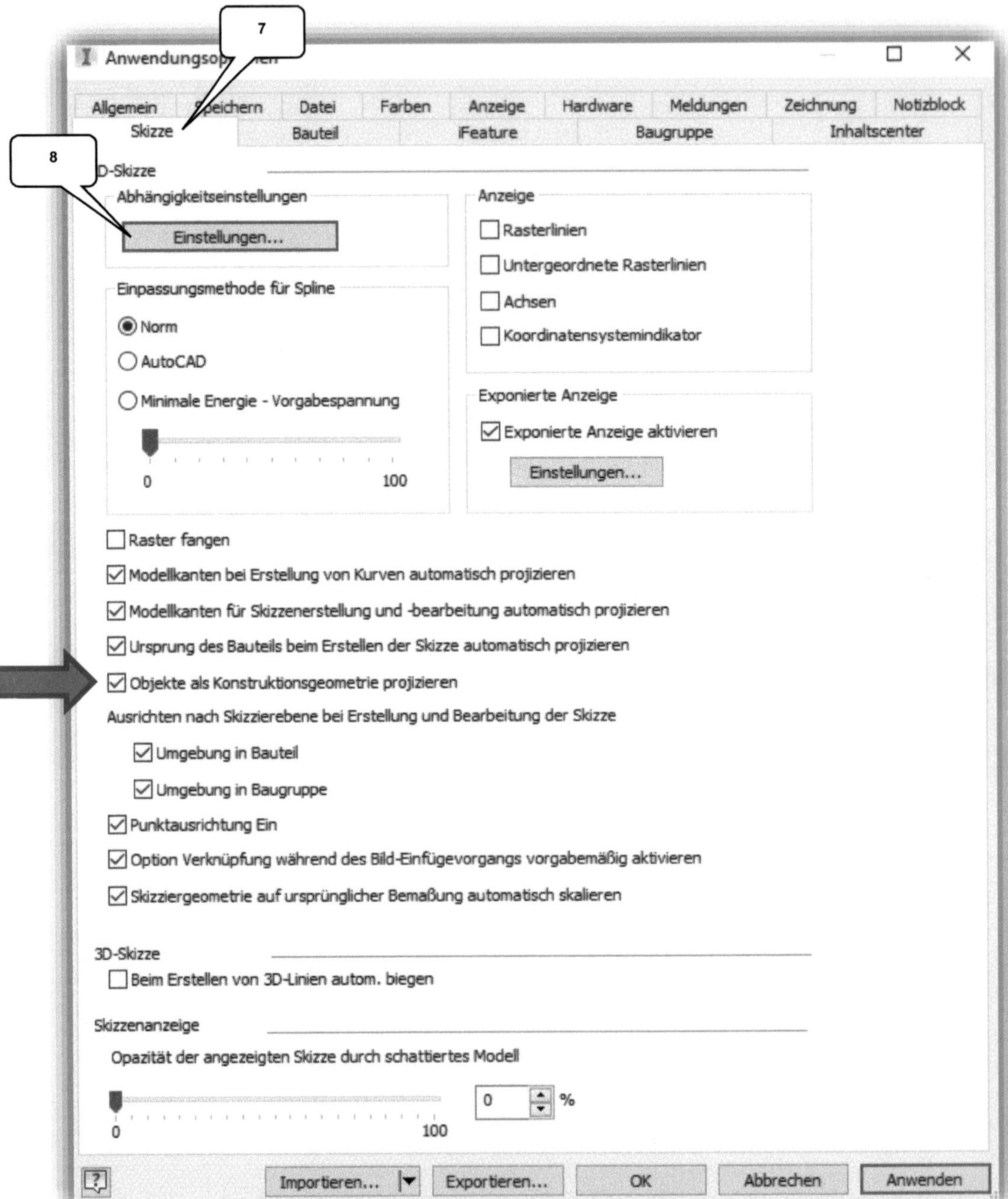
7
8
Anwendungsoptionen
Allgemein   Speichern   Datei   Farben   Anzeige   Hardware   Meldungen   Zeichnung   Notizblock
Skizze   Bauteil   iFeature   Baugruppe   Inhaltscenter
2D-Skizze
Abhängigkeitseinstellungen
Einstellungen...
Einpassungsmethode für Spline
Norm
AutoCAD
Minimale Energie - Vorgabespannung
0   100
Anzeige
Rasterlinien
Untergeordnete Rasterlinien
Achsen
Koordinatensystemindikator
Exponierte Anzeige
Exponierte Anzeige aktivieren
Einstellungen...
Raster fangen
Modellkanten bei Erstellung von Kurven automatisch projizieren
Modellkanten für Skizzenerstellung und -bearbeitung automatisch projizieren
Ursprung des Bauteils beim Erstellen der Skizze automatisch projizieren
Objekte als Konstruktionsgeometrie projizieren
Ausrichten nach Skizzierebene bei Erstellung und Bearbeitung der Skizze
Umgebung in Bauteil
Umgebung in Baugruppe
Punktausrichtung Ein
Option Verknüpfung während des Bild-Einfügevorgangs vorgabemäßig aktivieren
Skizziergeometrie auf ursprünglicher Bemaßung automatisch skalieren
3D-Skizze
Beim Erstellen von 3D-Linien autom. biegen
Skizzenanzeige
Opazität der angezeigten Skizze durch schattiertes Modell
0   100   0   %
Importieren...   Exportieren...   OK   Abbrechen   Anwenden

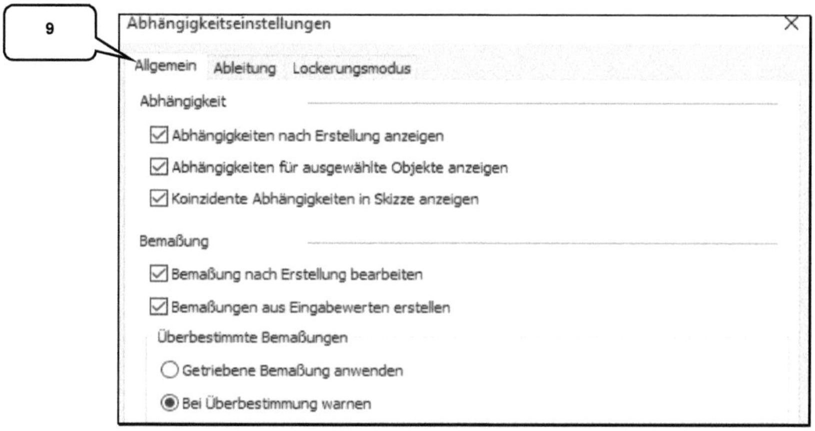

9

Abhängigkeitseinstellungen　　　　　　　　　　　　　　　　　　　✕

Allgemein　Ableitung　Lockerungsmodus

Abhängigkeit

☑ Abhängigkeiten nach Erstellung anzeigen

☑ Abhängigkeiten für ausgewählte Objekte anzeigen

☑ Koinzidente Abhängigkeiten in Skizze anzeigen

Bemaßung

☑ Bemaßung nach Erstellung bearbeiten

☑ Bemaßungen aus Eingabewerten erstellen

Überbestimmte Bemaßungen

◯ Getriebene Bemaßung anwenden

◉ Bei Überbestimmung warnen

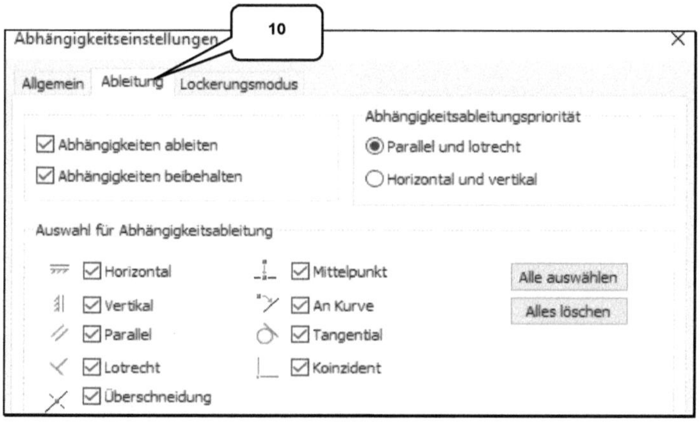

10

Abhängigkeitseinstellungen　　　　　　　　　　　　　　　　　　　✕

Allgemein　Ableitung　Lockerungsmodus

☑ Abhängigkeiten ableiten

☑ Abhängigkeiten beibehalten

Abhängigkeitsableitungspriorität

◉ Parallel und lotrecht

◯ Horizontal und vertikal

Auswahl für Abhängigkeitsableitung

☑ Horizontal　　☑ Mittelpunkt　　　Alle auswählen

☑ Vertikal　　　☑ An Kurve　　　　Alles löschen

☑ Parallel　　　☑ Tangential

☑ Lotrecht　　　☑ Koinzident

☑ Überschneidung

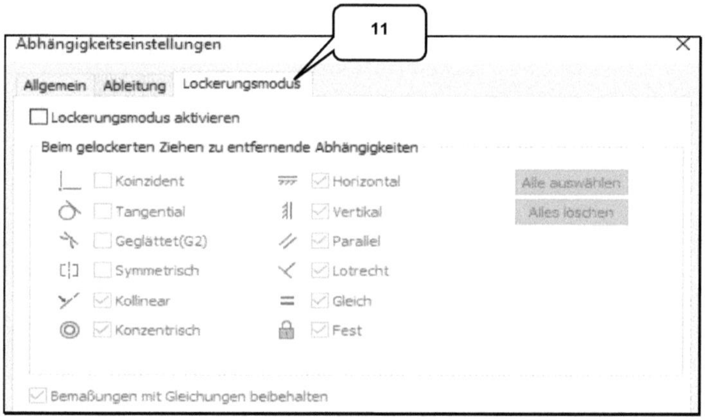

11

Abhängigkeitseinstellungen　　　　　　　　　　　　　　　　　　　✕

Allgemein　Ableitung　Lockerungsmodus

☐ Lockerungsmodus aktivieren

Beim gelockerten Ziehen zu entfernende Abhängigkeiten

☐ Koinzident　　　☑ Horizontal　　　Alle auswählen

☐ Tangential　　　☑ Vertikal　　　　Alles löschen

☐ Geglättet(G2)　☑ Parallel

☐ Symmetrisch　　☑ Lotrecht

☑ Kollinear　　　☑ Gleich

☑ Konzentrisch　☑ Fest

☑ Bemaßungen mit Gleichungen beibehalten

12

Anwendungsoptionen

| Allgemein | Speichern | Datei | Farben | Anzeige | Hardware | Meldungen | Zeichnung | Notizblock |

| Skizze | Bauteil | iFeature | Baugruppe | Inhaltscenter |

Skizze beim Erstellen eines neuen Bauteils

- ◯ Keine neue Skizze
- ⦿ Skizze auf XY-Ebene
- ◯ Skizze auf YZ-Ebene
- ◯ Skizze auf XZ-Ebene

Konstruktion

- ☐ Deckende Flächen
- ☐ Konstruktionsumgebung aktivieren

- ☑ Direkte Arbeitselemente automatisch ausblenden
- ☑ Arbeits- und Oberflächenelemente automatisch einbeziehen
- ☐ Erweiterte Informationen nach Elementknotennamen im Browser anzeigen

3D-Griffe

- ☑ 3D-Griffe aktivieren
  - ☑ Griffe zu Auswahl anzeigen

Bemaßungsabhängigkeiten

- ◯ Nie lockern
- ◯ Lockern, wenn keine Gleichung
- ◯ Immer lockern
- ⦿ Eingabeaufforderung

Geometrische Abhängigkeiten

- ◯ Nie lösen
- ◯ Immer lösen
- ⦿ Eingabeaufforderung

Erstellung/Ableitung/Konturvereinfachung für Vorgabe

- ☑ Farbüberschreibung aus Quellkomponente verwenden

[?] | Importieren... ▾ | Exportieren... | OK | Abbrechen | Anwenden

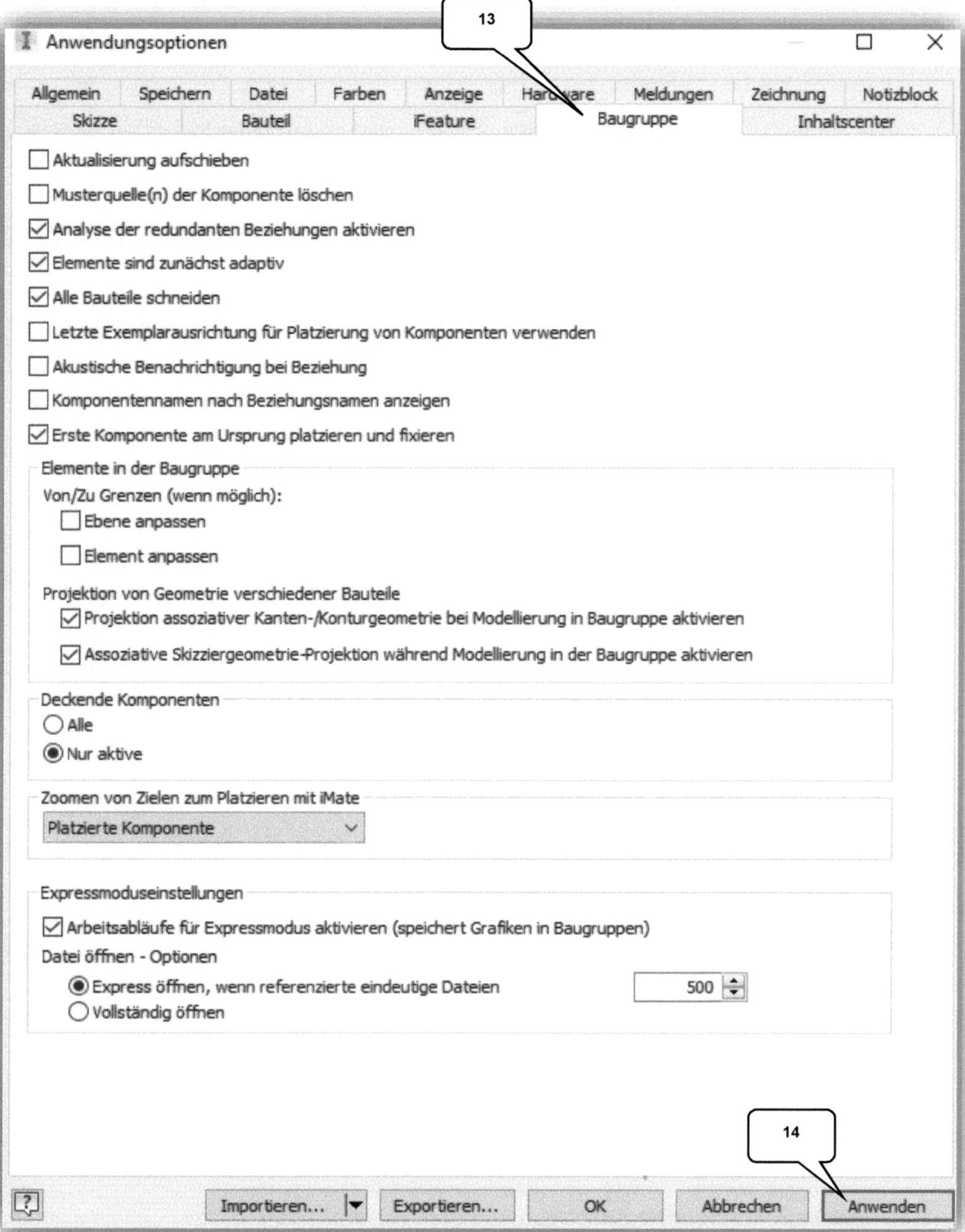

13
Anwendungsoptionen
Allgemein   Speichern   Datei   Farben   Anzeige   Hardware   Meldungen   Zeichnung   Notizblock
Skizze   Bauteil   iFeature   Baugruppe   Inhaltscenter
Aktualisierung aufschieben
Musterquelle(n) der Komponente löschen
Analyse der redundanten Beziehungen aktivieren
Elemente sind zunächst adaptiv
Alle Bauteile schneiden
Letzte Exemplarausrichtung für Platzierung von Komponenten verwenden
Akustische Benachrichtigung bei Beziehung
Komponentennamen nach Beziehungsnamen anzeigen
Erste Komponente am Ursprung platzieren und fixieren
Elemente in der Baugruppe
Von/Zu Grenzen (wenn möglich):
Ebene anpassen
Element anpassen
Projektion von Geometrie verschiedener Bauteile
Projektion assoziativer Kanten-/Konturgeometrie bei Modellierung in Baugruppe aktivieren
Assoziative Skizziergeometrie-Projektion während Modellierung in der Baugruppe aktivieren
Deckende Komponenten
Alle
Nur aktive
Zoomen von Zielen zum Platzieren mit iMate
Platzierte Komponente
Expressmoduseinstellungen
Arbeitsabläufe für Expressmodus aktivieren (speichert Grafiken in Baugruppen)
Datei öffnen - Optionen
Express öffnen, wenn referenzierte eindeutige Dateien   500
Vollständig öffnen
Importieren...   Exportieren...   OK   Abbrechen   Anwenden
14

5 Grundlegende Vorbereitungen

5.1 Projektordner erstellen

Bevor mit der Umsetzung des Projektes gestartet wird, müssen die folgenden Arbeiten erledigt werden:

Auf dem PC ist an geeigneter Stelle ein neuer Ordner mit folgender Bezeichnung zu erstellen:

> *Inventor-2021-Übung-Belastungsanalyse*

5.2 Download der Übungsdateien

Besuchen Sie im Internet die folgende Website:

> *http://www.cad-trainings.de*

Suchen Sie im Bereich **Download** bei den **Büchern** die passende **Programmversion** und das dazugehörige Buch. Klicken Sie auf den nebenstehenden Link, um die zum Buch gehörende Übungsdatei (ZIP-Format) auf Ihrem PC zu speichern.

Speichern Sie die Datei in dem vorher erzeugten Projektordner **Inventor-2021-Übung-Belastungsanalyse** und entpacken Sie die Datei dort hinein. Die darin enthaltenen Dateien werden später benötigt.

5.3 Aktivierung des Einzelbenutzerprojektes

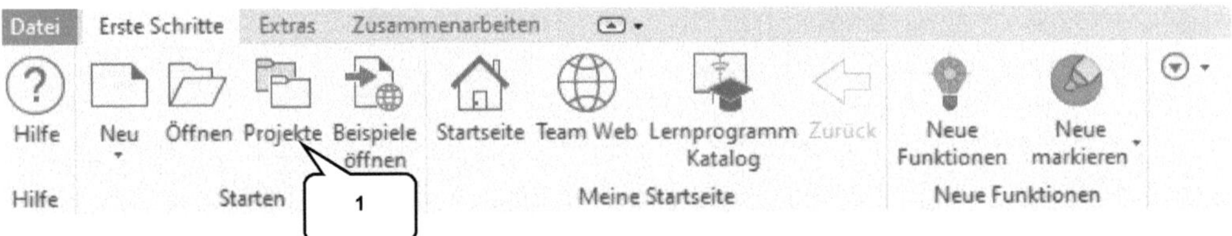

Inventor® arbeitet in Projekten, was die Koordination zusammenhängender Dateien und Einstellungen vereinfacht. Eine Projektdatei (*.ipj) sichert alle Informationen und Querverweise eines Projekts. Das ist wichtig, wenn später komplexe Baugruppen archiviert oder von einem PC auf einen anderen übertragen werden sollen. **Starten Sie Inventor!**

Im Register **Erste Schritte** (Befehlsgruppe **Starten**) ist der Befehl 📁 Projekte zu öffnen, um das benötigte Projekt **Inventor-2021-Belastungsanalyse.ipj** zu aktivieren.

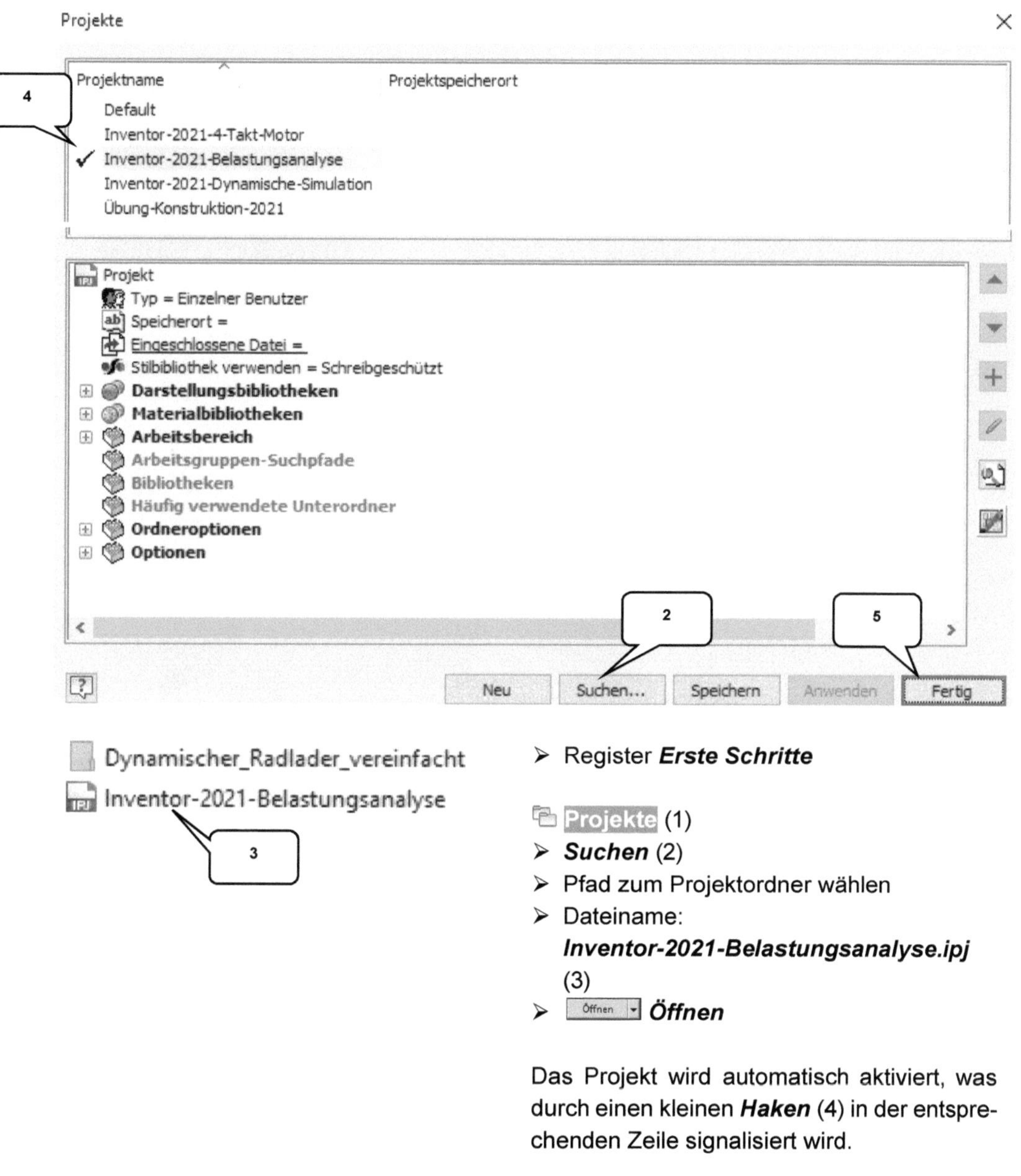

> Register **Erste Schritte**

Projekte (1)
> **Suchen** (2)
> Pfad zum Projektordner wählen
> Dateiname:
Inventor-2021-Belastungsanalyse.ipj
(3)
> Öffnen **Öffnen**

Das Projekt wird automatisch aktiviert, was durch einen kleinen **Haken** (4) in der entsprechenden Zeile signalisiert wird.

Fertig **Fertig** (5)

5.4   Die Baugruppe im Überblick

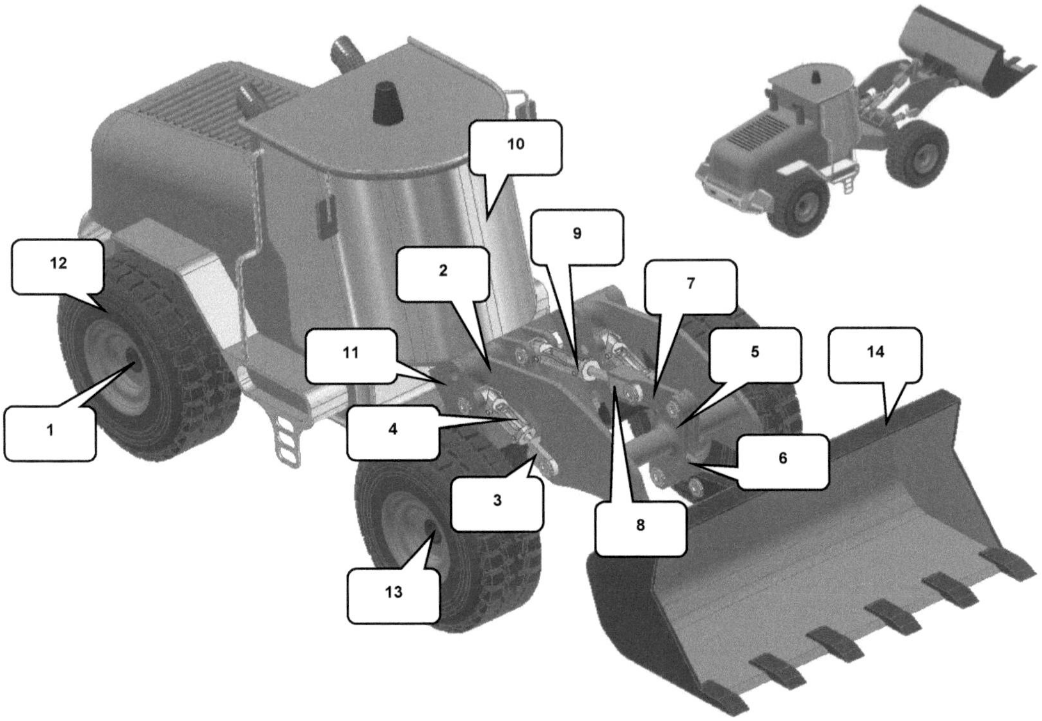

1) Hinterradachse	6) Kippschwinge	11) Maschinenrahmen
2) Hubrahmen	7) Kippzylinder-Fixierung	12) Rad
3) Hubzylinder-Kolben	8) Kippzylinder-Kolben	13) Radbolzen
4) Hubzylinder-Zylinder	9) Kippzylinder-Zylinder	14) Schaufel
5) Kipphebel	10) Maschinengehäuse	

6 Die Umgebung der Belastungsanalyse

6.1 Arten der Inventor®-Belastungsanalyse

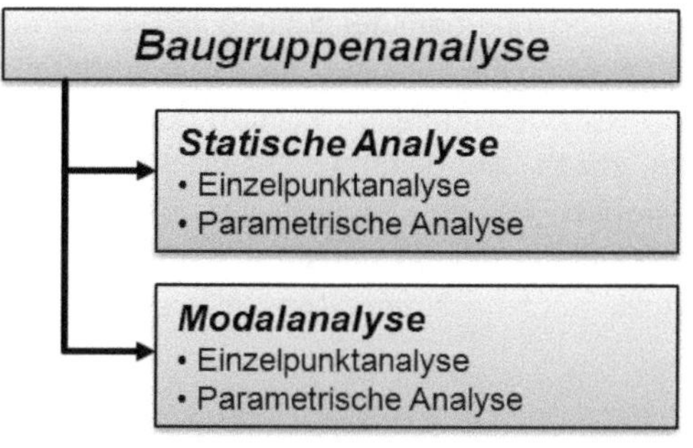

Die Belastungsanalyse ermöglicht grundsätzlich die Studie an Bauteilen und Baugruppen, wobei eine Baugruppenanalyse letztendlich auf eine Optimierung ausgewählter Bauteile ausgerichtet ist.

Baugruppen und Bauteile können in den folgenden Formen analysiert werden:

> *Statische Einzelpunktstudie*[1]
> *Parametrische Einzelpunktstudie*[2]
> *Modalanalyse (Einzelpunkt)*[3]
> *Modalanalyse (parametrisch)*[4]

Wurden alle konstruktiven Schwachstellen eines Bauteils ermittelt und korrigiert, so kann es weiterhin anhand einer:

> *Topologieoptimierung*[5]

mit dem Inventor®-Formen Generator optimiert werden. Darin wird geprüft, inwieweit eine Gewichts- und Massenreduktion möglich ist, ohne die Stabilität des Bauteils kritisch zu beeinflussen.

---

[1] Objektstudie mit fest definierten Randbedingungen.

[2] Objektstudie mit variablen Randbedingungen.

[3] Objektstudie zu den Eigenschwingungen mit fest definierten Randbedingungen.

[4] Objektstudie zu den Eigenschwingungen mit variablen Randbedingungen.

[5] Berechnungsverfahren zur Gewichts- und Massenreduktion von Bauteilen unter Beachtung der Randbedingungen.

6.2 Grundlegender Aufbau des Analysebereiches
6.2.1 Baugruppe DYNAMISCHER_RADLADER_VEREINFACHT öffnen

In der ersten Übung soll das Bauteil *Hubrahmen.ipt* analysiert werden. Es wurde zu diesem Zweck bereits im Bereich der Dynamischen Simulation innerhalb der zugehörigen Baugruppe analysiert, konfiguriert und für den Export in den Bereich der Belastungsanalyse vorbereitet[6]. Um diese, für das Bauteil bereits vordefinierten Randbedingungen, auch in der Umgebung der Belastungsanalyse verfügbar zu machen, muss die gesamte Baugruppe *Dynamischer_Radlader_vereinfacht.iam* geöffnet werden. Würde lediglich das Bauteil selbst geöffnet werden, würden die benötigten Berechnungsergebnisse aus der Dynamischen Simulation nicht verfügbar sein. An dieser Stelle sollte auch noch einmal geprüft werden, ob das korrekte Projekt aktiviert wurde.

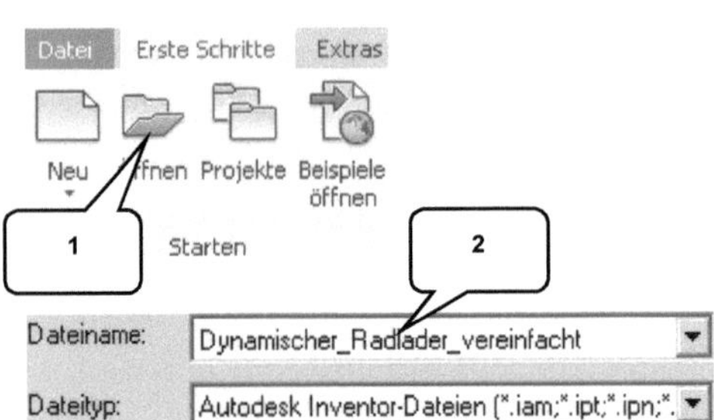

Öffnen (1)

> Order: Projektordner wählen
> Dateiname:
> Dynamischer_Radlader_vereinfacht
> (2)
> Dateityp: *.iam
> Öffnen **Öffnen**

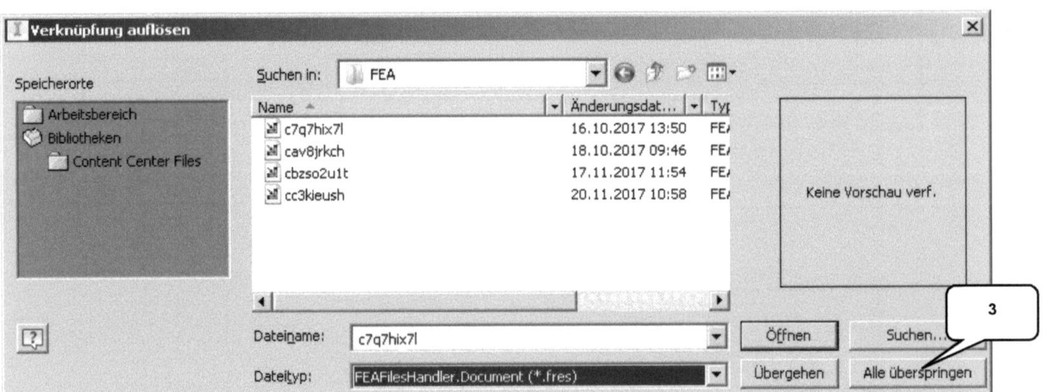

Das sich ggf. öffnende Hinweisfenster *Verknüpfung auflösen*[7], kann (ohne weitere Zuordnungen) durch den Button Alle überspringen *Alle überspringen* (3) geschlossen werden.

---

[6] Siehe Buch Autodesk® Inventor® Dynamische Simulation.
[7] Die unaufgelösten Referenzen beziehen sich auf fehlende Zuordnungen der Baugruppe zu den bereits erfolgten Analysen im Bereich der Dynamischen Simulation (sogenannte FEA-Dateien). Leider gehen derartige Informationen beim

6.2.2 Befehlsgruppen in der Belastungsanalyse

Im Bereich der **Belastungsanalyse** sollten die **Befehlsgruppen** zunächst auf ihre Vollständigkeit hin kontrolliert werden.

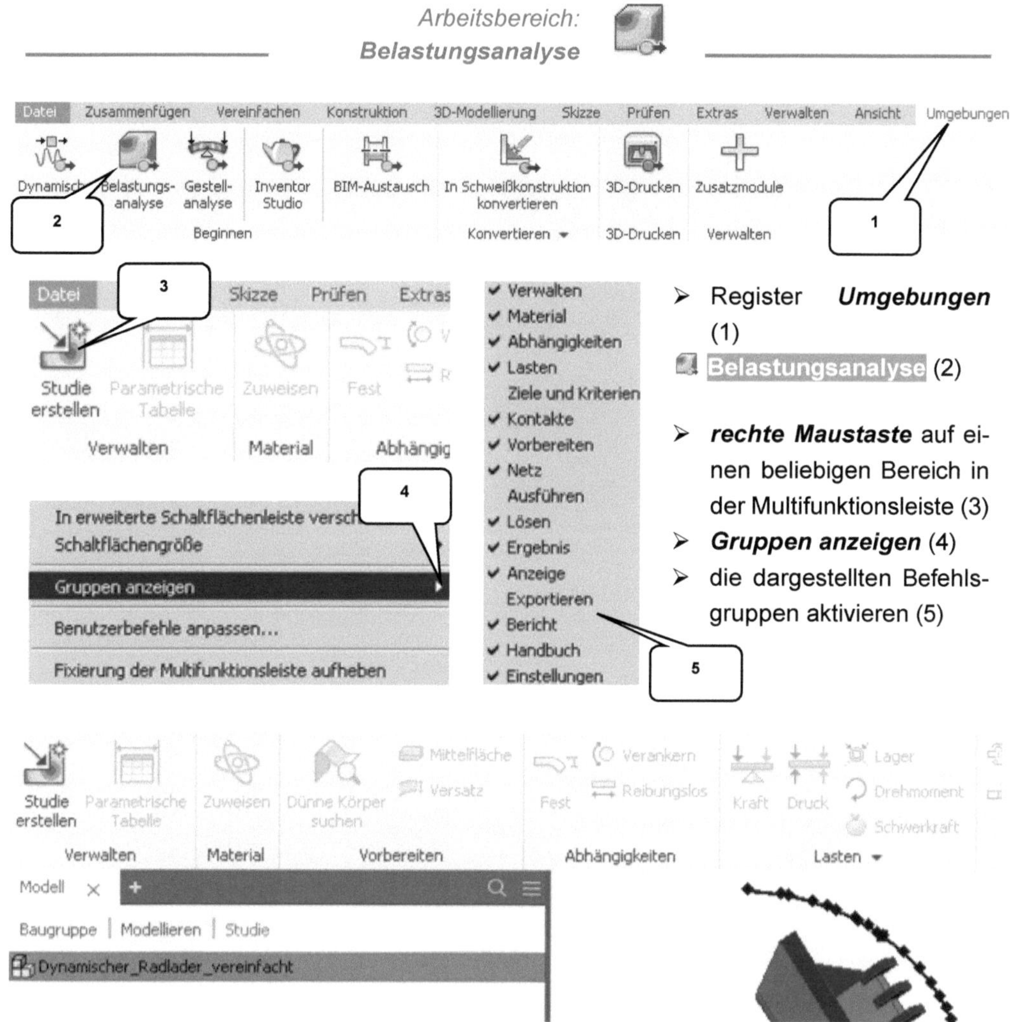

> Register **Umgebungen** (1)
>
> **Belastungsanalyse** (2)
>
> **rechte Maustaste** auf einen beliebigen Bereich in der Multifunktionsleiste (3)
>
> **Gruppen anzeigen** (4)
>
> die dargestellten Befehlsgruppen aktivieren (5)

Die folgenden **Befehlsgruppen** findet man im Bereich der **Belastungsanalyse**:

Kopieren komplexer Baugruppen oftmals verloren, was der weiteren Arbeit mit dem Buch allerdings keine Probleme bereiten sollte.

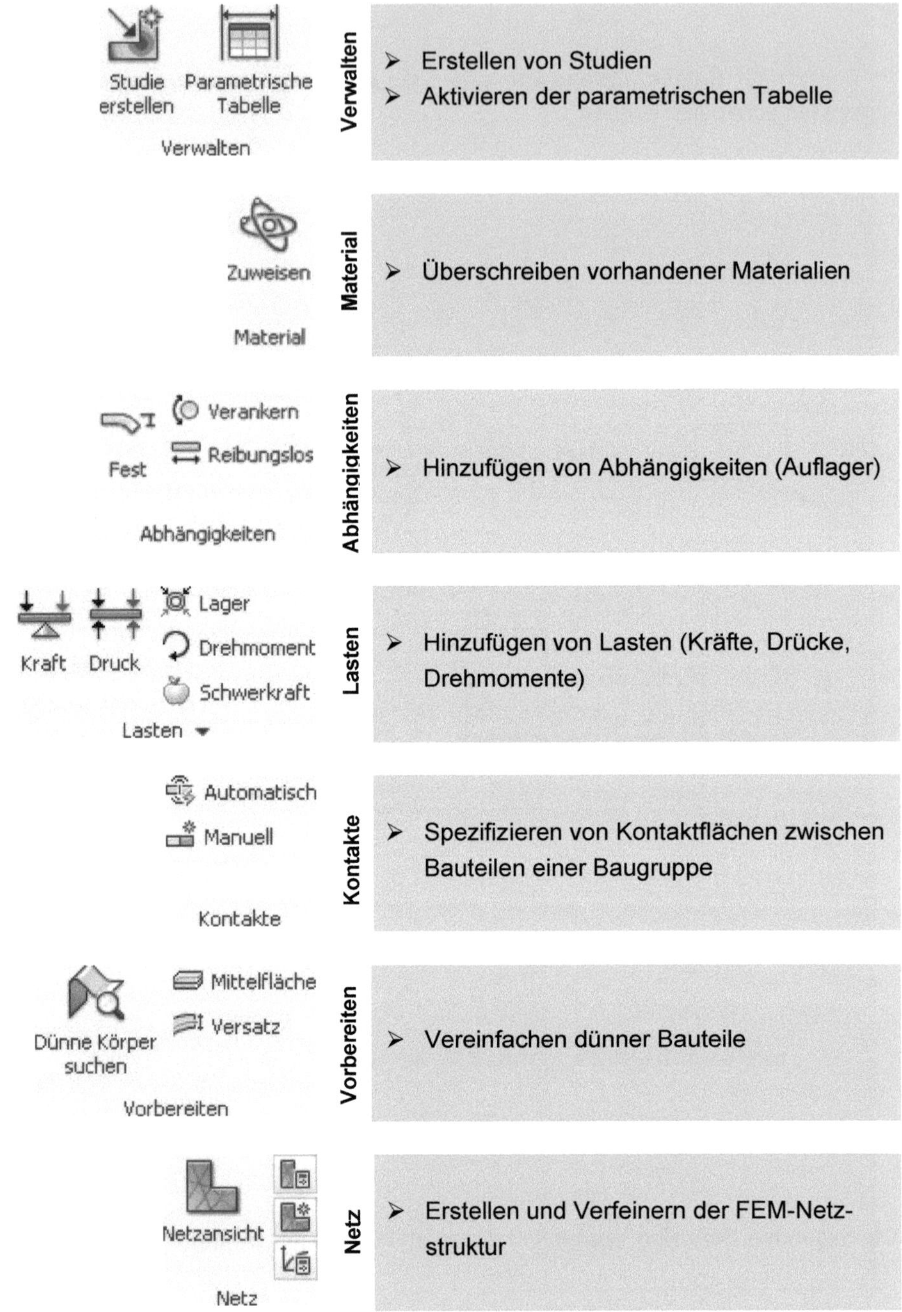
Studie erstellen
Parametrische Tabelle
Verwalten
Verwalten
➢ Erstellen von Studien
➢ Aktivieren der parametrischen Tabelle

Zuweisen
Material
Material
➢ Überschreiben vorhandener Materialien

Fest
Verankern
Reibungslos
Abhängigkeiten
Abhängigkeiten
➢ Hinzufügen von Abhängigkeiten (Auflager)

Kraft
Druck
Lager
Drehmoment
Schwerkraft
Lasten
Lasten
➢ Hinzufügen von Lasten (Kräfte, Drücke, Drehmomente)

Automatisch
Manuell
Kontakte
Kontakte
➢ Spezifizieren von Kontaktflächen zwischen Bauteilen einer Baugruppe

Dünne Körper suchen
Mittelfläche
Versatz
Vorbereiten
Vorbereiten
➢ Vereinfachen dünner Bauteile

Netzansicht
Netz
Netz
➢ Erstellen und Verfeinern der FEM-Netzstruktur

Simulieren
Lösen
Lösen
➢ Simulieren der Studie

Animieren
Prüfen
Konvergenz
Ergebnis
Ergebnis
➢ Erzeugen von Bewegungsanimationen
➢ Platzieren von zusätzlichen Prüfpunkten
➢ Öffnen des Konvergenz-Plots

Gleicher Maßstab
Farbleiste
Prüfungsbeschriftungen
Glattschattierung
Angepasst x1
Anzeige
Anzeige
➢ Bearbeiten der Grundeinstellungen für die visuellen Darstellungen

Bericht
Bericht
Bericht
➢ Erstellen und Exportieren der Studien-berichte

Handbuch
Handbuch
Handbuch
➢ Öffnen des Simulationshandbuches

Belastungsanalyse -
Einstellungen
Einstellungen
Einstellungen
➢ Bearbeiten der Grundeinstellungen der Belastungsanalyse

fertig stellen
Analyse
Beenden
Beenden
➢ Verlassen des Bereiches der Belastungsanalyse

6.2.3 Der Browser in der Belastungsanalyse

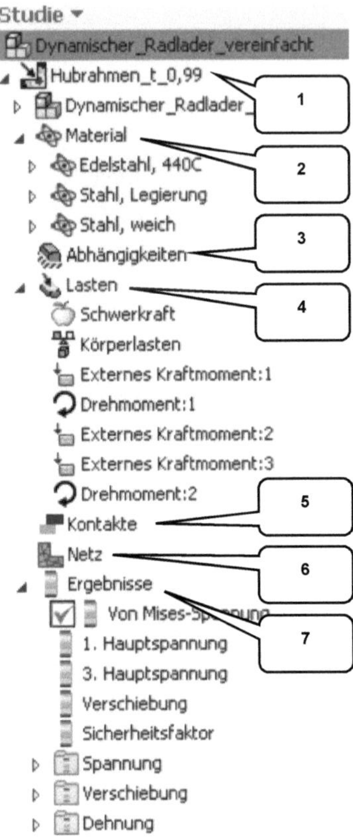

Der **Browser** der Belastungsanalyse spiegelt alle Eingabewerte und die Ergebnisse einer Simulation wider. Die folgenden **Ordner** werden <u>später</u> darin zu finden sein:

> **Studie** (1)

Die Studie findet man (nach der Bauteil- bzw. Baugruppenbezeichnung) an oberster Stelle im Browser. Sie enthält die Eigenschaften einer FEM-Analyse.

> **Material** (2)

Im Ordner **Material** werden alle Materialien der Baugruppe aufgelistet, sofern diese im Bereich der Belastungsanalyse neu zugeordnet (überschrieben) wurden.

> **Abhängigkeiten** (3)

Abhängigkeiten stellen alle Befestigungsmechanismen dar, mit denen Bauteile aneinander bzw. im Raum befestigt wurden, um ihre Einbausituation zu simulieren.

> **Lasten** (4)

Lasten sind Kräfte und Momente, die von außen auf ein Bauteil wirken.

> **Kontakte** (5)

Werden Baugruppen analysiert, dann sind im Ordner **Kontakte** alle Kontaktbedingungen zwischen den einzelnen Bauteiloberflächen (Kontaktflächen) hinterlegt.

> **Netz** (6) und **Ergebnisse** (7)

Die beiden Ordner **Netz** und **Ergebnisse** beinhalten die Netzstruktur sowie die Berechnungsergebnisse der Simulationen.

7 Studien statisch bestimmter Bauteile

7.1 Randbedingungen definieren

Von **statisch bestimmten Bauteilen** soll in diesem Zusammenhang gesprochen werden, wenn ein Bauteil bereits im Bereich der Dynamischen Simulation innerhalb einer Baugruppe analysiert wurde. Alle Abhängigkeiten und Lasten wurden in diesem Fall bereits definiert.

Davon einmal abgesehen, dass die Aufbereitung einer Baugruppe im Bereich der Dynamischen Simulation sehr aufwändig ist, können Bauteile in diesem Fall in der Belastungsanalyse sehr schnell analysiert werden, weil ihnen lediglich noch ein passendes Material zugewiesen werden muss (es müssen weder Abhängigkeiten noch Lasten gesetzt werden, weil das Bauteil bereits aus dem Bereich der Dynamischen Simulation heraus durch verschiedene Kräfte und Momente vollständig statisch bestimmt präsentiert wird). Außerdem sind die bereits platzierten Lasten und Auflager[8] äußerst präzise, was bei einer manuellen Platzierung der Randbedingungen nahezu ausgeschlossen werden könnte. Die Berechnungsergebnisse werden bei derartigen Analysen also stets genauer sein.

7.1.1 Grundlagen: Neue Studie erstellen

Mit dem Erstellen einer **neuen Studie** wird die grundlegende Richtung der Analyse festgelegt. D.h. auf welche Eigenschaften ein Bauteil bzw. einer Baugruppe letztendlich untersucht werden soll.

Studienbezeichnung und **Konstruktionsziel** sollten zuerst definiert werden, anschließend der **Studientyp**, bei Baugruppen sind zusätzlich die **Kontakteigenschaften** und gegebenenfalls weitere Einstellungen im **Modellzustand** festzulegen.

Die Eigenschaften einer Studie können jederzeit wieder geändert und bearbeitet werden, indem im Browser mit der **rechten Maustaste** auf die Studie geklickt und im Kontextmenü die Option **Studieneigenschaften bearbeiten** ausgewählt wird.

---

[8] Werden Daten aus dem Bereich der Dynamischen Simulation in den Bereich der Belastungsanalyse übertragen, so werden Auflager nicht als Abhängigkeiten übernommen, sondern als Lasten: Das Programm bestimmt das System somit ausschließlich anhand von Kräften und Momenten! ($\sum F_{x,y,z}=0$; $\sum M_{x,y,z}=0$)

7.1.2 Einzelpunkt-Studie erstellen

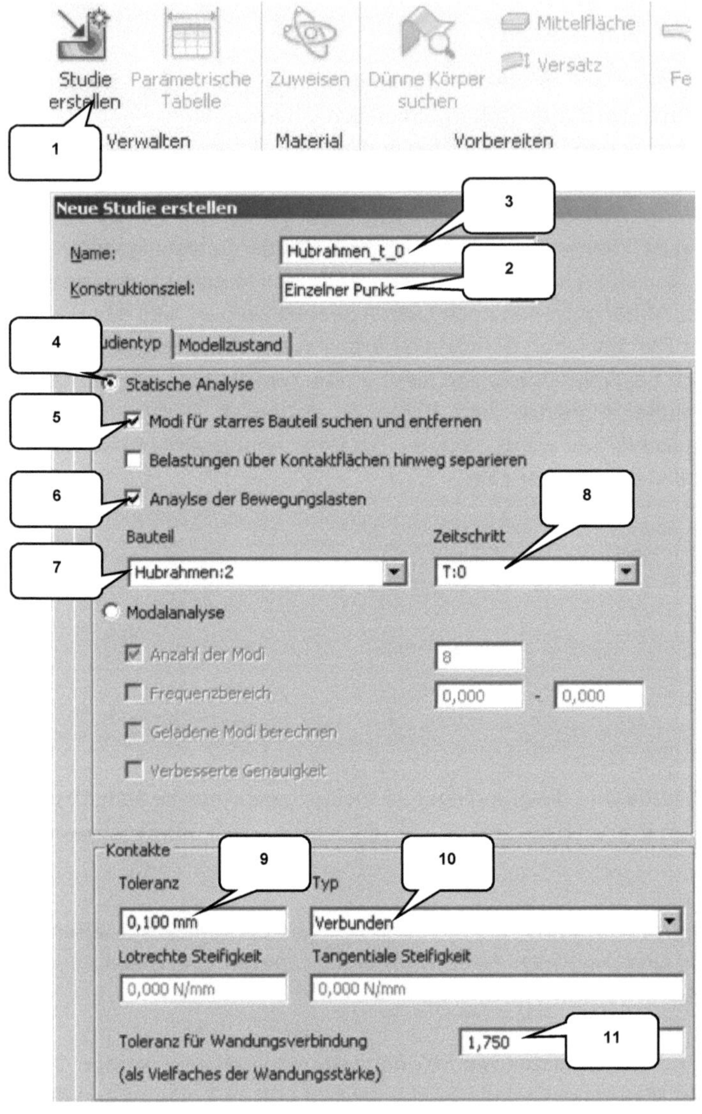

Im Bereich der Belastungsanalyse muss zuerst eine neue ⌦ **Studie** erstellt werden. Als **Konstruktionsziel** kann die Option **Einzelner Punkt** übernommen und als Name kann die Bezeichnung **Hubrahmen_t_0** eingetragen werden. Weiterhin soll eine **statische Analyse** des Bauteils erfolgen, wobei zusätzlich die Option **Modi für starres Bauteil suchen und entfernen**[9] zu aktivieren ist.

Um die Lasten und Auflager aus dem Bereich der Dynamischen Simulation übernehmen zu können, müssen die Option **Analyse der Bewegungslasten** aktiviert, das Bauteil **Hubrahmen:2** ausgewählt und der **Zeitschritt T:0** festgelegt werden.

Die Einstellungen im Bereich **Kontakte** sind ebenfalls zu überprüfen.

---

[9] Die Option „Modi für starres Bauteil suchen und entfernen" hilft dem Programm, statisch nicht einwandfrei definierte Randbedingungen um fehlende Abhängigkeiten zu ergänzen und somit überflüssige Freiheitsgrade zu eliminieren. Das verhindert unnötige Fehlermeldungen und minimiert die benötigte Rechenkapazität.

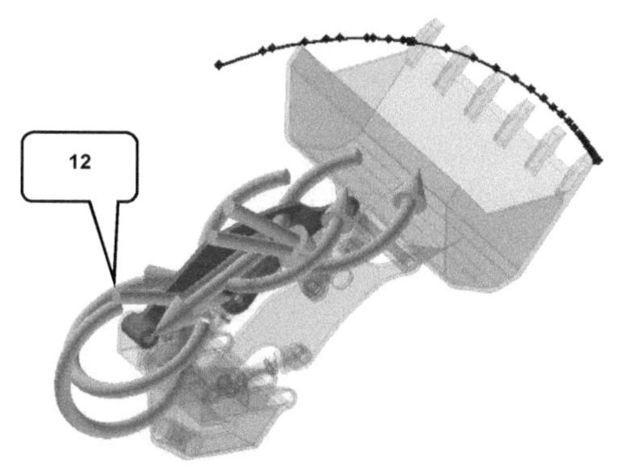

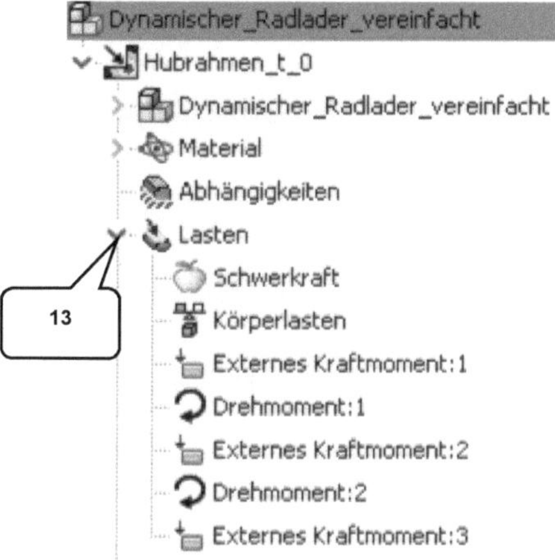

Studie erstellen (1)

> ➢ Konstruktionsziel: Einzelner Punkt (2)
> ➢ Name: Hubrahmen_t_0 (3)
> ➢ Studientyp: Statische Analyse (4)
> ➢ Aktivieren: Modi für starres Bauteil ... (5)
> ➢ Aktivieren: Analyse für Bewegungslast. (6)
> ➢ Bauteil: Hubrahmen:2 (7)
> ➢ Zeitschritt: T:0 (8)
> ➢ Toleranz: 0,1 mm (9)
> ➢ Typ: Verbunden (10)
> ➢ Toleranz für Wandungsverb.: 1,75 (11)
> ➢ OK ___ **OK**

Wurde die Studie erstellt, so aktiviert das Programm einerseits weitere Befehle in der Befehlsleiste, andererseits wird die Darstellung der Baugruppe verändert: Das entsprechende Bauteil wird farbig dargestellt und alle Kräfte und Momente werden mit gelben Pfeilen (12) symbolisiert.

Weitere Informationen dazu findet man im Browser innerhalb des Ordners **Lasten** (13).

7.1.3 Grundlagen: Handbuch

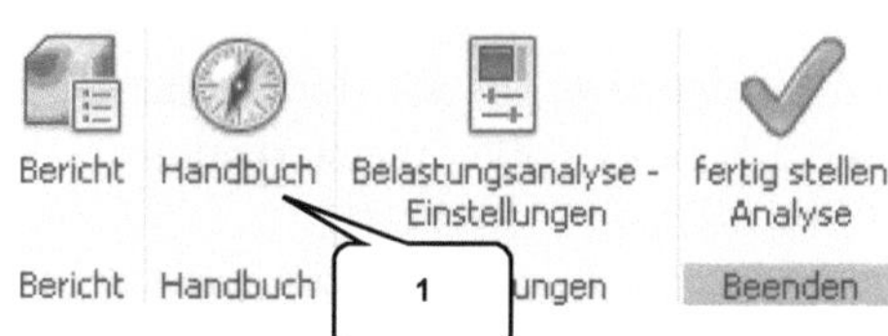

Handbuch (1)

Startet man den Befehl **Handbuch** so sollte ein neues Fenster geöffnet werden. Hier stehen dann die folgenden beiden Optionen zur Verfügung:

> ➢ *Ich habe noch keine Erfahrungen mit FEM*, ich möchte die grundlegenden Schritte einer Simulationseinrichtung sehen
> ➢ *Ich habe bereits Erfahrungen mit FEM*, benötige jedoch Empfehlungen für bestimmte Aspekte der Simulation

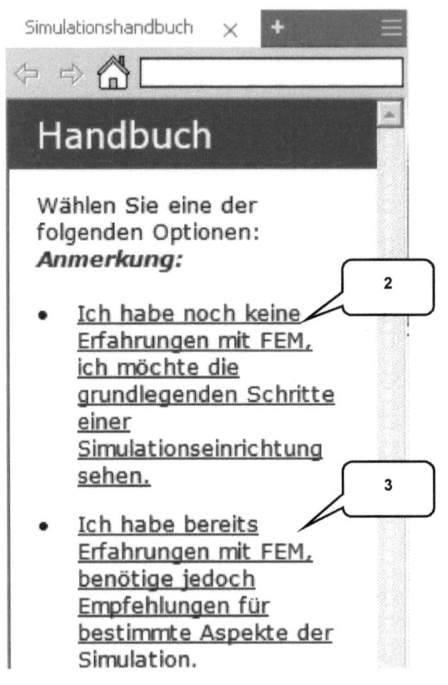

1) *Ich habe noch keine Erfahrungen mit FEM...* (2) öffnet einen FEM-Grundlagenbereich, worin die grundlegenden Schritte einer FEM-Analyse erklärt werden. Inhaltlich werden darin z. B. das Erstellen einer Simulation, das Zuweisen von Materialien oder das Definieren von Abhängigkeiten und Lasten erläutert.

2) *Ich habe bereits Erfahrungen mit FEM...* (3) wird einen erweiterten Auswahlbereich öffnen. Hier können weiterführende Handbücher zu den Bereichen: Belastungen, Abhängigkeiten, Kontakte, Netzdarstellung und der Auswertung der Berechnungsergebnisse gestartet werden.

7.1.4 Grundlagen: Belastungsanalyse-Einstellungen

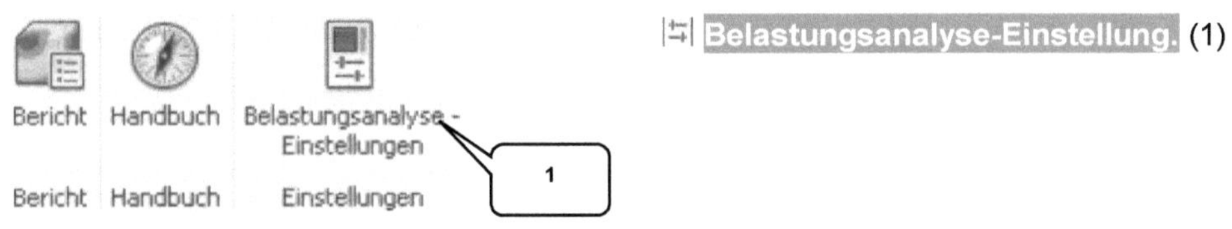

In den **Belastungsanalyse-Einstellungen** werden die Standards für den Bereich der Belastungsanalyse definiert. Der Befehl selbst beinhaltet die folgenden drei Registerkarten:

In der Registerkarte **Allgemein** (2) werden die Standardvorgaben des **Studientyps** (statische Analyse oder Modalanalyse) (3), die des **Vorgabeziels** (Einzelpunktanalyse oder parametrische Analyse) (4) ausgewählt, sowie die Vorgaben zur Behandlung von **Kontaktflächen** (5) für die Analyse von Baugruppen definieren.

In der Registerkarte **Berechnung** (6) werden die Randbedingungen der Berechnungseigenschaften festgelegt. Die **maximale Anzahl der H-Verfeinerungen** (7) kann hier zwischen 0 und 5 variieren (0 entspricht einem geringen Grad der Verfeinerung - also sehr großen Netzelementen - und 5 entspricht einem sehr hohen Grad der Verfeinerung - also einem sehr feinen Netz).

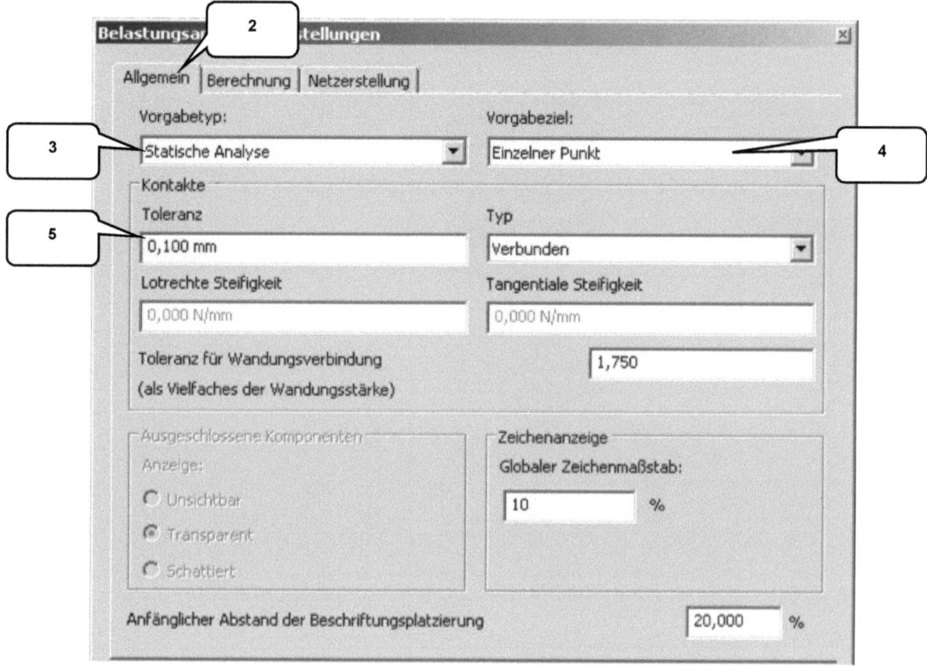

Die Berechnungen werden anhand des vorgegebenen H-Wertes solange verfeinert, bis die **Stopp-Bedingung** (8) erfüllt wurde. Sie wird als Prozentangabe (von 0...100%) hinterlegt und beeinflusst ebenfalls die Genauigkeit der Rechenergebnisse.

Eine weitere Option der Beeinflussung der Berechnungsgenauigkeit ist die Definition des **Schwellenwerts für H-Verfeinerungen** (9). Er definiert die Häufigkeit der Verfeinerungen lokaler Bereiche. Der Wert kann zwischen 0 und 1 festgelegt werden, wobei 0 einer maximalen Verfeinerung entspricht (viele Bereiche mit erhöhter lokaler Netzdichte) und 1 einer geringeren Anzahl an Verfeinerungen entspricht (wenige Bereiche mit erhöhter lokaler Netzdichte). Der Standardwert liegt bei 0,75.

In der Registerkarte **Netzerstellung** (10) werden die geometrischen Vorgaben für die Erstellung der einzelnen Netzelemente festgelegt: Je kleiner die Elementgrößen definiert werden, desto genauer sind zwar die Berechnungsergebnisse, aber desto höher ist auch der Rechenaufwand und der damit verbundene Zeitaufwand.

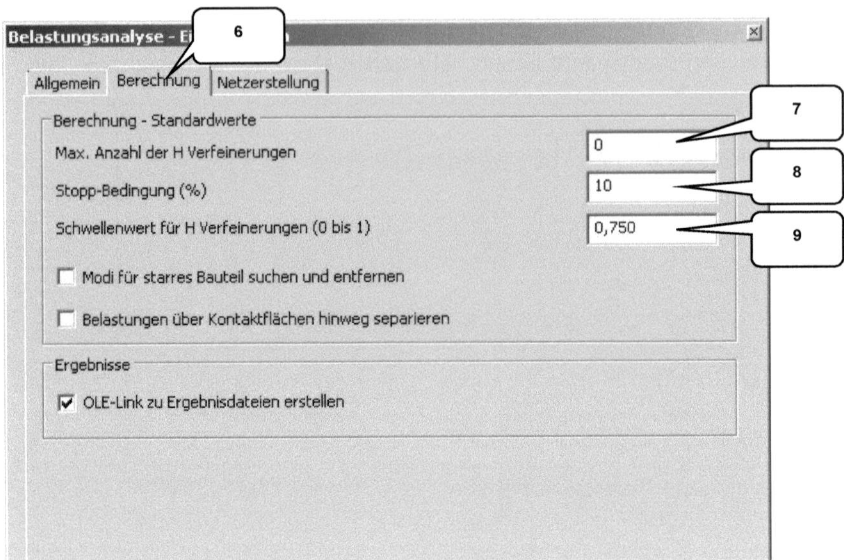
6
Belastungsanalyse - Ei
Allgemein Berechnung Netzerstellung
Berechnung - Standardwerte
Max. Anzahl der H Verfeinerungen
0
7
Stopp-Bedingung (%)
10
8
Schwellenwert für H Verfeinerungen (0 bis 1)
0,750
9
Modi für starres Bauteil suchen und entfernen
Belastungen über Kontaktflächen hinweg separieren
Ergebnisse
OLE-Link zu Ergebnisdateien erstellen

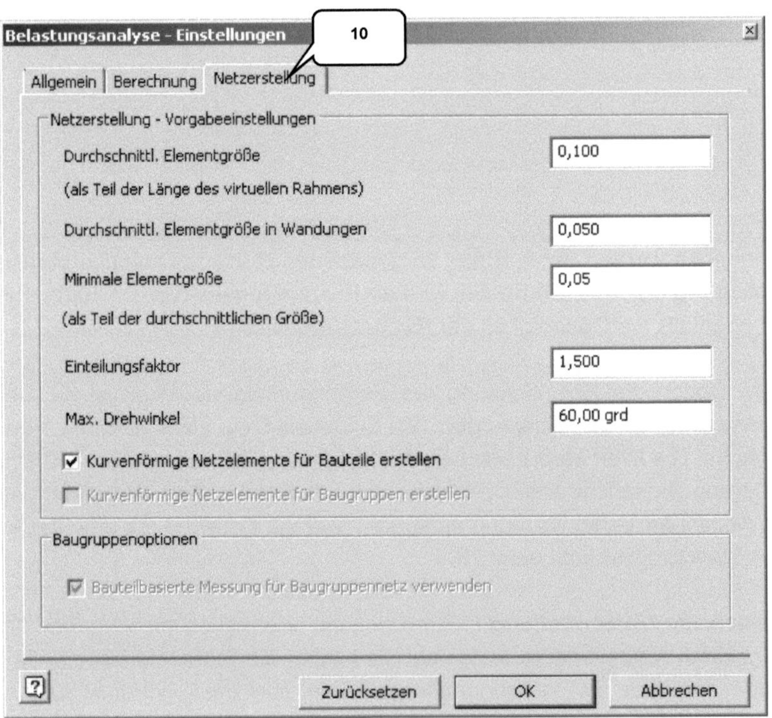
Belastungsanalyse - Einstellungen
10
Allgemein Berechnung Netzerstellung
Netzerstellung - Vorgabeeinstellungen
Durchschnittl. Elementgröße
0,100
(als Teil der Länge des virtuellen Rahmens)
Durchschnittl. Elementgröße in Wandungen
0,050
Minimale Elementgröße
0,05
(als Teil der durchschnittlichen Größe)
Einteilungsfaktor
1,500
Max. Drehwinkel
60,00 grd
Kurvenförmige Netzelemente für Bauteile erstellen
Kurvenförmige Netzelemente für Baugruppen erstellen
Baugruppenoptionen
Bauteilbasierte Messung für Baugruppennetz verwenden
Zurücksetzen   OK   Abbrechen

7.1.5   Grundlagen: Material zuweisen

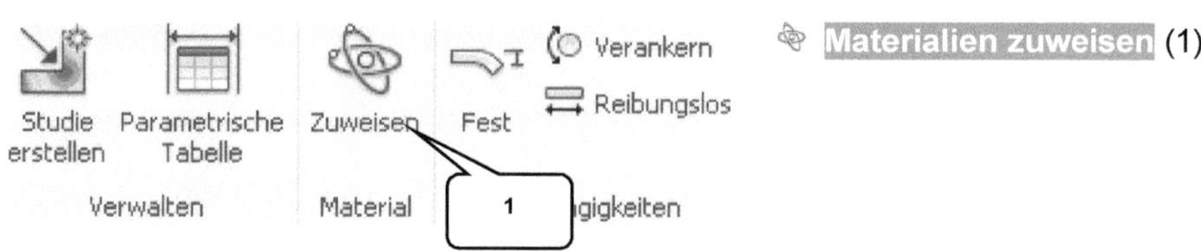

Wurden die Materialeigenschaften von Bauteilen nicht bereits in den iProperties (also in den Bauteileigenschaften) zugewiesen, so kann es mit dem Befehl *Material zuweisen* im Bereich der Belastungsanalyse nachgeholt werden.

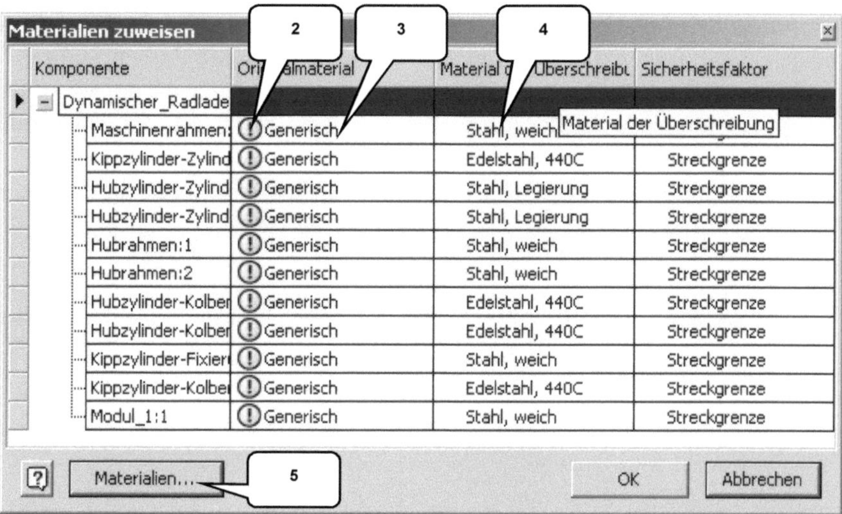

Nicht definierte oder zur Studie unbrauchbare Materialien werden durch ein ⓘ *Achtung-Symbol* (2) gekennzeichnet. Im Befehlsfenster werden – sofern vorhanden - die *Originalmaterialien* (3) aufgelistet (sie können dort auch überschrieben werden). Dabei kann das neue Material entweder über ein *Pop-Up-Menü* (4) ausgewählt, oder über den *Materialienbrowser* (5) definiert werden.

7.1.6 Materialien zuweisen

Zunächst sollten die **Materialien** überprüft werden.

Materialien zuweisen (1)

Im neuen Befehlsfenster werden jetzt alle Bauteile der Baugruppe aufgelistet. Auch wenn letztendlich nur eines der Bauteile einer Studie unterzogen werden soll, müssen dennoch alle Bauteile mit einem gültigen Material versehen werden.

Die ① **Achtung-Symbole** in der Spalte **Originalmaterial** weisen darauf hin, dass derzeit keine gültigen Materialien vorhanden sind. Das bedeutet, dass das Material jedes in der Baugruppe enthaltenen Bauteils überschrieben werden muss. Hierfür ist mit der linken Maustaste auf die entsprechende Zelle zu klicken und das jeweilige Material aus dem Auswahlmenü zu wählen.

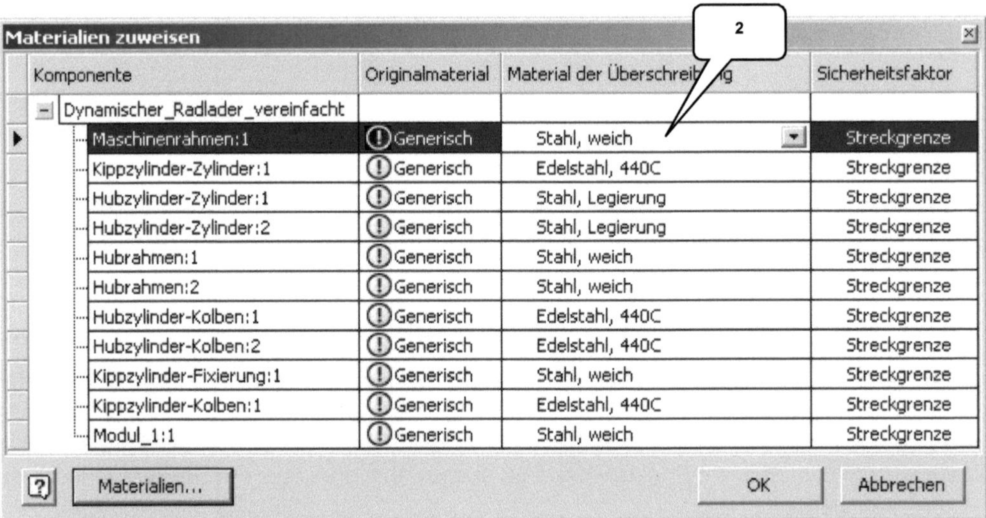

Materialien zuweisen

Komponente	Originalmaterial	Material der Überschreibung	Sicherheitsfaktor
– Dynamischer_Radlader_vereinfacht			
Maschinenrahmen:1	① Generisch	Stahl, weich	Streckgrenze
Kippzylinder-Zylinder:1	① Generisch	Edelstahl, 440C	Streckgrenze
Hubzylinder-Zylinder:1	① Generisch	Stahl, Legierung	Streckgrenze
Hubzylinder-Zylinder:2	① Generisch	Stahl, Legierung	Streckgrenze
Hubrahmen:1	① Generisch	Stahl, weich	Streckgrenze
Hubrahmen:2	① Generisch	Stahl, weich	Streckgrenze
Hubzylinder-Kolben:1	① Generisch	Edelstahl, 440C	Streckgrenze
Hubzylinder-Kolben:2	① Generisch	Edelstahl, 440C	Streckgrenze
Kippzylinder-Fixierung:1	① Generisch	Stahl, weich	Streckgrenze
Kippzylinder-Kolben:1	① Generisch	Edelstahl, 440C	Streckgrenze
Modul_1:1	① Generisch	Stahl, weich	Streckgrenze

[?]	Materialien...		OK	Abbrechen

➢ Markierte Zelle anklicken (2)

➢ Material: Stahl, weich

➢ Spalte **Material der Überschreibung** komplett übernehmen wie dargestellt

➢ <u>OK</u> **OK**

7.2 Mechanismus simulieren
7.2.1 Grundlagen: Simulieren

Simulieren (1)

Der Befehl **Simulieren** startet die Berechnung des Programms anhand der vorgegebenen Lasten und Auflager.

Bei einer Einzelpunktstudie wird im gleichnamigen Befehlsfenster automatisch die Option **Nur aktueller Konfigurationssatz** (2) aktiviert (die Simulation erfolgt dann anhand festgelegter Parameter). Bei parametrischen Studien stehen weiterhin die Optionen **Kompletter Konfigurationssatz** (3) (dabei werden alle Parameterkombinationen berechnet) und **Intelligenter Konfigurationssatz** (4) (die Basiskonfiguration wir berechnet und der Rest wird interpoliert) zur Verfügung.

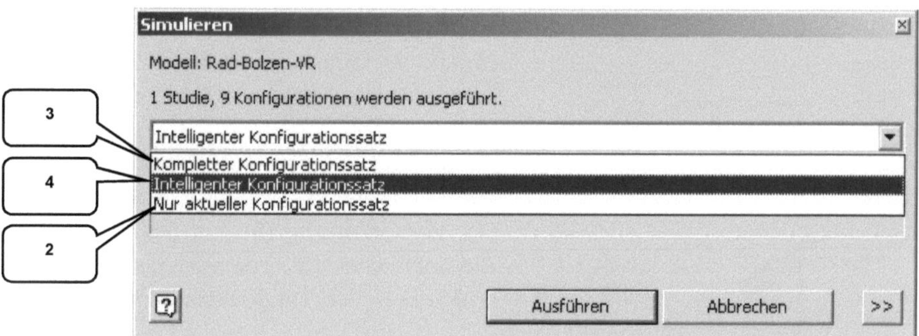

7.2.2 Simulation ausführen

Sobald die Materialien zugeordnet wurden kann die erste Simulation bereits gestartet werden.

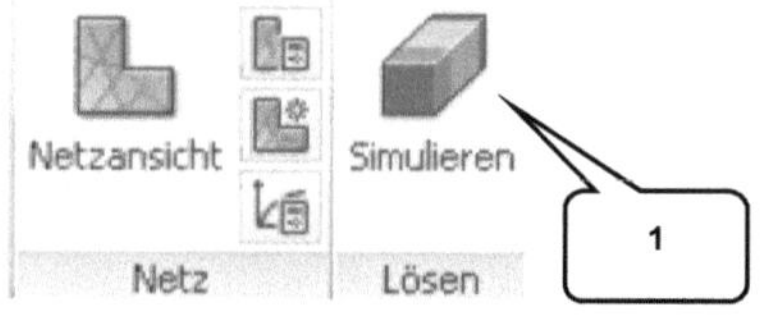

Simulieren (1)
> *Ausführen* **Ausführen**

7.3 Ergebnisanalyse

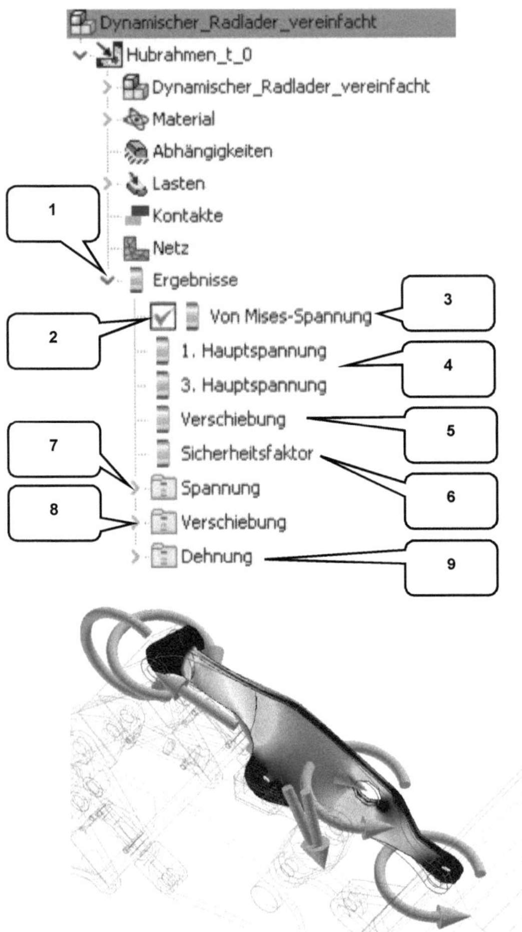

Nachdem die Simulation vollständig durchgeführt wurde kann im Browser der Ordner **Ergebnisse** (1) erweitert werden. Er enthält alle Berechnungsergebnisse der Simulation, welche per Doppelklick darauf aktiviert werden können. Das jeweils aktuelle Ergebnis wird durch den ☑ **Haken** (2) gekennzeichnet.

Nach der Simulation wird die **Von Mises-Spannung**[10] (3) automatisch als Ergebnis im Zeichenbereich dargestellt.

Außerdem können die **1.** und **3. Hauptspannung** (4), die **Verschiebung** (5) (als Verformung) und der **Sicherheitsfaktor** (6) als Ergebnis aktiviert werden.

Im unteren Bereich des Browsers findet man außerdem die drei Ordner **Spannung** (7), **Verschiebung** (8) und **Dehnung** (9). Sie beinhalten die verschiedenen Normal- und Schub- und Tangentialspannungen.

---

[10] Die Von Mises-Spannung (nach Richard Edler von Mises, auch Vergleichsspannung bzw. Gestaltänderungshypothese genannt) ist die am häufigsten verwendete Methode zur Berechnung von Belastungszuständen in Bauteilen.

7.3.1 Kräfte und Momente

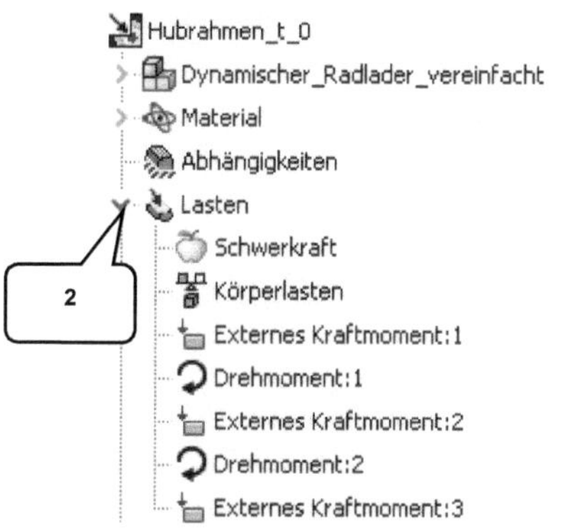

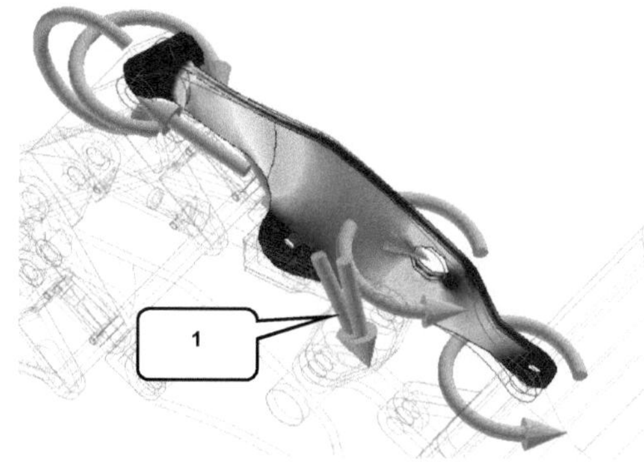

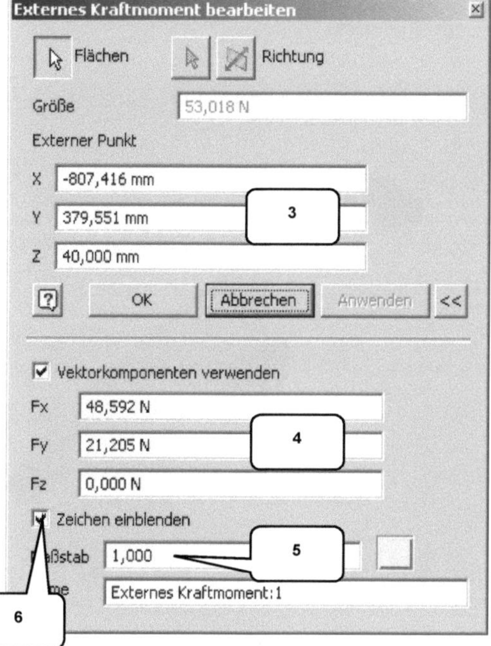

Betrachtet man den Arbeitsbereich des Programms so ist zu erkennen, dass alle zum Zeitpunkt der Simulation auf das Bauteil **Hubrahmen** wirkenden Lasten durch verschiedene **Pfeile** (1) dargestellt werden, deren rein symbolische Darstellung allerdings nicht aussagekräftig ist.

Ihre genaue Größe, ihre Position und ihre Wirrichtung kann man in Erfahrung bringen, indem im Browser der Ordner **Lasten** (2) erweitert wird und die Bearbeitung der entsprechenden Kraft bzw. des Drehmomentes aktiviert wird (**rechte Maustaste > Bearbeiten**)[11]. Im geöffneten Befehlsfenster können dann der Kraftangriffspunkt (3) und die einzelnen Kraftvektoren (4) abgelesen werden.

Sollten die symbolisch dargestellten Kraftvektoren den Blick auf das Bauteil zu sehr verdecken, können die Pfeile entweder im geöffneten Fenster über den Faktor **Maßstab** (5) verkleinert, oder aber generell ausgeblendet (6) werden.

---

[11] Alternativ kann das Befehlsfenster auch per Doppelklick auf den entsprechenden Pfeil (1) geöffnet werden.

7.3.2 Grundlagen: Begrenzungsbedingungen

Soll nicht nur ein einzelner Kraftvektor ausgeblendet werden, sondern sollen alle Vektoren gleichzeitig ausgeblendet werden, so kann das über die Deaktivierung der **Begrenzungsbedingungen** erreicht werden.

7.3.3 Begrenzungsbedingungen deaktivieren

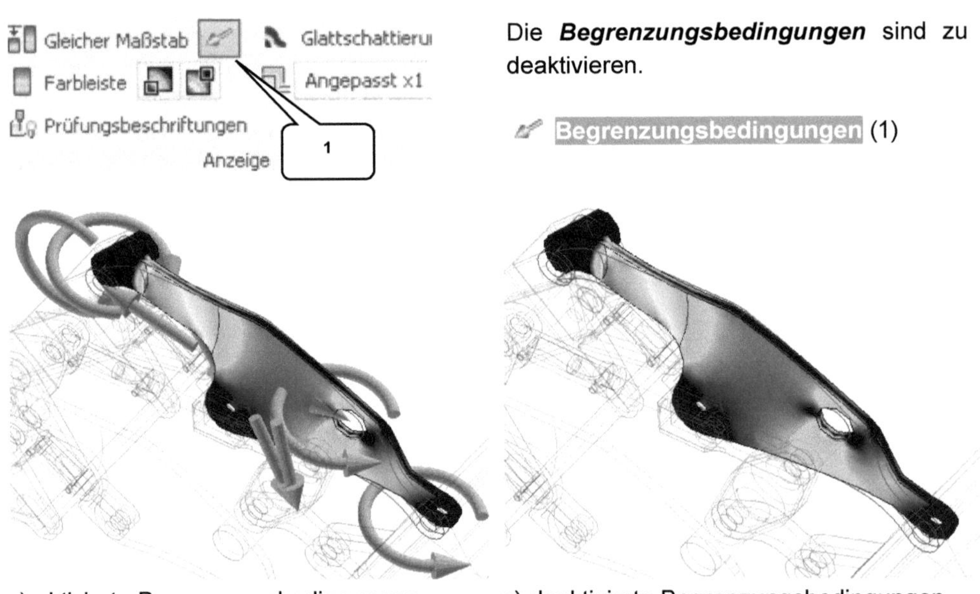

a) <u>aktivierte</u> Begrenzungsbedingungen

a) <u>deaktivierte</u> Begrenzungsbedingungen

7.3.4 Grundlagen: Schattierungen

Wurde eine Simulation erfolgreich ausgeführt, so werden die Berechnungsergebnisse auch im Bauteil/ in der Baugruppe selbst farblich[12] dargestellt. Das Farbspektrum reicht dabei von Blau (geringe Werte) bis rot (erhöhte Werte).

Eine **Farbleiste** (2) zeigt passend zum Farbverlauf die ermittelten Berechnungsergebnisse an. Die **Farbübergänge** auf dem Bauteil selbst können in drei verschiedenen Optionen dargestellt werden:

- Option: **Glattschattierung** (mit weichen Farbübergängen) (3)
- Option: **Konturschatten** (mit harten Farbübergängen) (4)
- Option: **Keine Schattierung** (einfarbig) (5)

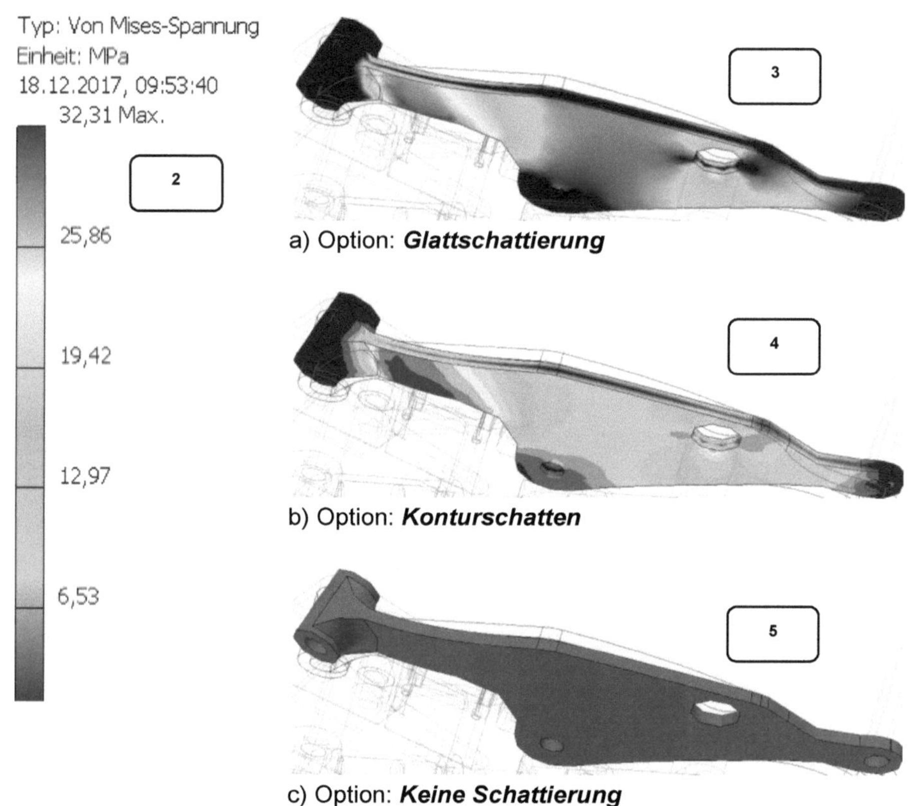

a) Option: **Glattschattierung**

b) Option: **Konturschatten**

c) Option: **Keine Schattierung**

---

[12] Sollte das Bauteil nach der Simulation lediglich **grau** und nicht **farblich** dargestellt werden, so sollte die entsprechende Grundeinstellung überprüft werden: Hierfür ist im Register **Ansicht** des Programms zu kontrollieren ob in der Befehlsgruppe **Darstellung** die Option **Texturen** aktiviert ist, was ansonsten nachzuholen ist. Sollte das nicht zum gewünschten Ergebnis führen, könnten weiterhin die **Farbleisteneinstellungen** (Farbtyp) überprüft werden.

7.3.5 Grundlagen: Farbleisteneinstellungen

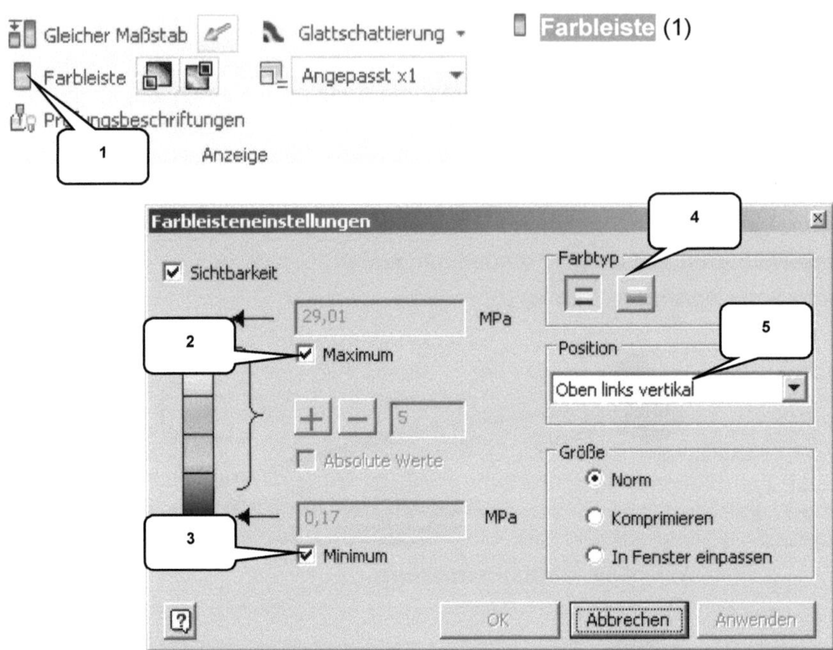

In den **Farbleisteneinstellungen** können z.B. der **Maximal**- (2) und der **Minimalwert** (3) begrenzt werden (Farbverlauf-Bandbreite), der **Farbtyp** von farbig auf schwarz-weiß geändert werden (4) oder die **Positionierung** der Farbleiste (5) eingestellt werden. Verstellen kann man dabei nicht wirklich etwas, daher: einfach testen.

7.3.6 Grundlagen: Gleicher Maßstab

Die Option **Gleicher Maßstab** wird z. B. bei der parametrischen Untersuchung von Bauteilen aktiviert. Die Farbleiste bezieht sich dann nicht mehr auf einzelne Ergebniswerte, sondern richtet sich nach den maximalen und minimalen Ergebnissen parametrischer Sätze, was die Darstellung teilweise deutlich vereinfachen kann.

7.3.7 Grundlagen: Verschiebungsanzeige

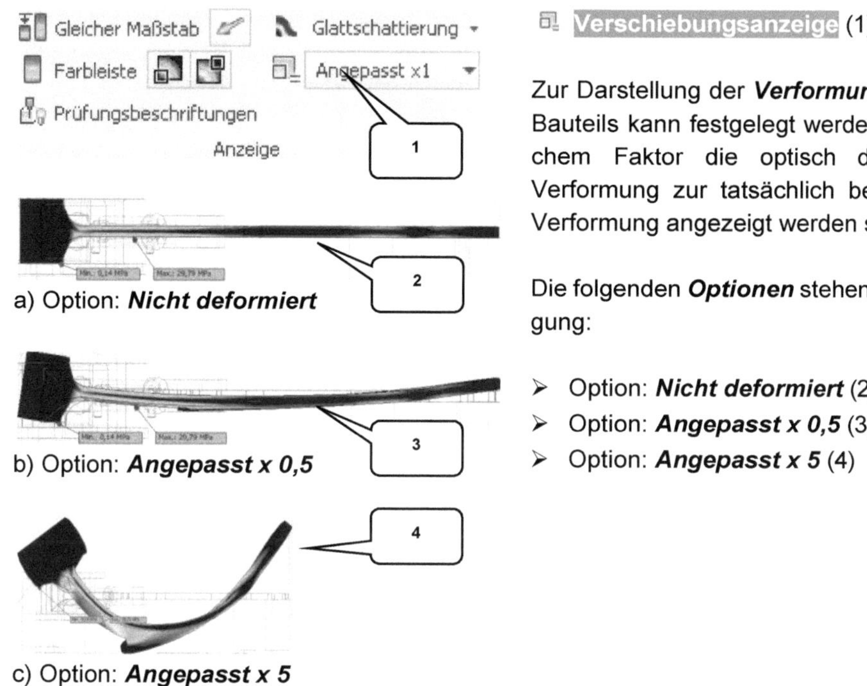

Verschiebungsanzeige (1)

Zur Darstellung der **Verformungen** eines Bauteils kann festgelegt werden, mit welchem Faktor die optisch dargestellte Verformung zur tatsächlich berechneten Verformung angezeigt werden soll.

Die folgenden **Optionen** stehen zur Verfügung:

> Option: **Nicht deformiert** (2)
> Option: **Angepasst x 0,5** (3)
> Option: **Angepasst x 5** (4)

7.3.8 Grundlagen: Maximal- und Minimalwertdarstellungen

Bei der **Maximalwertdarstellung** kennzeichnet das Programm den Bereich des ermittelten Maximalwertes (z. B. der Spannung oder der Verschiebung), je nachdem welches Ergebnis im Browser aktiviert wurde. Bei der **Minimalwertdarstellung** kennzeichnet das Programm entsprechend den kleinsten Wert.

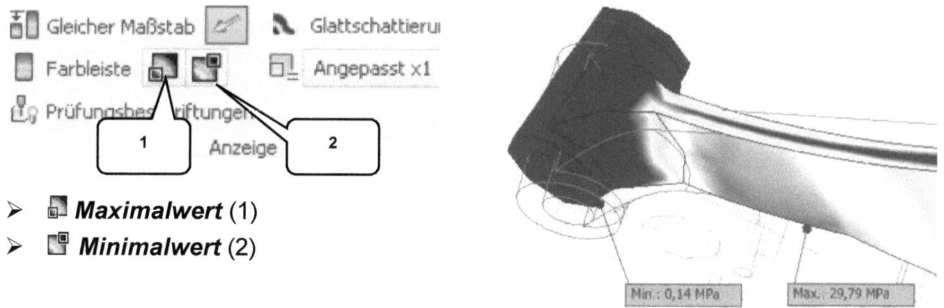

> **Maximalwert** (1)
> **Minimalwert** (2)

7.3.9 Maximalwert der Von Mises-Spannung lokalisieren

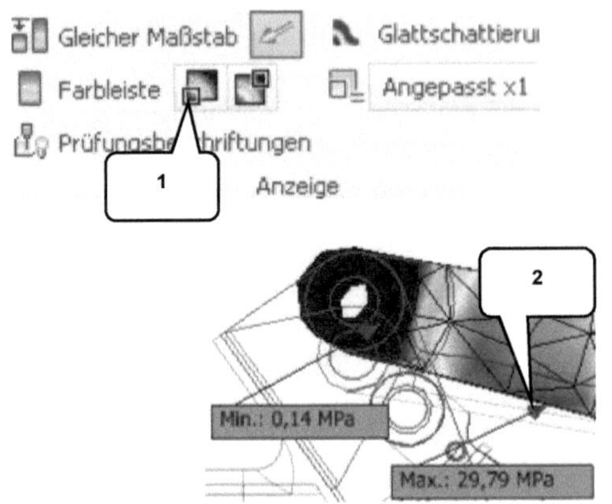

Der Bereich des Maximalwertes der Von Mises-Spannung soll jetzt lokalisiert werden, wofür die entsprechende Option zu aktivieren ist.

> Aktivieren: **Maximalwert** (1)

Im aktuellen Beispiel wurde der Maximalwert der Von Mises-Spannung an der Position (2) mit ca. **30 MPa**[13] ermittelt.

7.3.10 Grundlagen: Netzeinstellungen und Netzansicht

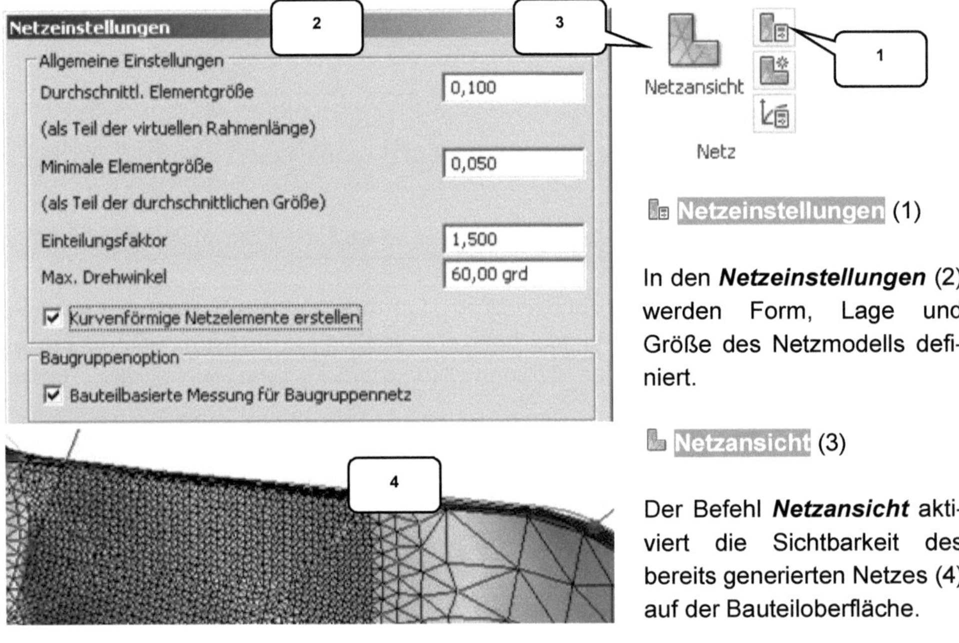

Netzeinstellungen (1)

In den **Netzeinstellungen** (2) werden Form, Lage und Größe des Netzmodells definiert.

Netzansicht (3)

Der Befehl **Netzansicht** aktiviert die Sichtbarkeit des bereits generierten Netzes (4) auf der Bauteiloberfläche.

---

[13] Position und Größe von Maximal- und Minimalwert können stark variieren. Je höher der eingestellte Grad der Netzverfeinerung ist, desto höher ist auch der jeweilige Maximalwert. Die vom Programm ermittelten Maximalwerte sollten also immer in Relation zur definierten Netzverfeinerung betrachtet werden und können nicht unbearbeitet in weiterführende Berechnungen übernommen werden.

7.3.11 Netzdarstellung aktivieren

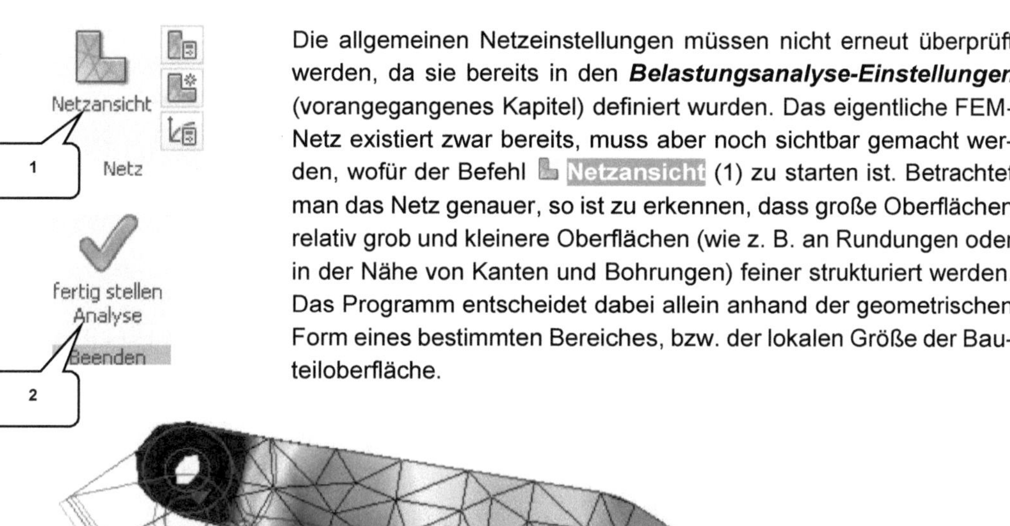

Die allgemeinen Netzeinstellungen müssen nicht erneut überprüft werden, da sie bereits in den **Belastungsanalyse-Einstellungen** (vorangegangenes Kapitel) definiert wurden. Das eigentliche FEM-Netz existiert zwar bereits, muss aber noch sichtbar gemacht werden, wofür der Befehl **Netzansicht** (1) zu starten ist. Betrachtet man das Netz genauer, so ist zu erkennen, dass große Oberflächen relativ grob und kleinere Oberflächen (wie z. B. an Rundungen oder in der Nähe von Kanten und Bohrungen) feiner strukturiert werden. Das Programm entscheidet dabei allein anhand der geometrischen Form eines bestimmten Bereiches, bzw. der lokalen Größe der Bauteiloberfläche.

Leider werden Bauteiloberflächen mit hohen anzunehmenden Spannungen vom Programm nicht auch automatisch mit einer feinen Netzstruktur versehen, weil ausschließlich die Bauteilgeometrie bei der Netzerstellung eine Rolle spielt. Genau diese Bereiche sind es allerdings, die speziell betrachtet werden müssen und daher auch mit einem feineren Netz versehen werden sollten. Liegen solche Bereiche innerhalb größerer Bauteiloberflächen, also in Bereichen mit einer sehr groben Netzstruktur, so können diese lokal begrenzten Netzverfeinerungen ausschließlich dann vorgenommen werden, wenn die Bauteiloberflächen vorab im Modellbereich dafür vorbereitet wurden. Im aktuellen Übungsbeispiel muss der Bereich der Belastungsanalyse dafür vorerst wieder verlassen werden, um in den normalen Baugruppenbereich zurückzukehren.

✔ **Fertigstellen** (2)

7.4   Kontakt- und Kraftangriffsflächen präzisieren
7.4.1   Bauteil HUBRAHMEN bearbeiten

Der Bearbeitungsbereich des Hubrahmens kann ganz einfach per **Doppelklick** darauf aktiviert werden. Auf der markierten Seitenfläche ist jetzt eine neue **Skizze** zu erstellen um darin die Bauteilgeometrie zu **projizieren** und außerdem einen neuen **Kreis** zu zeichnen.

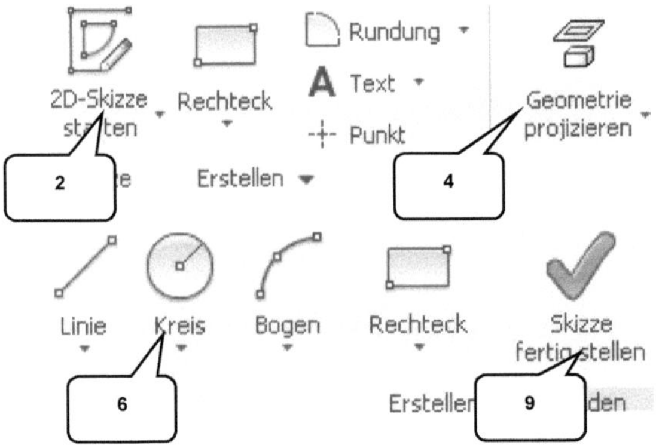

> Doppelklick auf **Hubrahmen** (1)

2D-Skizze erstellen (2)
> Markierte Seitenfläche wählen (3)

Geometrie projizieren (4)
> Markierte Fläche wählen (5)

Kreis durch Mittelpunkt (6)
> Mittelpunkt der Bohrung wählen (7)
> Durchmesser: 140 mm (8)

Fertigstellen (9) (Skizze verlassen)

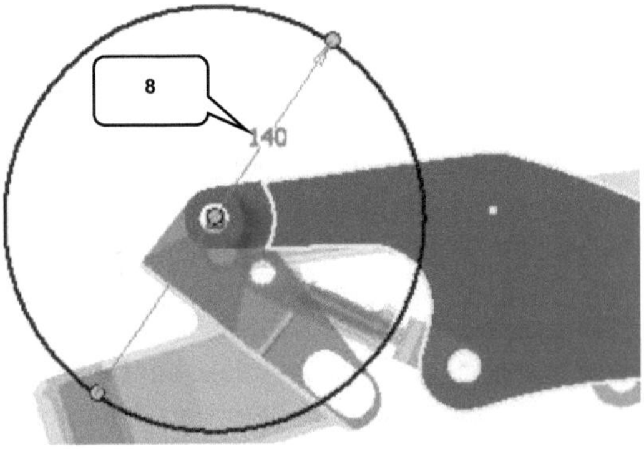

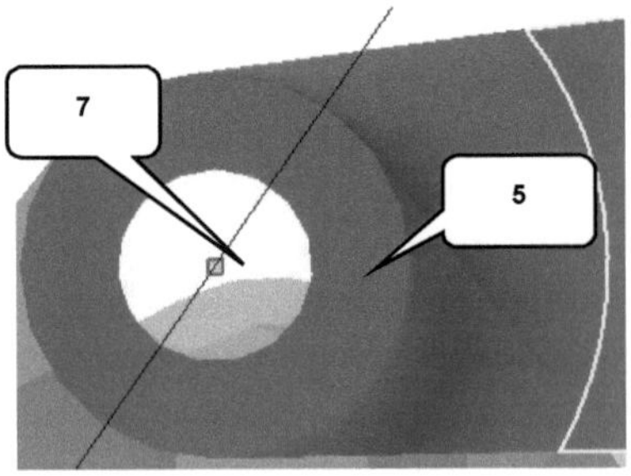

7.4.2 Oberflächen trennen

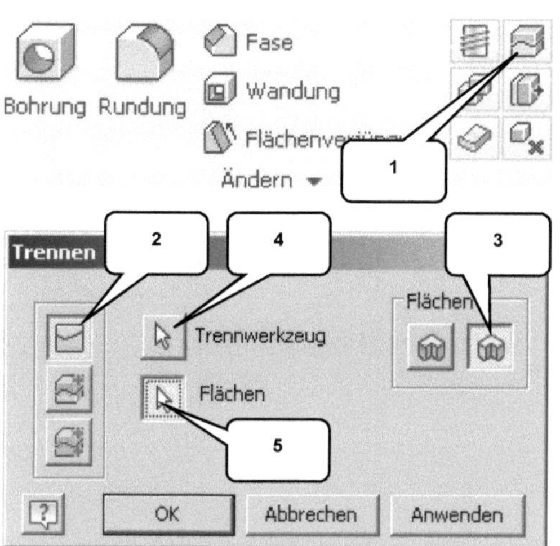

Der Kreis soll die Seitenfläche des Bauteils *trennen*. Die resultierenden Teilflächen ermöglichen später im Bereich der Belastungsanalyse eine präzise Auswahl der mit einem feineren FEM-Netz zu versehenden Oberflächen.

▷ **Trennen** (1)
➢ Option: Fläche trennen (2)
➢ Option: Auswählen (3)
➢ Trennwerkzeug: Kreis wählen (4)
➢ Flächen: Seitenfläche wählen (5)
➢ ⌊ OK ⌋ *OK*

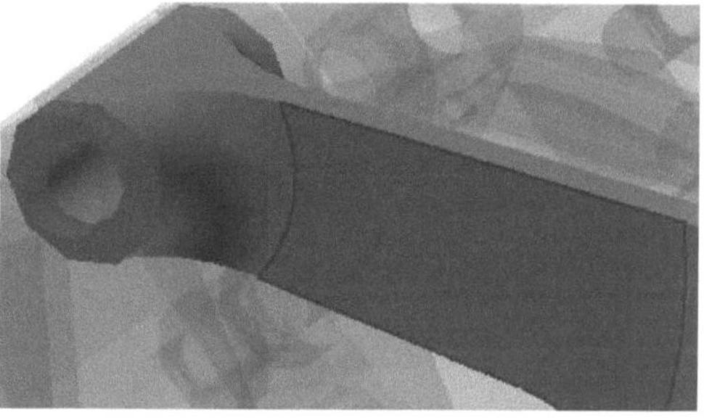

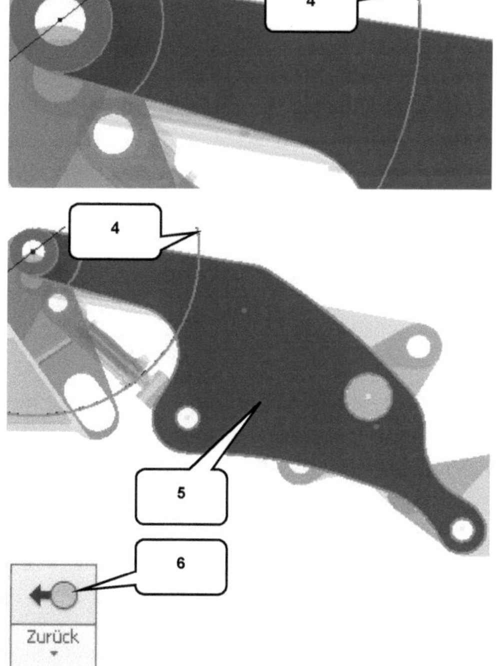

Zur Kontrolle kann jetzt noch einmal mit dem Mauspfeil über die Seitenfläche (5) gefahren werden: War die Trennung der Fläche erfolgreich, so müsste sich die neue Teilfläche jetzt deutlich abgrenzen.

In diesem Fall kann das Bauteil *gespeichert* und in den Baugruppenbereich *zurückgekehrt* werden.

▷ **Speichern** (Bauteil)

◀ **Zurück** (zur Baugruppe) (6)

7.4.3 Umgebung der Belastungsanalyse aktivieren

Arbeitsbereich:
Belastungsanalyse

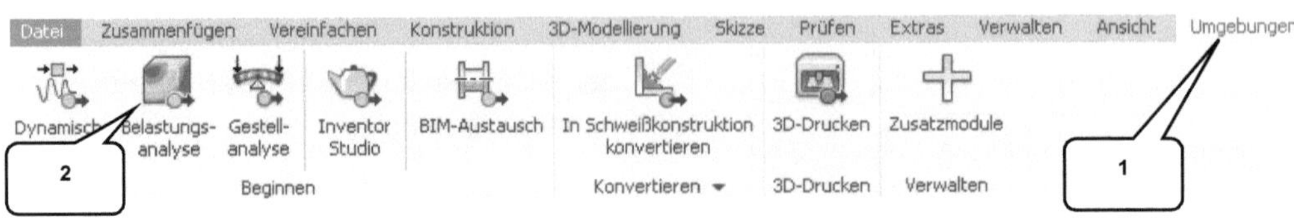

> Register **Umgebungen** (1)

 **Belastungsanalyse** (2)

7.4.4 Grundlagen: Lokale Netzsteuerung

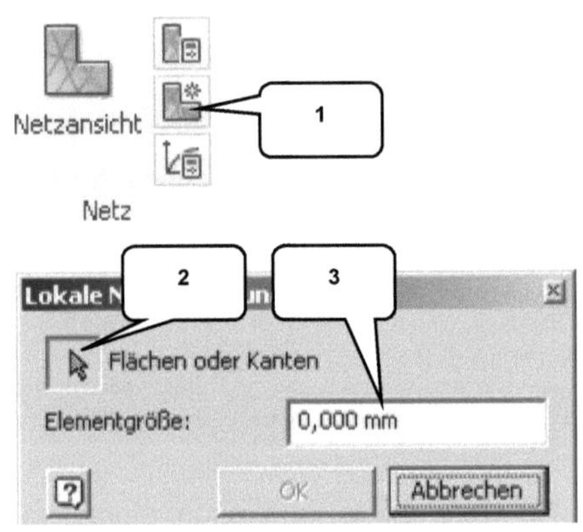

Lokale Netzsteuerung (1)

Um ausgewählte Bereiche eines Bauteils mit einem feineren FEM-Netz versehen zu können, müssen diese Bereiche manuell ausgewählt und mit dem Befehl **Lokale Netzsteuerung** bearbeitet werden. Eine Netzverfeinerung kann z. B. entlang von Körperkanten oder auf separaten Oberflächen durchgeführt werden (2). Die gewünschte Elementgröße (Maschengröße) ist dabei sinnvoll auszuwählen (3).

7.4.5 Netzstruktur lokal verfeinern

Der Hubrahmen soll jetzt im Bereich der maximalen Von Mises-Spannung mit einem feineren FEM-Netz versehen werden, wofür der Befehl **Lokale Netzsteuerung** zu starten ist. Die Größe der Maschen in diesem Bereich (Elementgröße) soll dabei 1 mm betragen.

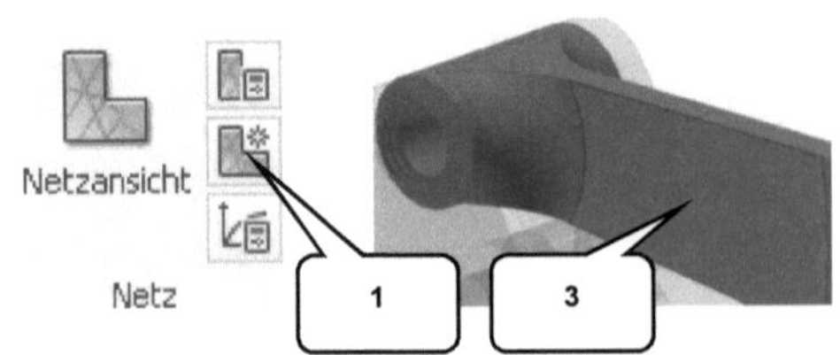

Lokale Netzsteuerung (1)
> Elementgröße: 1 mm (2)
> Markierte Fläche wählen (3)
> OK **OK**

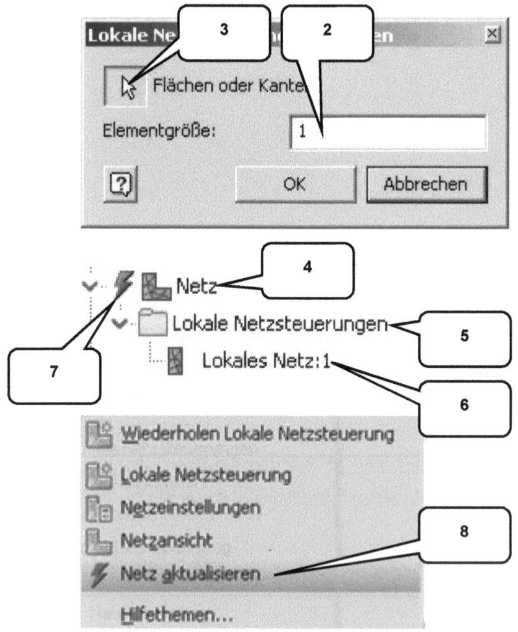

Sobald der Befehl beendet wurde, erscheint im Browser des Programms innerhalb des Ordners **Netz** (4) ein neuer Ordner **Lokale Netzsteuerungen** (5). Erweitert man diesen Ordner, so findet man darin die zuletzt erzeugte **Netzverfeinerung** (6). Sie kann über das Kontextmenü der rechten Maustaste bearbeitet werden, wenn z. B. die Maschengröße geändert wird, oder weitere Flächen hinzugefügt werden sollen.

Ein ⚡ **Blitzsymbol** (7) weist darauf hin, dass aktuell eine Regenerierung der Netzansicht erforderlich ist: Hierfür muss mit der rechten Maustaste auf den Ordner **Netz** geklickt werden, um im Kontextmenu die Option **Netz aktualisieren** zu aktivieren.

> **Rechte Maustaste** auf Ordner **Netz** (4)
> **Netz aktualisieren** (8)

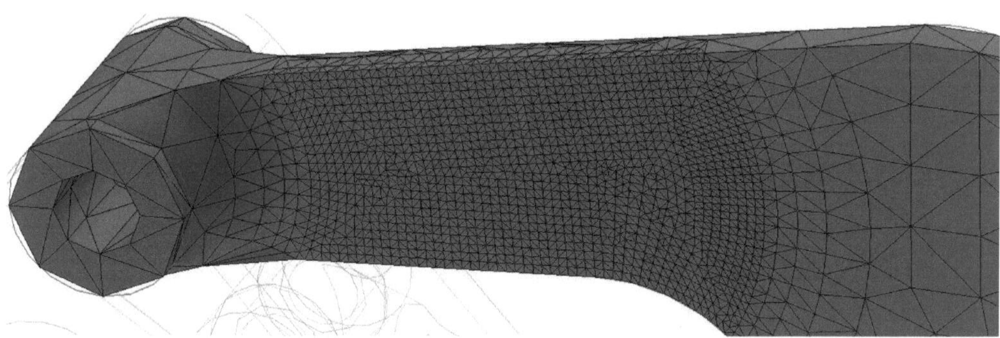

Sobald das Netz aktualisiert wurde, ist die Netzverfeinerung deutlich sichtbar am Bauteil zu erkennen (9). Wenn es gewünscht wird, kann die vorhandene lokale Netzverfeinerung (6) erneut bearbeitet und weiter verfeinert[14] werden (im Browser über das Kontextmenü der rechten Maustaste).

---

[14] Die Maschengröße sollte allerdings nicht zu klein gewählt werden, weil sehr feine Netzstrukturen einerseits unrealistisch hohe Spannungsspitzen ergeben und der PC andererseits extreme Rechenleistungen erbringen muss, also sehr lange Rechenzeiten zu erwarten sind.

7.4.6 Simulation ausführen

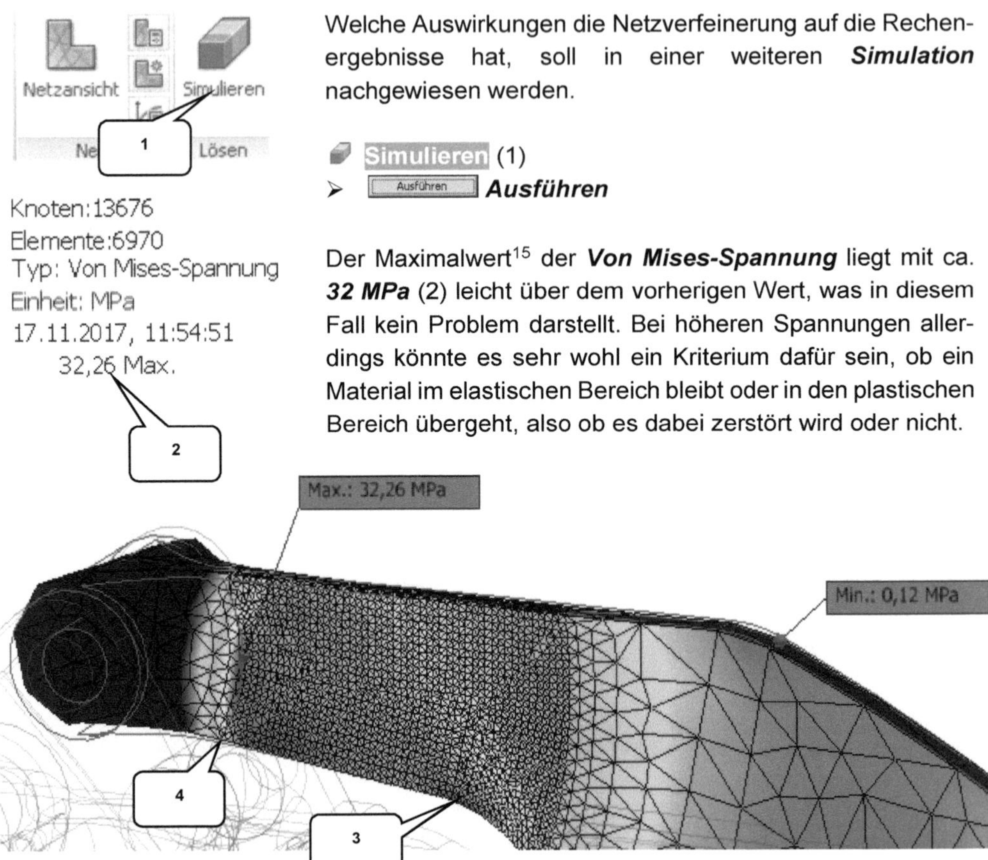

Welche Auswirkungen die Netzverfeinerung auf die Rechen-ergebnisse hat, soll in einer weiteren **Simulation** nachgewiesen werden.

Simulieren (1)

➤ Ausführen **Ausführen**

Der Maximalwert[15] der **Von Mises-Spannung** liegt mit ca. **32 MPa** (2) leicht über dem vorherigen Wert, was in diesem Fall kein Problem darstellt. Bei höheren Spannungen aller-dings könnte es sehr wohl ein Kriterium dafür sein, ob ein Material im elastischen Bereich bleibt oder in den plastischen Bereich übergeht, also ob es dabei zerstört wird oder nicht.

Wesentlich interessanter ist allerdings die Tatsache, dass der Bereich der ermittelten maxi-malen Von Mises-Spannung offensichtlich von Position (3) auf Position (4) verschoben wurde: Es existieren also im Bauteil durchaus noch weitere Bereiche mit erhöhten Spannungswerten, welche ebenfalls betrachtet werden sollten.

---

[15] Die Rechenergebnisse selbst können von Computer zu Computer stark variieren, was auf verschiedene Ursachen zurückzuführen ist und eine Reproduzierbarkeit der Ergebnisse erschwert. Der eigentliche Fokus sollte bei derartigen Studien daher nicht auf die Verlässlichkeit der ermittelten Maximalwerte gelegt werden, sondern vielmehr auf ihre Loka-lisation.

7.5 Prüfpunkte platzieren
7.5.1 Grundlagen: Prüfen

Prüfen (1)

Mit dem Befehl **Prüfen** können die Simulationsergebnisse eines beliebigen Punktes auf einem Bauteil abgerufen werden.

7.5.2 Prüfpunkte hinzufügen

Betrachtet man den *Farbverlauf* des Bauteils, so ist zu erkennen, dass mehrere stark belastete Bereiche vorhanden sind (sie sind orange/ rot gefärbt). Einer dieser Bereiche soll jetzt mit einem zusätzlichen Prüfpunkt versehen werden, um auch dort den Wert der Von Mises-Spannung zu ermitteln.

Animieren

Prüfen — 1

Konvergenz

Ergebnis

Prüfen (1)
> Prüfpunkt auf Pos. (2) ablegen
> Taste: *ESC*

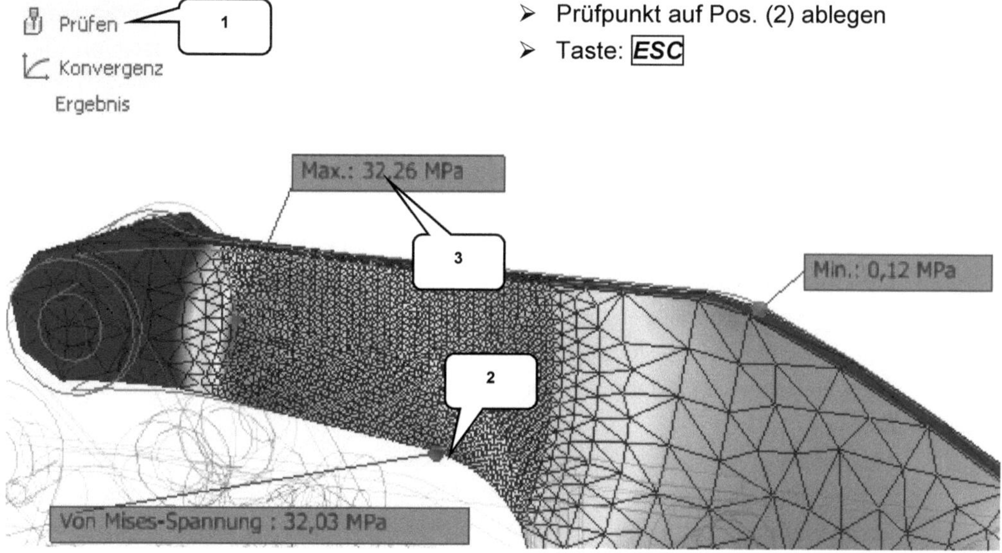

Vergleicht man das Messergebnis von ca. *32 MPa* mit dem des Maximalwertes (3), so ist zu erkennen, dass beide Ergebnisse nur geringfügig voneinander abweichen. Eine gewissenhafte Prüfung verschiedener roter Bereiche eines Bauteils sollte also auf jeden Fall durchgeführt werden.

7.6 *Ergebnisinterpretation*

Grundlegend sollte die folgende ***Vorgehensweise*** bei der Studie von Bauteilen bzw. Baugruppen eingehalten werden:

1. Ein Bauteil/ eine Baugruppe wird im Bereich der Belastungsanalyse durch alle notwendigen Randbedingungen (Lasten und Auflager) bestimmt und mit Materialien versehen.
2. Eine Simulation wird ausgeführt, um die Netzstruktur nach kritischen Bereichen zu untersuchen.
3. Besonders kritische Bereiche werden mit einer lokalen Netzverfeinerung versehen.
4. Eine erneute Simulation liefert präzisere Ergebnisse zur besseren Lokalisation der gefährdeten Bereiche eines Bauteils.
5. Das Bauteil wird anhand der Simulationsergebnisse optimiert.

Das ***Problem*** ist folgendes: Je feiner das Netz an bestimmten Stellen generiert wird, desto größer sind natürlich auch die Spannungen je Netzelement (das Programm versucht den Maximalwert theoretisch auf einen einzelnen Punkt zu beziehen, was praktisch allerdings unsinnig ist). Die ermittelten Ergebnisse (insbesondere Spannungen) steigen dadurch unproportional an und sind somit nicht mehr aussagekräftig.

Aus diesem Grund sollten bei der Definition der Netzelemente und der lokalen Netzsteuerung die folgenden ***Grundsätze*** beachtet werden:

a. ***Durchschnittswerte bilden***: Um brauchbare Ergebnisse (insbesondere bei der Ermittlung von Spannungen) zu erhalten, sollten stets im unmittelbaren Umfeld des Spitzenwertes weitere Vergleichswerte bestimmt werden. Aus der Summe der Werte eines Bereiches wird dann ein Durchschnitt gebildet. Er kann genauere Ergebnisse liefern.
b. ***Realistische Verfeinerung der Netzstruktur***: Die lokale Netzverfeinerung sollte sich im Bereich von maximal 0,5 mm bis 1 mm bewegen. Die Lokalisierung der Problemzonen ist damit gewährleistet und die Berechnungsergebnisse liegen in einem akzeptablen Rahmen.
c. ***Zusätzliche Analyseprogramme verwenden***: Zur Bestätigung der Berechnungsergebnisse sollten generell weiterführende Analyseprogramme genutzt werden, welche teilweise auch ins Programm integriert werden können.

7.6.1 Grundlagen: Animieren

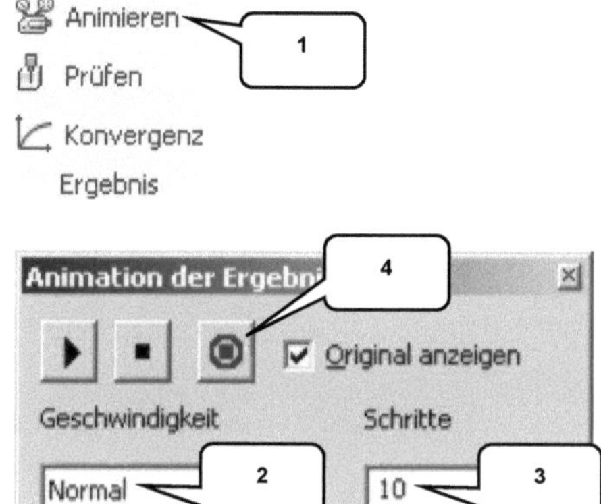

Animieren (1)

Wurde ein Bauteil/ eine Baugruppe erfolgreich simuliert, so kann das Bewegungsverhalten nachträglich *animiert* werden. Hierbei können die *Geschwindigkeit* (2) und die Anzahl der darzustellenden *Bilder* (3) festgelegt werden. Weiterhin gibt es die Möglichkeit die Animation als *Video* abzuspeichern (4).

7.6.2 Simulationsergebnisse animieren

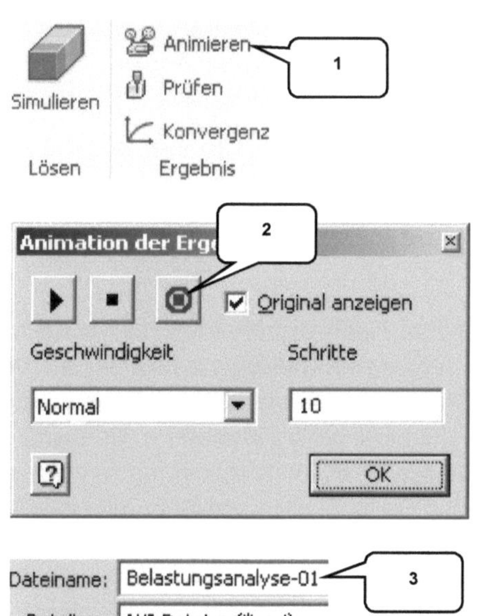

Die Ergebnisse sollen jetzt *animiert* und zusätzlich als Video gespeichert werden.

Animieren (1)
> **Aufnahme** (2)
> Dateiname:
>   Belastungsanalyse-01 (3)
> Dateityp: *.avi
> Speichern **Speichern**
> Komprimierung: Microsoft Video 1
> Qualität: 100 %
> OK **OK**

Das Video sollte im Projektordner zur Verfügung stehen und über den *Arbeitsplatz* per Doppelklick geöffnet werden können.

7.6.3 Grundlagen: Konvergenzeinstellungen und -plot

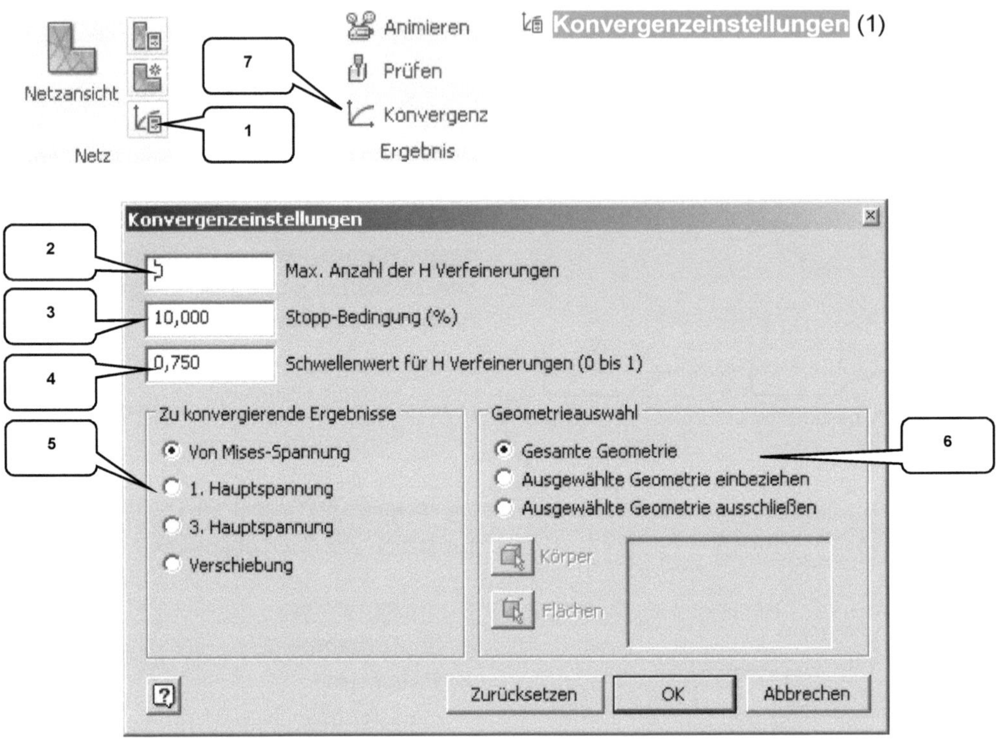

Simulationsergebnisse werden durch die Annäherung an einen Grenzwert (Konvergenz) berechnet, wobei die Richtlinien dafür in den **Konvergenzeinstellungen** definiert werden müssen. Bei jedem Rechenschritt vergleicht das Programm das aktuelle Ergebnis mit den letzten Rechenergebnissen und analysiert dabei die Differenz der Maximalwerte. Unterschreitet diese Differenz bei einem bestimmten Rechenschritt einen festgelegten Wert/ eine festgelegte prozentuale Größe, so wird die Berechnung gestoppt und das Näherungsergebnis wird erstellt.

Im Eingabefeld der **maximalen Anzahl der H-Verfeinerungen** (2) wird die maximal zulässige Anzahl an Rechenschritten definiert und in den **Stopp-Bedingungen** (3) kann die prozentuale Größe festgelegt werden, bei der eine Berechnung gestoppt werden soll. Der **Schwellenwert für H-Verfeinerungen** (4) gibt an, an wie vielen Bereichen der Bauteilgeometrie Verfeinerungen durchgeführt werden sollen. Dabei gilt: je kleiner der Wert, desto mehr Verfeinerungen gibt es. Weiterhin kann eingestellt werden, welche Berechnungsergebnisse im Konvergenz-Plot (5) darzustellen sind (Von Mises-Spannung, Hauptspannungen, Verschiebung) und ob ausschließlich ausgewählte Volumenkörper/ bestimmte Flächen zu berechnen sind (6).

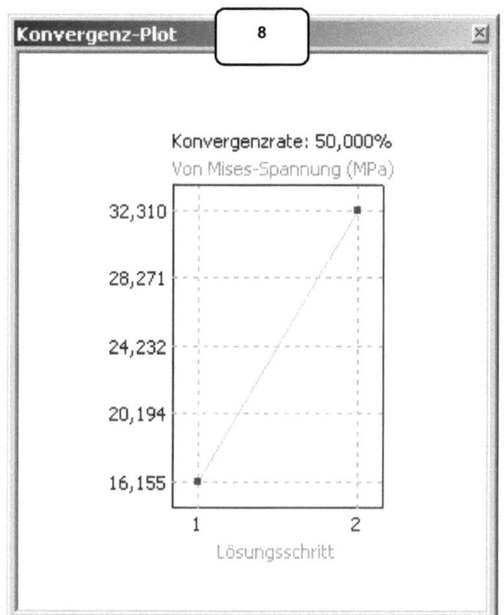

Konvergenzplot (7)

Wurden die Konvergenzeinstellungen definiert, so kann der **Konvergenz-Plot** (8) geöffnet werden. Er enthält eine grafische Darstellung der Berechnungsergebnisse im Verhältnis zum Lösungsschritt. Klickt man mit der **rechten Maustaste** auf das Ergebnisfenster (8), so öffnen sich die **Plot-Optionen** (9), worin die Ergebnisdarstellung auszuwählen ist.

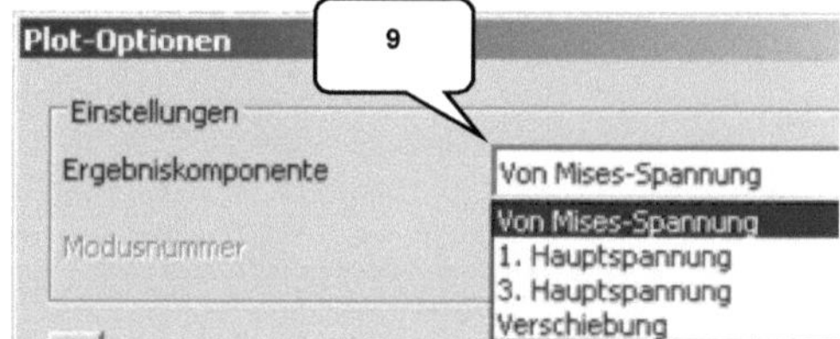

7.7 Konstruktionselemente von Studien ausschließen
7.7.1 Studie kopieren

Die aktuelle Studie soll jetzt kopiert werden, um eine weitere Studie mit geänderten Randbedingungen durchführen zu können. Der große Vorteil beim Kopieren von Studien ist (im Vergleich zum Erstellen einer neuen Studie), dass nicht alle Grundeinstellungen (z. B. die Materialdefinition) erneut vorgenommen werden müssen.

Um eine Studie kopieren zu können, ist im Browser mit der **rechten Maustaste** auf die bereits vorhandene Studie zu klicken und im Kontextmenü die Option **Studie kopieren**[16] auszuwählen. Anschließend kann sie bearbeitet werden, um z. B. ihre Bezeichnung und den zu analysierenden Zeitschritt zu ändern.

---

[16] Sollte das Kopieren der Studie nicht zum gewünschten Ergebnis führen (die Kopie wird im Browser nicht erzeugt), so muss eine neue Studie erzeugt werden. Das anschließende Definieren der Materialien darf dann allerdings nicht vergessen werden.

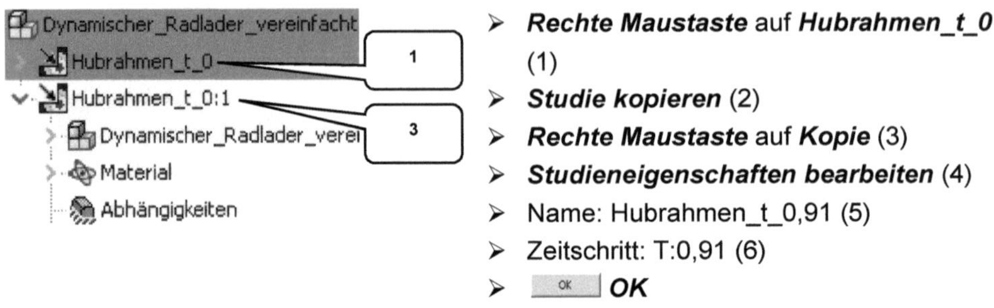

> **Rechte Maustaste** auf **Hubrahmen_t_0** (1)
> **Studie kopieren** (2)
> **Rechte Maustaste** auf **Kopie** (3)
> **Studieneigenschaften bearbeiten** (4)
> Name: Hubrahmen_t_0,91 (5)
> Zeitschritt: T:0,91 (6)
> `OK` **OK**

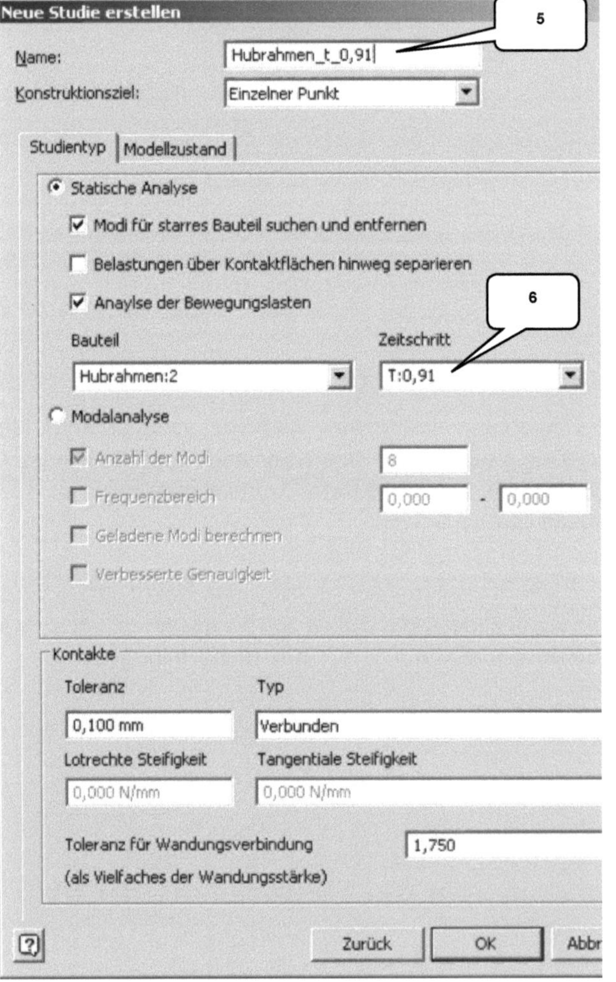

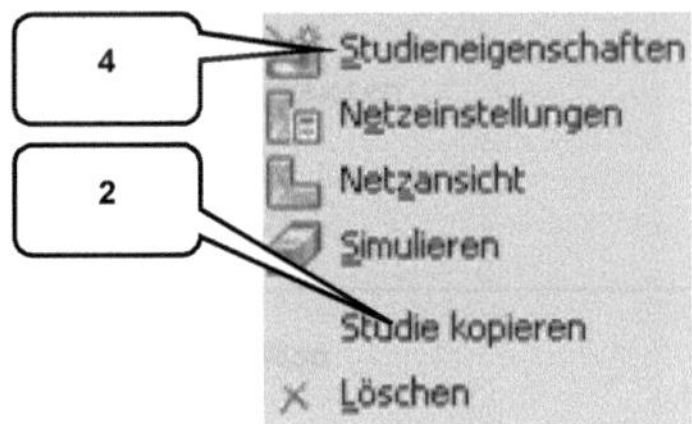

Auch die Randbedingungen für den Zeitschritt T:0,91 wurden bereits im Bereich der Dynamischen Simulation analysiert und können jetzt problemlos in den Bereich der Belastungsanalyse übertragen werden.

Wurde die Kopie der ersten Studie erzeugt, sollten die Materialvorgaben noch vorhanden sein. Musste aber eine neue Studie erstellt werden (weil z. B. das Kopieren der ersten Studie nicht geklappt hatte), so sind auch diese Materialien erneut zu definieren (siehe Kapitel 7.1.6 Materialien zuweisen).

7.7.2 Simulation ausführen und aufzeichnen

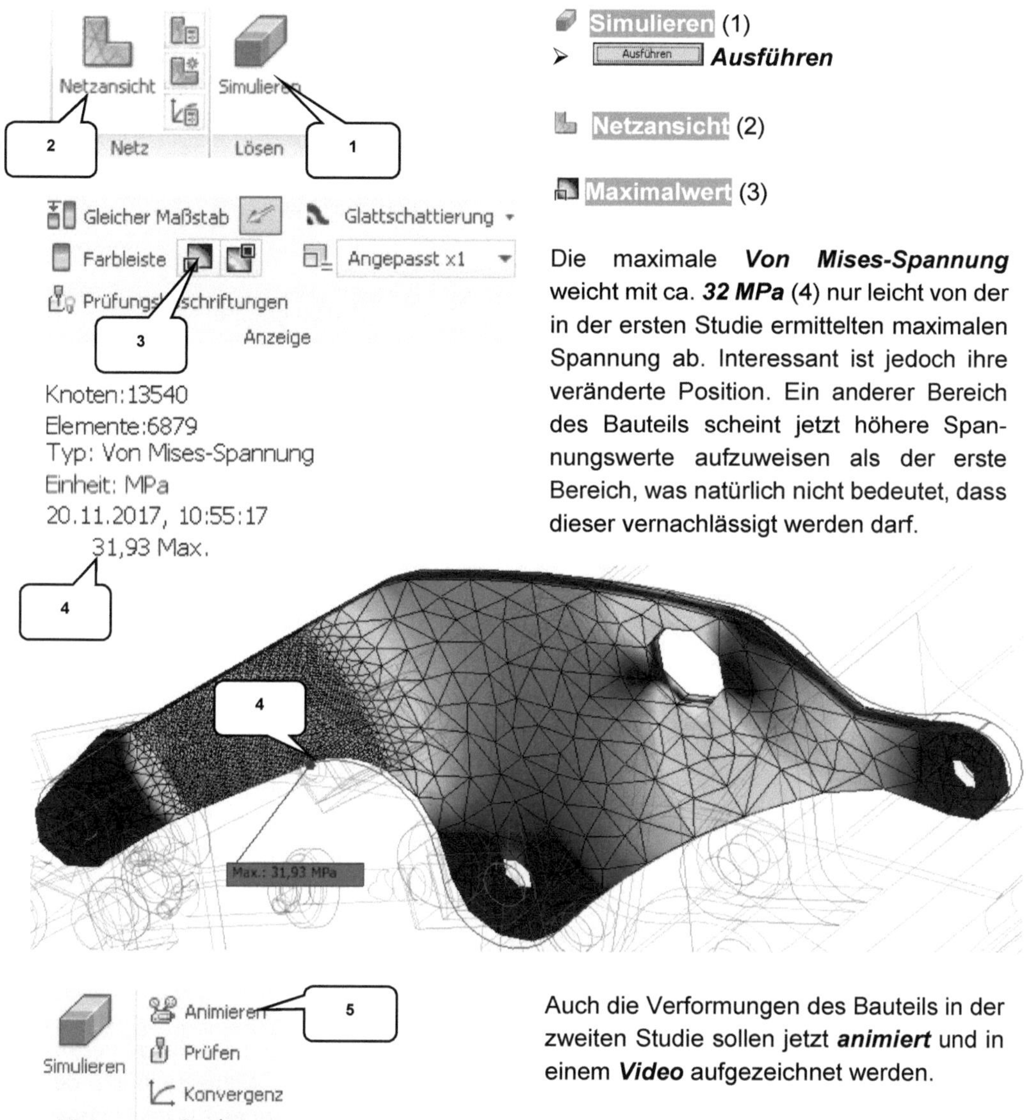

Simulieren (1)
> Ausführen *Ausführen*

Netzansicht (2)

Maximalwert (3)

Die maximale *Von Mises-Spannung* weicht mit ca. *32 MPa* (4) nur leicht von der in der ersten Studie ermittelten maximalen Spannung ab. Interessant ist jedoch ihre veränderte Position. Ein anderer Bereich des Bauteils scheint jetzt höhere Spannungswerte aufzuweisen als der erste Bereich, was natürlich nicht bedeutet, dass dieser vernachlässigt werden darf.

Auch die Verformungen des Bauteils in der zweiten Studie sollen jetzt *animiert* und in einem *Video* aufgezeichnet werden.

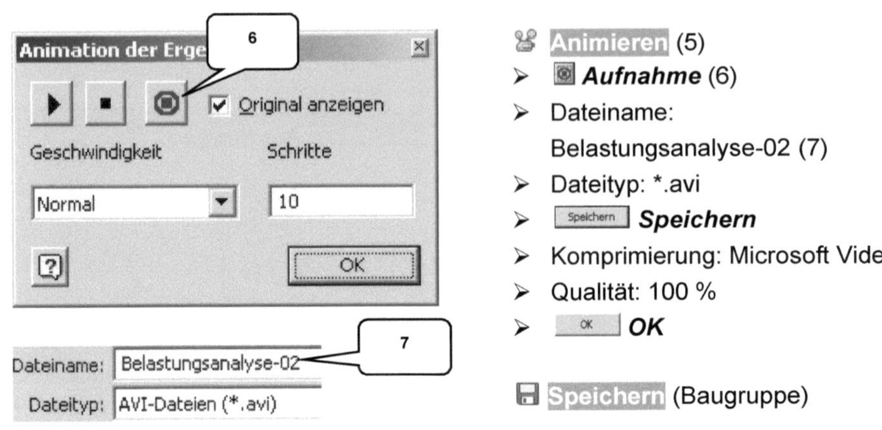

➢ 🎥 **Animieren** (5)

➢ 🔘 *Aufnahme* (6)

➢ Dateiname:
Belastungsanalyse-02 (7)

➢ Dateityp: *.avi

➢ Speichern **Speichern**

➢ Komprimierung: Microsoft Video 1

➢ Qualität: 100 %

➢ OK **OK**

💾 **Speichern** (Baugruppe)

7.7.3 Rundungen von Studie ausschließen

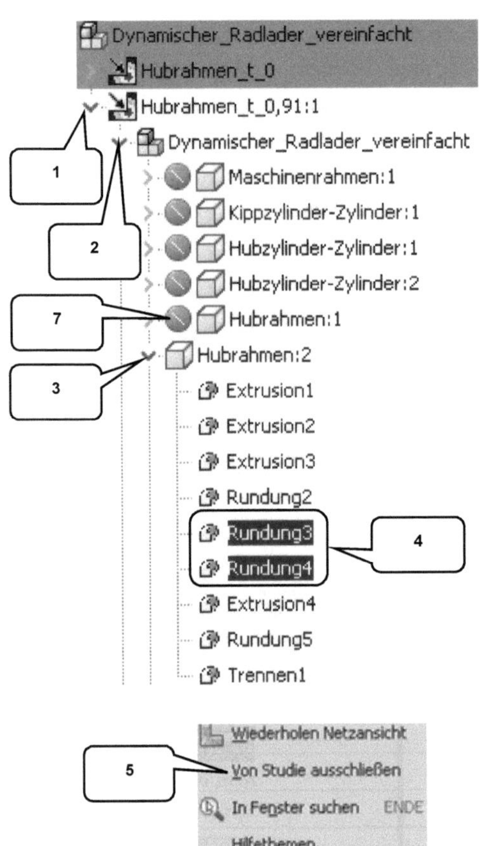

Um verschiedene Konstruktionsvarianten im Bereich der Belastungsanalyse miteinander vergleichen zu können, müssen diese oftmals zuerst konstruiert werden, was einen erhöhten Aufwand bedeutet. Soll hingegen nur geprüft werden, ob es einen Unterschied macht, ob z. B. eine Rundung in einem Bauteil vorhanden ist oder nicht, so kann das auch innerhalb der Simulationsumgebung eingestellt werden, ohne das eigentliche Bauteil ändern zu müssen: und zwar über das *Ausschließen von Konstruktionsdetails*. Dabei können bestimmte geometrische Elemente (z. B. Extrusionen, Rundungen, Bohrungen usw.) für eine bestimmte Studie - temporär - deaktiviert werden.

In der folgenden Übung soll der *abgerundete Übergang* im Kontaktbereich der Bauteile Maschinenrahmen und Hubrahmen von der Studie ausgeschlossen werden, um im Vergleich zur bisherigen Konstruktion, die Unterschiede in der Auswirkung der Studie in Erfahrung zu bringen.

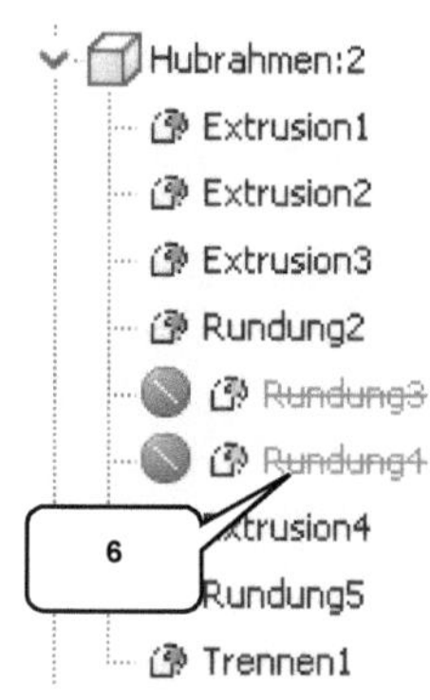

> Studie **Hubrahmen_t_0,91** erweitern (1)
> Baugruppe **Dynamischer_ Radlader_ vereinfacht** erweitern (2)
> Bauteil **Hubrahmen:2**[17] erweitern (3)
> **Rundungen 3** und **4** markierten (4)
> **Rechte Maustaste** auf eine der markierten Rundungen
> **Von Studie ausschließen** (5)

Wurden die beiden Rundungen erfolgreich deaktiviert, so werden sie im Browser **grau** und **durchgestrichen** (6) dargestellt.

7.7.4 Simulation ausführen und aufzeichnen

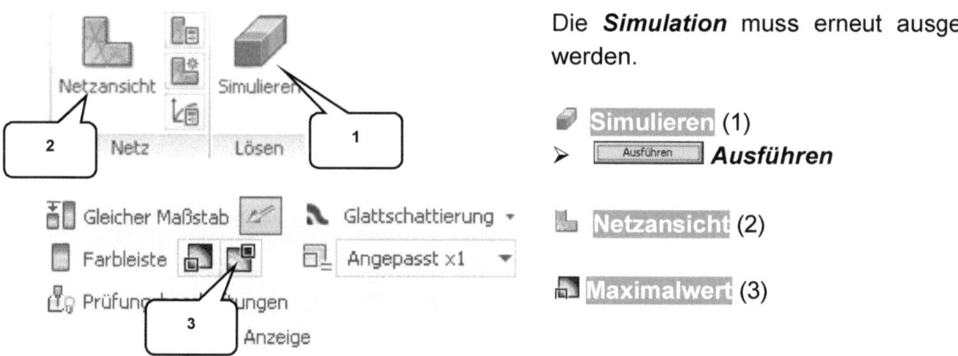

Die **Simulation** muss erneut ausgeführt werden.

Simulieren (1)
> **Ausführen** **Ausführen**

Netzansicht (2)

Maximalwert (3)

In den Berechnungsergebnissen ist festzustellen, dass die maximale **Von Mises-Spannung** mit ca. **39 MPa** (4) nur geringfügig von der vorherigen maximalen Spannung abweicht. Interessanter ist hier die erneut veränderte Position der maximalen Spannung. Sie tritt jetzt in einem Bereich auf, an dem vorher die Rundungen angeordnet waren. Würden die beiden Rundungen also konstruktiv entfernt werden, würde das zu einer Neupositionierung des maximalen kritischen Bereiches führen. Die Rundungen sollten also möglichst beibehalten werden.

Auch dieses Simulationsergebnis soll animiert und als **Video** gespeichert werden. Die Baugruppe ist anschließend zu **speichern** und zu **schließen**.

---

[17] Eventuell muss anstelle des Bauteils **Hubrahmen:2** das Bauteil **Hubrahmen:1** bearbeitet werden (es kommt darauf an welches Bauteil verwendet wurde). Der richtige Hubrahmen ist daran zu erkennen, dass ihm im Browser kein Symbol der **Ableitung** (7) vorangestellt wurde.

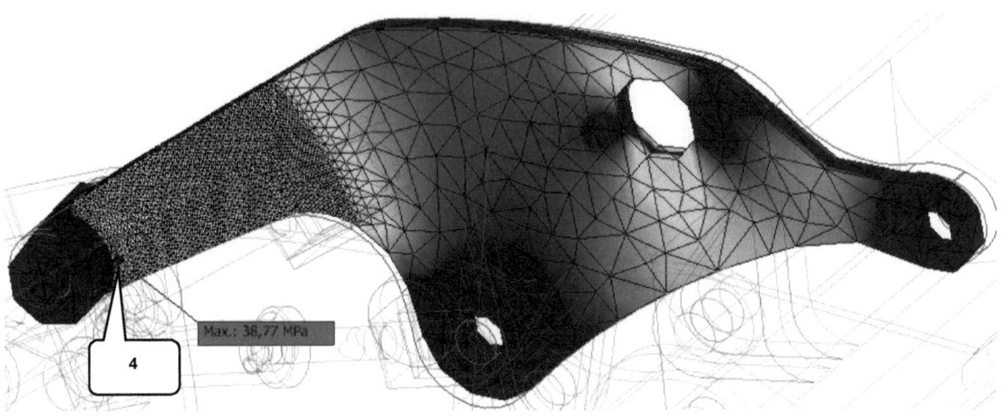

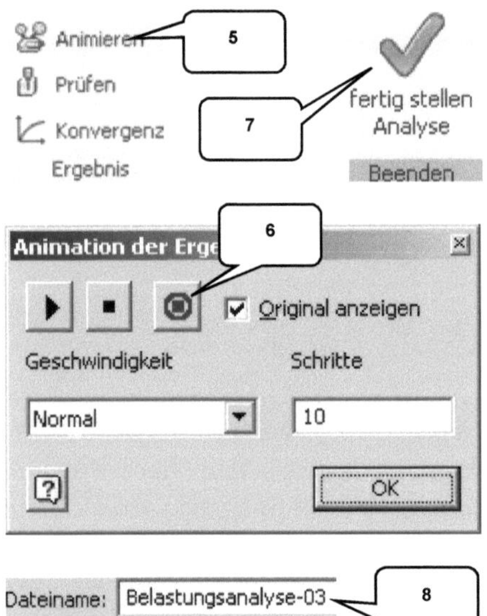

Animieren (5)

> Aufnahme (6)
> Dateiname:
  Belastungsanalyse-03 (7)
> Dateityp: *.avi
> Speichern Speichern
> Komprimierung: Microsoft Video 1
> Qualität: 100 %
> OK OK

Die Baugruppe kann jetzt *gespeichert* und *geschlossen* werden.

Fertigstellen (8)

Speichern (Baugruppe)
Schließen (Baugruppe)

8 Studien statisch unbestimmter Bauteile

8.1 Einzelpunkt-Studie erstellen
8.1.1 Bauteil HUBZYLINDER_KOLBEN öffnen

Als **statisch unbestimmt** werden in diesem Zusammenhang Bauteile bezeichnet, die nicht bereits durch vorhandene Kräfte und Auflager im Bereich der Dynamischen Simulation (also durch die Randbedingungen einer komplexen Baugruppe) bestimmt wurden. Sie werden als einzelne Bauteile (nicht aus einer Baugruppe heraus) geöffnet und in den Bereich der Belastungsanalyse übertragen. Sämtliche Randbedingungen müssen hier also erst noch definiert werden. Diese Vorgehensweise wird häufig verwendet, wenn ein Bauteil relativ schnell analysiert werden soll, wenn die äußeren Randbedingungen bereits feststehen, oder wenn keine vorherigen Analysen einer Baugruppe im Bereich der Dynamischen Simulation durchgeführt wurden.

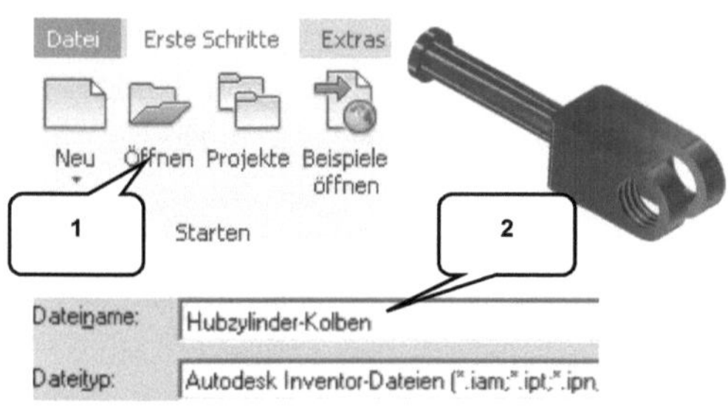

In der folgenden Übung soll der **Kolben** des **Hubzylinders** analysiert werden, wofür das Bauteil jetzt zu öffnen ist.

 Öffnen (1)

> Order: Projektordner wählen
> Dateiname: Hubzylinder-Kolben (2)
> Dateityp: *.ipt
> Öffnen **Öffnen**

8.1.2 Umgebung der Belastungsanalyse aktivieren

Arbeitsbereich:
Belastungsanalyse

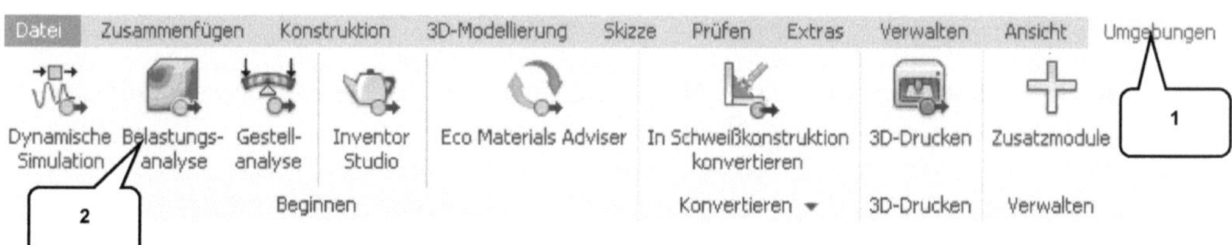

> Register **Umgebungen** (1)
> Belastungsanalyse (2)

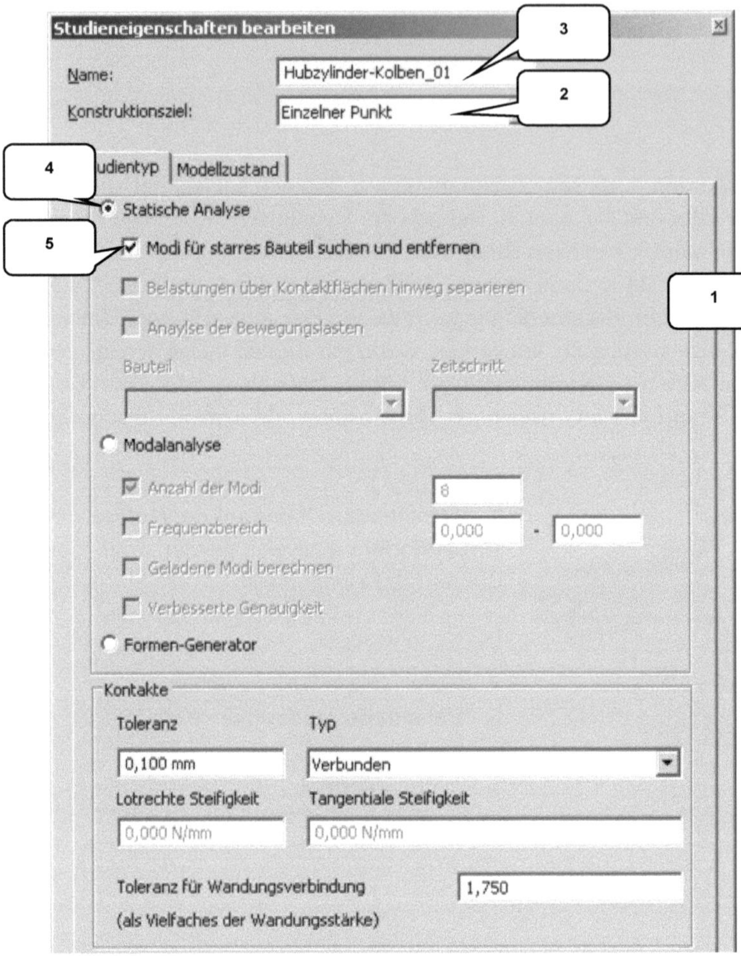

Im Bereich der Belastungsanalyse muss zunächst eine neue **Studie** in Form einer **statischen Einzelpunktanalyse** erstellt werden.

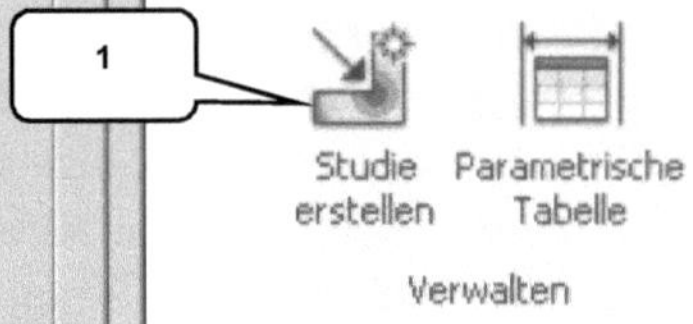

Neue Studie (1)
> Konstruktionsziel: Einzeln. Punkt (2)
> Name: Hubzylinder-Kolben_01 (3)
> Studientyp: Statische Analyse (4)
> Aktivieren: Modi für starres Bauteil suchen und entfernen (5)
> OK **OK**

8.1.3 Materialien zuweisen

Für diese Studie soll dem Bauteil das **Material** Edelstahl mit der Bezeichnung **X105CrMo17** (amerikanische Bezeichnung: **440 C**) zugeordnet werden.

Materialien zuweisen (1)
> Material aus der Tabelle übernehmen (2)
> OK

8.2 Belastungen platzieren
8.2.1 Grundlagen: Kraft und Druck

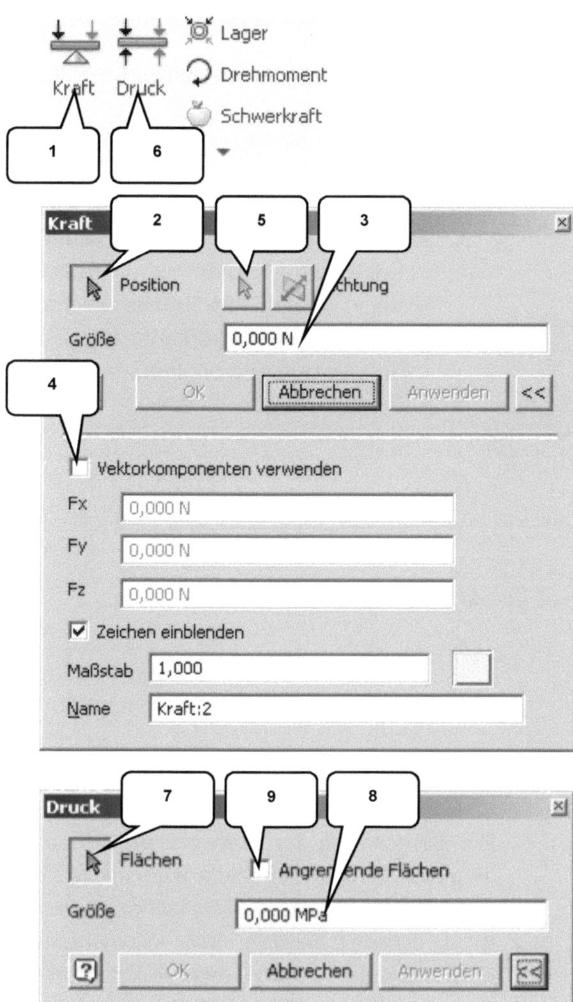

Kraft (1)

Der Befehl **Kraft** ermöglicht das Platzieren einer von außen auf ein Bauteil wirkenden Last. Sie kann entweder auf einer Fläche, einer Kante oder auch auf einer Ecke positioniert werden (2). Ihre Größe kann entweder über das entsprechende Eingabefeld (3), oder über Vektorkomponenten (4) definiert werden. Die Wirkrichtung einer Kraft ist über die Vektorkomponenten oder auch entlang einer Körperkante (5) zu definieren.

Druck (6)

Soll ein **Druck** simuliert werden, der auf eine Fläche wirkt, so muss zuerst die entsprechende Fläche (7) angeklickt werden. Anschließend wird der Druck definiert (8), wobei die Wirkrichtung im gesamten Flächenbereich natürlich automatisch lotrecht zur Bauteiloberfläche ist. Weiterhin kann bestimmt werden, ob die Flächen, die tangential an die mit dem Druck zu beaufschlagende Fläche angrenzen, ebenfalls belastet werden sollen (9).

8.2.2 Grundlagen: Lagerbelastung und Drehmoment

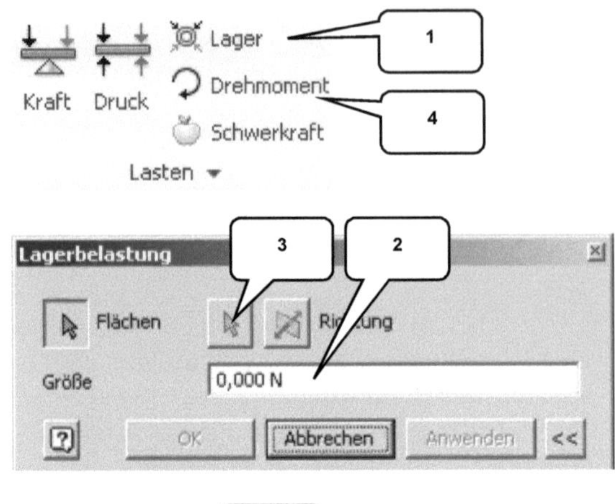

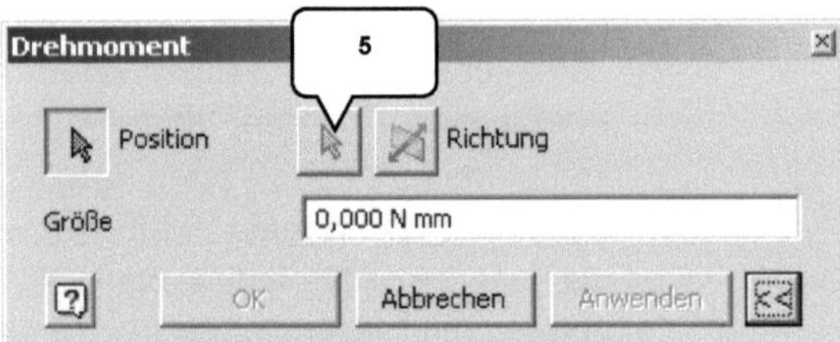

⊗ Lagerbelastung (1)

Bei einer **Lagerbelastung** werden zylindrische Bauteiloberflächen mit einer Kraft (2) versehen, deren Wirkrichtung entweder entlang einer Körperkante (3), oder anhand von Vektorkomponenten definiert werden kann.

↻ Drehmoment (4)

Drehmomente können auf Bauteiloberflächen, Kanten und Ecken platziert werden. Ihre Rotationsachse wird über eine Körperkante (5) oder mittels Vektorkomponenten definiert.

8.2.3 Grundlagen: Schwerkraft

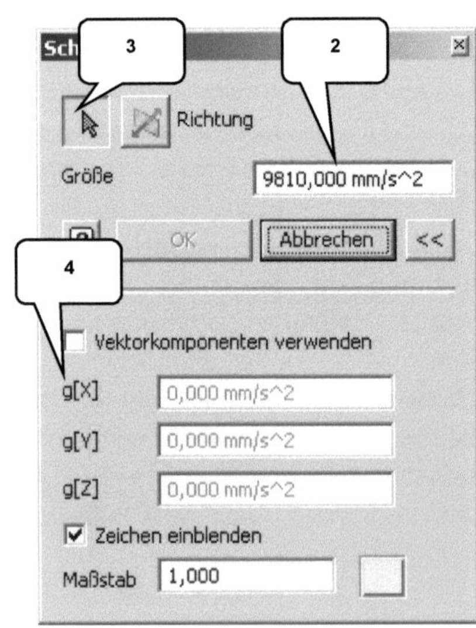

🍎 Schwerkraft (1)

Zur Berechnung der **Schwerkraft** müssen im gleichnamigen Befehlsfenster Größe (2) und Richtung der Normalfallbeschleunigung definiert werden. Ihre Wirkrichtung wird entweder entlang einer Körperkante (3) oder aber mittels Vektorkomponenten (4) festgelegt.

8.2.4 Grundlagen: Externes Kraftmoment

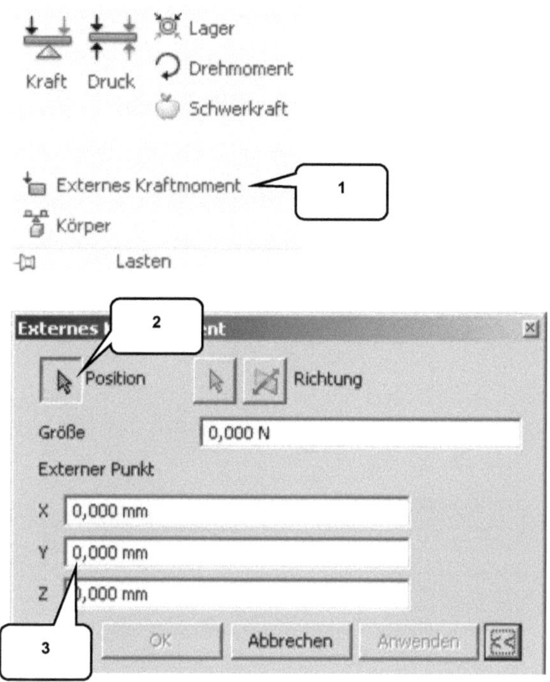

 Externes Kraftmoment (1)

Externe Kraftmomente können wie normale Drehmomente platziert werden. Die Wirkrichtung wird durch eine Körperkante (2) oder durch eine zylindrische Fläche, also ihrer mittleren Achse, oder aber durch die Vorgabe von Vektorkomponenten definiert.

Der Kraftangriffspunkt des externen Kraftmomentes (3) muss über die Vorgabe eines Koordinatenpunktes (X, Y, Z) definiert werden. Der Befehl simuliert somit eine theoretische Punktlast.

8.2.5 Grundlagen: Körperlasten

Körperlasten (1)

Mit dem Befehl **Körperlasten** können Beschleunigungs- und Zentrifugalkräfte in eine Simulation integriert werden.

Beschleunigungskräfte werden im Register **Linear** (2) definiert, wo Größe und Wirkrichtung (3) definiert werden können.

Sollen **Zentrifugalkräfte** in die Simulation mit einbezogen werden, so muss das Register **Winkel** (4) geöffnet werden, um die entsprechende Option zu aktivieren (5). Es können entweder konstante Zentrifugalkräfte oder aber beschleunigte Zentrifugalkräfte anhand einer Körperkante bzw. mittels Vektorkomponenten definiert werden.

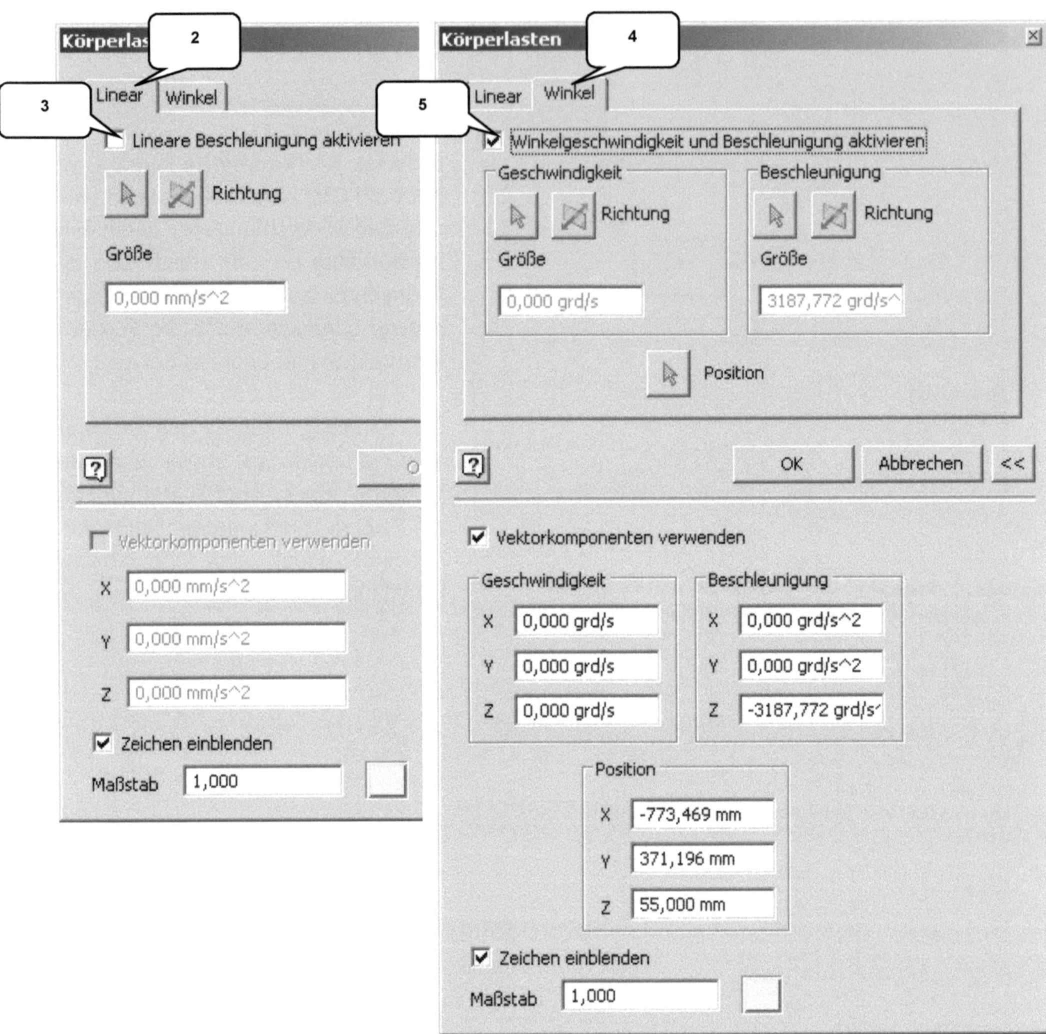

8.2.6 Einspann- und Belastungssituation des Bauteils KOLBEN

Um den Kolben simulieren zu können, sollten vorher alle zur Berechnung relevanten Randbedingungen über eine Analyse der Einspann- und Belastungssituation des Kolbens bestimmt werden.

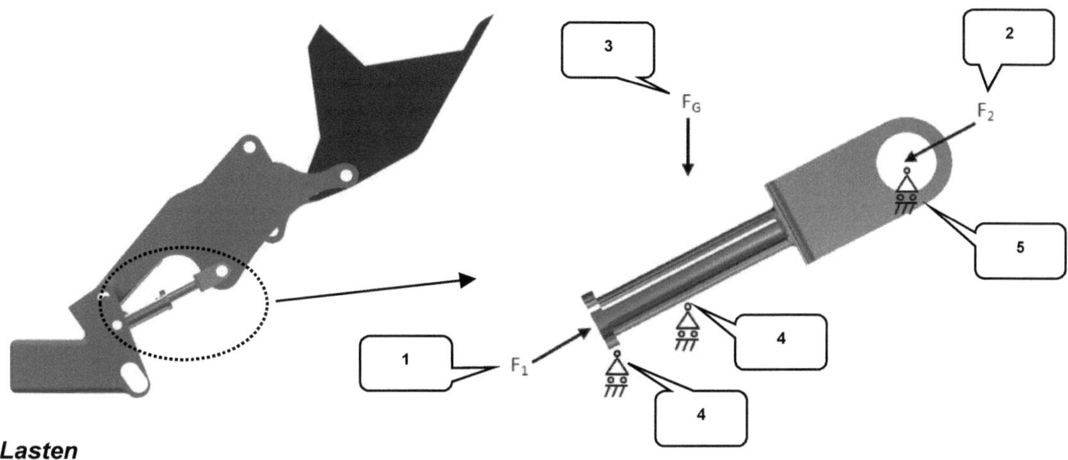

Lasten

1) Der Kolben wird mit einer Kraft F_1 (1) belastet, welche in Richtung des Hubrahmens wirkt. Sie soll mit **500 N** angenommen werden.
2) Der Kolben wird weiterhin durch den Hubrahmen in Form einer Lagerkraft F_2 belastet (2). Sie wirkt mit **500 N** der Kraft F_1 direkt entgegen.
3) Die Gewichtskraft F_G (3) kann in dieser Übung vernachlässigt werden.

Auflager

1) Der Kolben wird gleitend an zwei Positionen im **Zylinder** geführt (4).
2) Der Kolben ist über ein **Drehgelenk** mit dem Hubrahmen verbunden (5).

8.2.7   Kraft zwischen KOLBEN und ZYLINDER platzieren

Zuerst wird die Kraft F_1 platziert. Sie wirkt zwischen den Bauteilen Zylinder und Kolben und soll den Kolben axial in Richtung des Hubrahmens bewegen. Lediglich Fläche und Größe der Kraft sind zu definieren weil ihre Wirkrichtung[18] vom Programm automatisch lotrecht zur Kraftangriffsfläche angenommen wird.

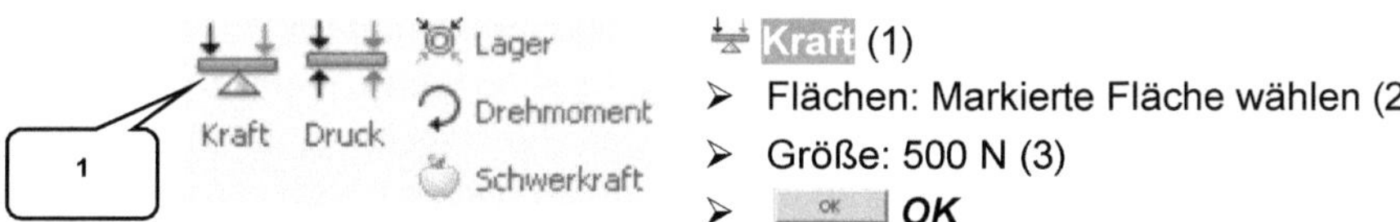

Kraft (1)
> Flächen: Markierte Fläche wählen (2)
> Größe: 500 N (3)
> **OK** OK

---

[18] Sollte die Wirkrichtung der Kraft unerwartet vom Bauteil weg zeigen, so kann die Richtung mit der **Umschalttaste** (4) korrigiert werden.

8.2.8 Simulation ausführen und aufzeichnen

Auch wenn das Bauteil zum aktuellen Zeitpunkt statisch noch nicht bestimmt ist, soll eine erste **Simulation** durchgeführt und die Reaktion des Programms analysiert werden.

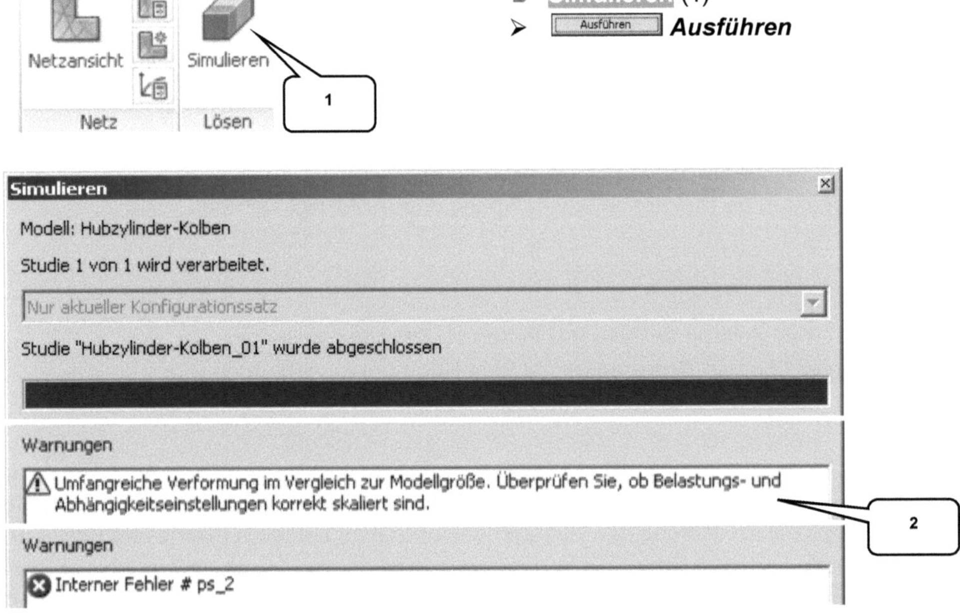

Mit der oberen Fehlermeldungen (2) weist das Programm darauf hin, dass aufgrund der noch nicht definierten Lasten und Abhängigkeiten eine fehlerhafte Interpretation der Analyseergebnisse sehr wahrscheinlich ist. Das Fenster der Fehlermeldung kann allerdings wieder geschlossen werden und das Programm sollte die Simulation trotzdem ausführen.

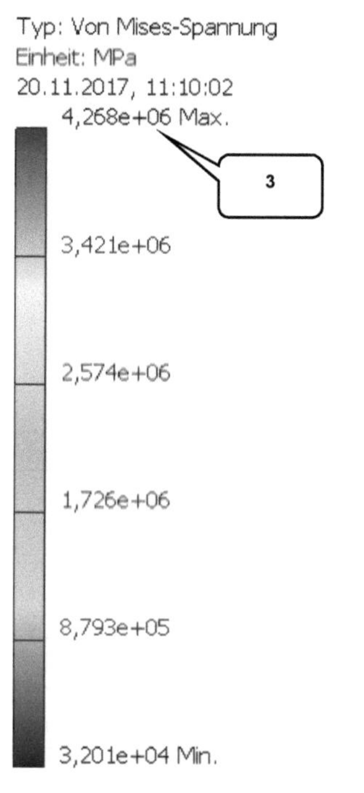

Typ: Von Mises-Spannung
Einheit: MPa
20.11.2017, 11:10:02
4,268e+06 Max.

3,421e+06

2,574e+06

1,726e+06

8,793e+05

3,201e+04 Min.

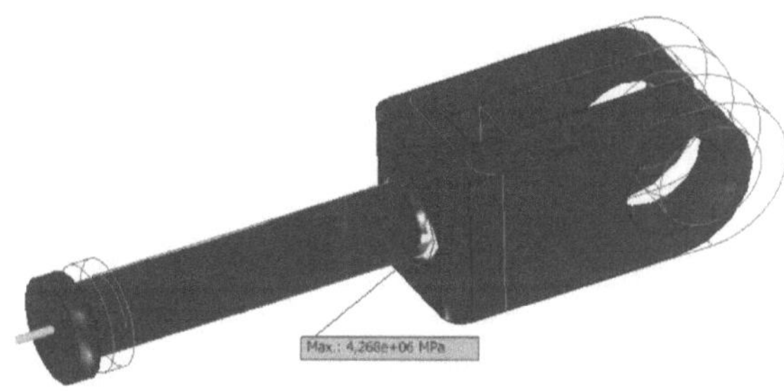

Betrachtet man die Berechnungsergebnisse, so kann man leicht sehen, dass die ermittelten Resultate unbrauchbar sein müssten.

Die Von Mises-Spannung bspw. wird hier mit einem Maximalwert von über 4 Millionen MPa berechnet (3). Etwas stimmt also nicht.

Trotz allem soll der Bewegungsablauf einmal *animiert* und zusätzlich als *Video* aufgezeichnet werden.

Animieren (4)
> **Aufnahme** (5)
> Dateiname:
  Belastungsanalyse-04 (6)
> Dateityp: *.avi
> Speichern **Speichern**
> Komprimierung: Microsoft Video 1
> Qualität: 100 %
> OK **OK**

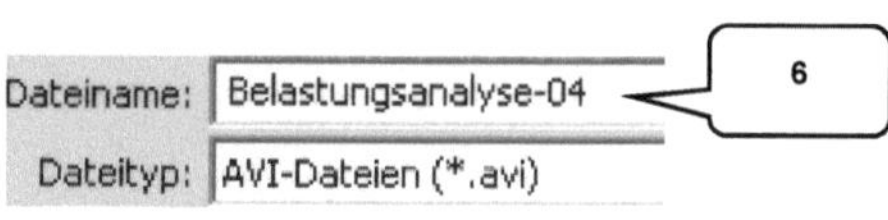

8.2.9 Lagerkraft zwischen KOLBEN und HUBRAHMEN platzieren

Als Gegenkraft soll in den beiden zylindrischen Bohrungsflächen des Kolbens (Gelenkverbindung zwischen Hubrahmen und Kolben) eine **Lagerkraft F_2** platziert werden. Sie wirkt mit gleicher Größe der Kraft **F_1** direkt entgegen. Die Wirkrichtung ist daher entlang der Z-Achse zu definieren.

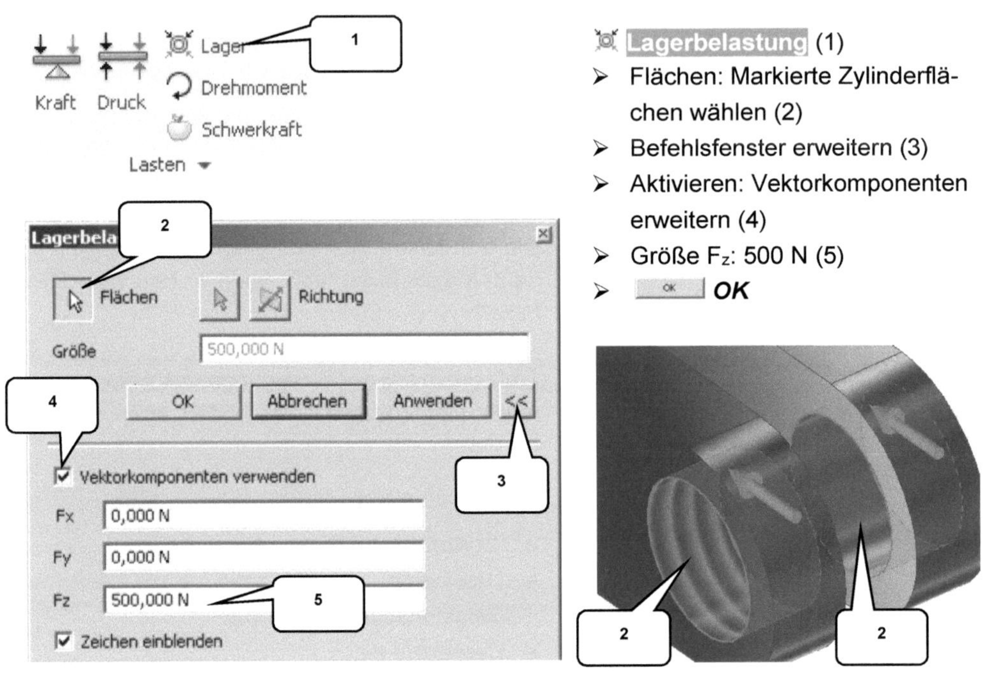

Lagerbelastung (1)
> Flächen: Markierte Zylinderflächen wählen (2)
> Befehlsfenster erweitern (3)
> Aktivieren: Vektorkomponenten erweitern (4)
> Größe F_z: 500 N (5)
> ⟨OK⟩ **OK**

8.2.10 Simulation ausführen und aufzeichnen

Ob die zuletzt platzierte Kraft das System statisch bestimmt hat, soll in einer neuen **Simulation** kontrolliert werden.

Simulieren (1)
> ⟨Ausführen⟩ **Ausführen**

Maximalwert (2)

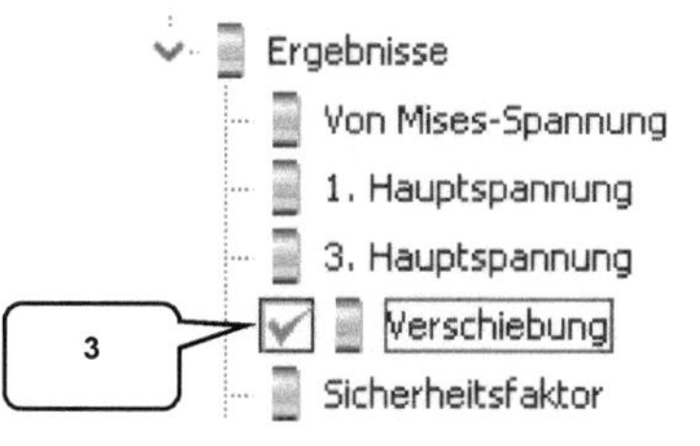

Typ: Verschiebung
Einheit: mm
23.10.2017, 13:34:52
0,002113 Max.

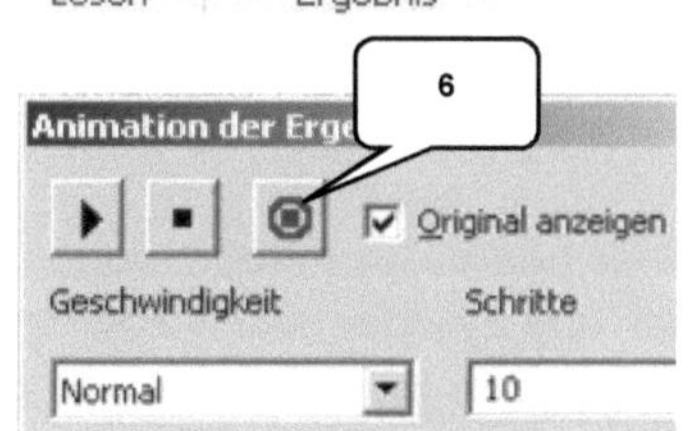

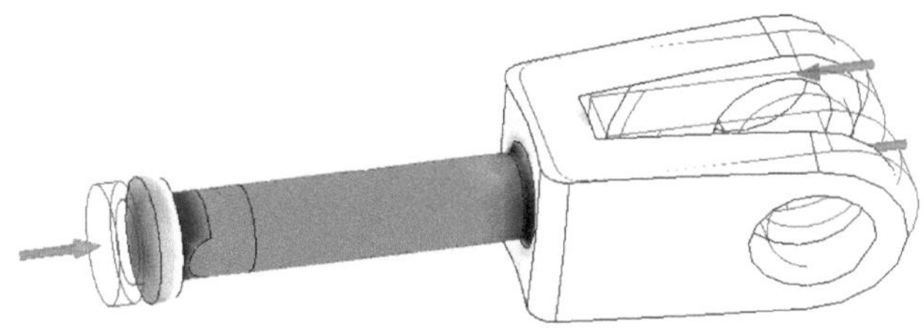

> Doppelklick auf **Verschiebung** (3)

Die Simulation müsste jetzt ohne eine erneute Fehlermeldung durchgeführt worden sein. Und auch die Berechnungsergebnisse sollten einen akzeptablen Wert erreichen. Der Wert der maximalen Verschiebung z. B. müsste sich im Bereich von ca. **0,002 mm** bewegen (4).

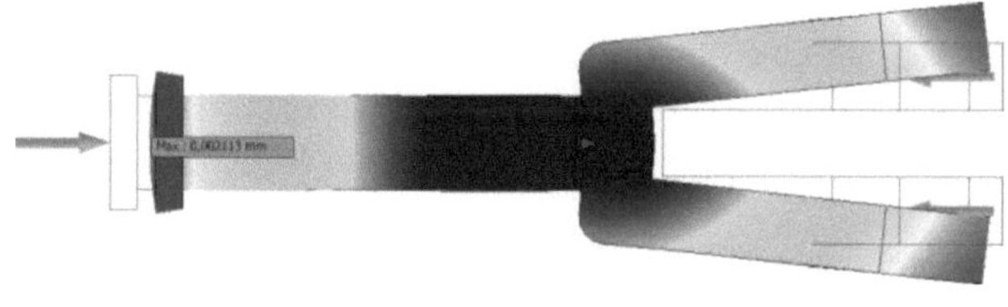

Der Bewegungsablauf ist zu **animieren** und als **Video** zu speichern.

> **Animieren** (5)
> **Aufnahme** (6)
> Dateiname:
> Belastungsanalyse-05 (7)
> Dateityp: *.avi
> Speichern **Speichern**
> Komprimierung: Microsoft Video 1
> Qualität: 100 %
> OK **OK**

✔ **Fertigstellen**
💾 **Speichern** (Bauteil)

8.3 Kontaktflächen bearbeiten
8.3.1 Baugruppe DYNAMISCHER_RADLADER_VEREINFACHT öffnen

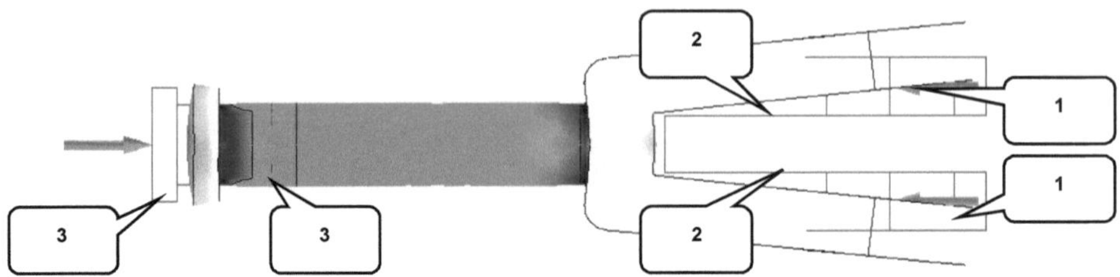

Betrachtet man den Kolben aus der Draufsicht, so ist zu erkennen, dass die beiden Gabelzinken des Kolbens auseinandergebogen werden (1). Dieses Bewegungsprofil entsteht dadurch, dass außer den beiden Kräften noch keine weiteren Randbedingungen (z. B. Auflager) definiert wurden. Das Programm kann zum aktuellen Zeitpunkt noch nicht wissen, dass derartige Bewegungen des Kolbens aufgrund äußerer Abhängigkeiten nicht oder nur begrenzt möglich sind. Um diesen Fehler zu korrigieren, müssen zusätzlich Abhängigkeiten platziert werden. Hierfür sind die beiden Gabelzinken des Kolbens bspw. durch Flächenabhängigkeiten im inneren Bereich (2) zu befestigen und die zylindrischen Flächen des Kolbens im Kontaktbereich zum Zylinder (3) mit einer zylindrischen Abhängigkeit zu versehen.

Vor dem Setzen der Abhängigkeiten sollte der Kolben allerdings bearbeitet werden, denn die Kontaktflächen zwischen den einzelnen Bauteilen (z. B. Kolben und Zylinder oder Kolben und Hubrahmen bzw. Kolben und Kolbenbolzen) müssen auch am Kolben separat auszuwählen sein. Eine Auswahl bestimmter Teilflächen einer Oberfläche ist im Bereich der Belastungsanalyse leider noch nicht möglich (das Programm würde ausschließlich die gesamte Oberfläche markieren). Der Kolben muss also modifiziert werden.

Um ihn bearbeiten zu können, sollte das Bauteil gespeichert und vorerst geschlossen werden, denn die Bearbeitung muss in diesem Fall zwingend aus der zugehörigen Baugruppe heraus erfolgen.

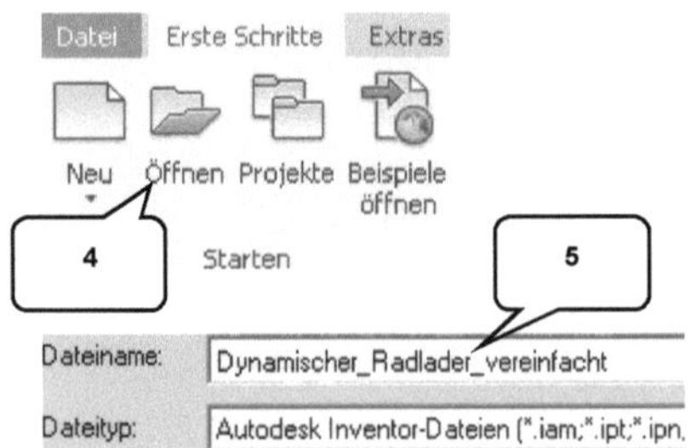

✕ **Schließen** (Bauteil)

📂 **Öffnen** (4)
> Order: Projektordner wählen
> Dateiname:
  Dynamischer_Radlader_vereinfacht (5)
> Dateityp: *.iam
> Öffnen **Öffnen**

8.3.2 Bauteile isolieren

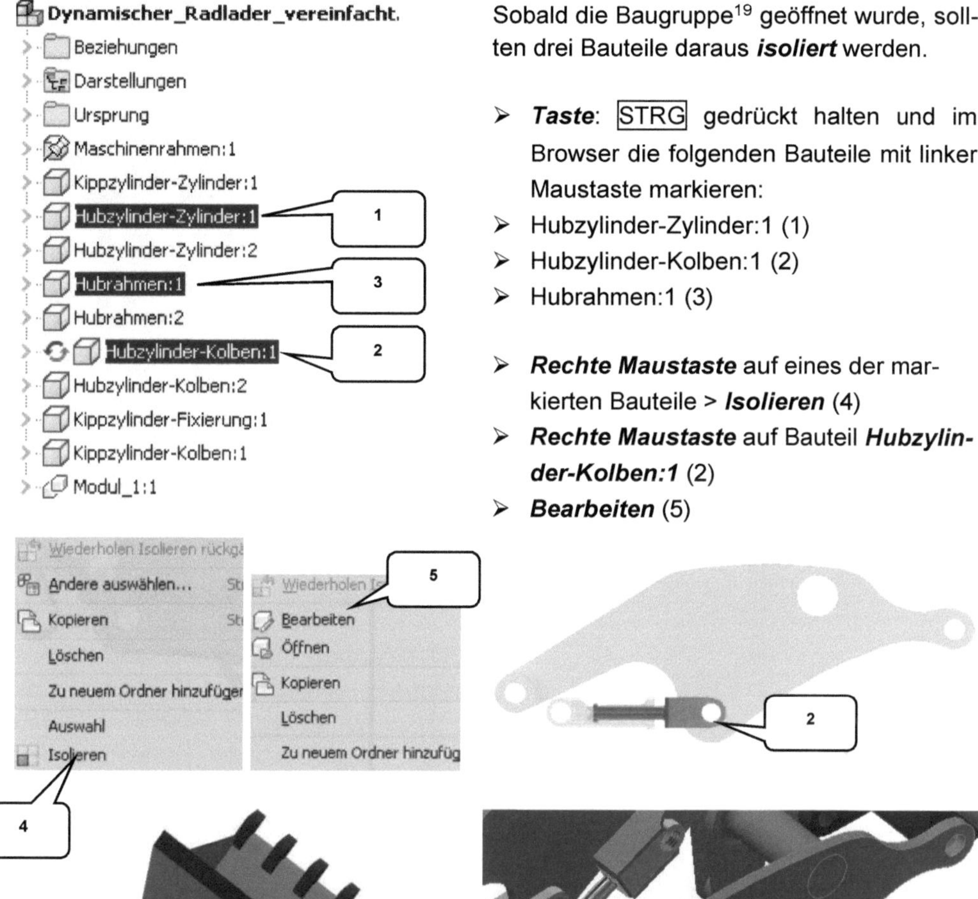

Sobald die Baugruppe[19] geöffnet wurde, sollten drei Bauteile daraus *isoliert* werden.

> *Taste*: STRG gedrückt halten und im Browser die folgenden Bauteile mit linker Maustaste markieren:
> Hubzylinder-Zylinder:1 (1)
> Hubzylinder-Kolben:1 (2)
> Hubrahmen:1 (3)

> *Rechte Maustaste* auf eines der markierten Bauteile > *Isolieren* (4)
> *Rechte Maustaste* auf Bauteil *Hubzylinder-Kolben:1* (2)
> *Bearbeiten* (5)

---

[19] Die Bearbeitung des Kolbens muss zwingend aus der Baugruppe heraus erfolgen, weil die in der folgenden Übung zu projizierenden Konturen ansonsten nicht vorhanden wären.

8.3.3 Kontaktflächen präzisieren

Im Bearbeitungsbereich des Kolbens angelangt, soll mit der Präzisierung der ersten Fläche begonnen werden. Hierfür ist auf der markierten Oberfläche eine neue **2D-Skizze** zu erstellen um dort die Kontur des Hubrahmens zu **projizieren**.

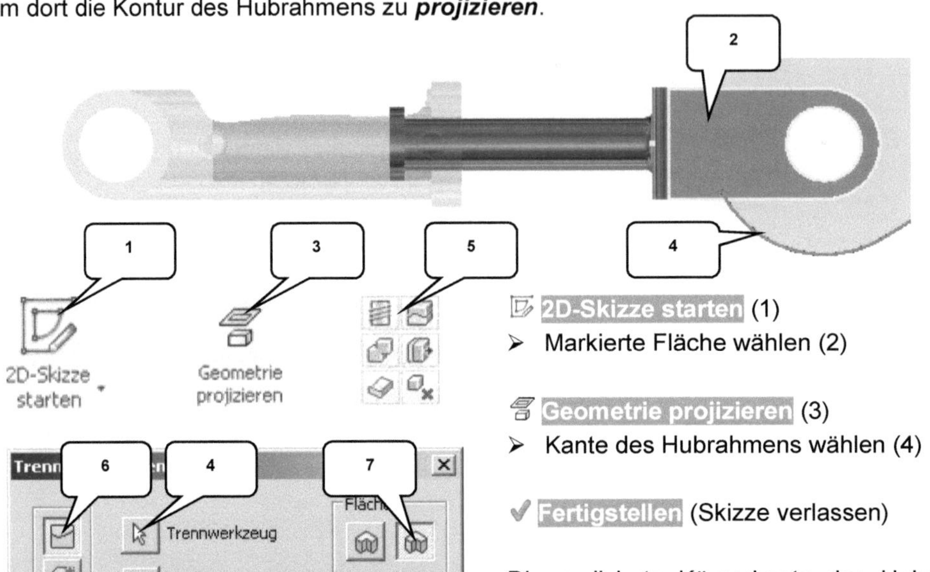

2D-Skizze starten (1)
> Markierte Fläche wählen (2)

Geometrie projizieren (3)
> Kante des Hubrahmens wählen (4)

✔ **Fertigstellen** (Skizze verlassen)

Die projizierte Körperkante des Hubrahmens soll jetzt dazu verwendet werden, die genaue Kontaktfläche zwischen den Bauteilen Hubrahmen und Kolben auf dem Kolben abzubilden. So kann diese Fläche separiert werden. Dieser Schritt ermöglicht es später, diese Teilfläche im Bereich der Belastungsanalyse als Kontaktfläche auszuwählen.

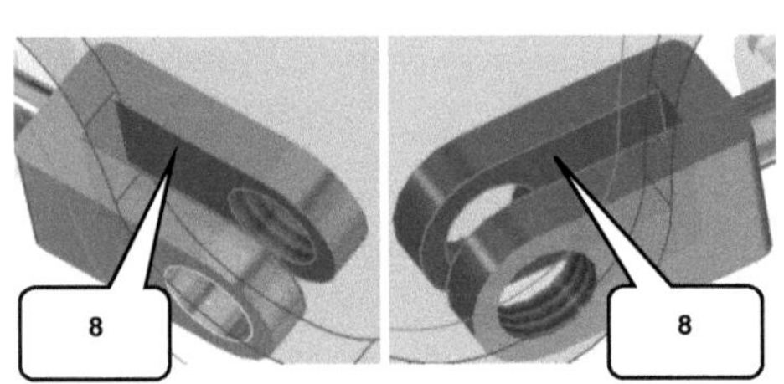

Trennen (5)
> Option: Fläche trennen (6)
> Fläche: Auswählen (7)
> Trennwerkzeug: Projizierte Kante (4)
> Flächenauswahl: <u>Beide</u> Flächen im Inneren der Gabelzinken wählen (8)
> OK **OK**

✔ **Fertigstellen** (Skizze verlassen)

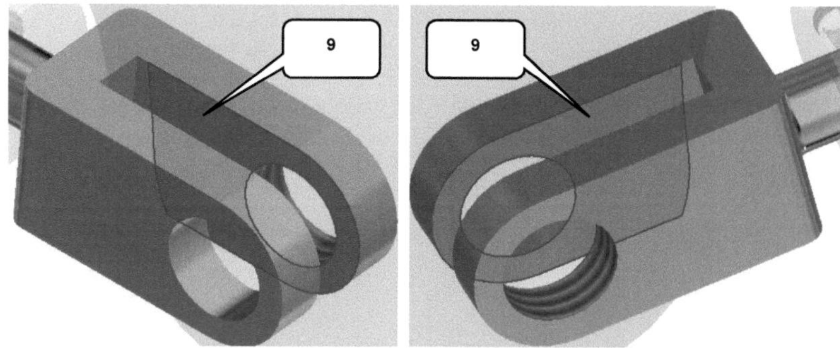

Um zu überprüfen, ob das Trennen der Flächen auch zum gewünschten Ergebnis geführt hat, muss mit der Maus nur über den Kolben gefahren werden: die neuen Flächen (9) sollten sich dabei deutlich hervorheben.

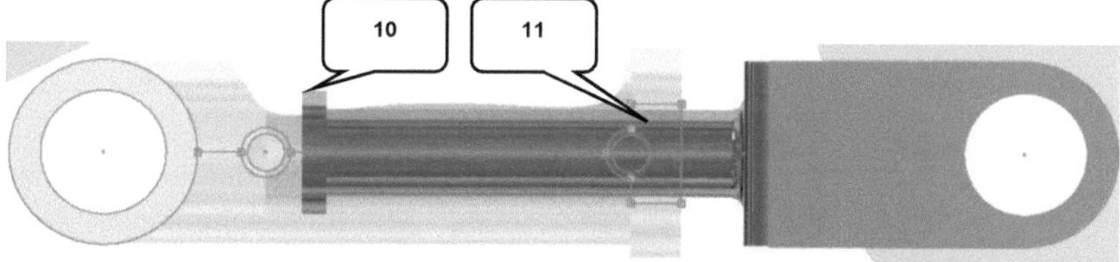

Auch der Kontaktbereich zwischen Zylinder und Kolben muss präzisiert werden. Genau genommen sind es zwei Kontaktflächen, die den Kolben im Zylinder führen. Zum einen besitzt der Kolben im markierten Bereich (10) ein zylindrisches Segment mit einem etwas größeren Durchmesser. Diese Fläche muss nicht weiter bearbeitet werden, weil sie umfänglich im Bereich der Belastungsanalyse als Kontaktfläche definiert werden kann.

Zum anderen wird der Kolben über die markierte Fläche (11) im Zylinder geführt. Weil die Schnittmenge der Kontaktbereiche von Kolben und Zylinder nur einen kleinen Anteil der Gesamtfläche umfasst, muss diese Fläche ebenfalls präzisiert werden. Je nach Lage des Kolbens im Zylinder variiert die Position dieser Kontaktfläche allerdings (sie kann also durchaus auch von der oberen Darstellung abweichen).

Auf der bereits verwendeten Bauteiloberfläche des Kolbens ist eine weitere 2D-Skizze zu erzeugen, worin diesmal die Kontur des Zylinders zu projizieren ist. Auch sie dient im späteren Verlauf der genaueren Auswahl der Kontaktfläche zwischen Kolben und Zylinder.

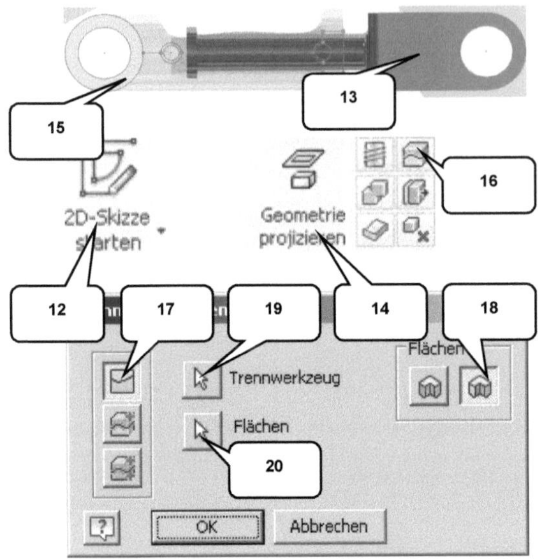

📝 **2D-Skizze starten** (12)
> Markierte Fläche wählen (13)

Geometrie projizieren erweitern (14)

Schnittkanten projizieren
> Markierten Zylinder wählen (15)

✓ **Fertigstellen** (Skizze verlassen)

Trennen (16)
> Option: Fläche trennen (17)
> Option: Auswählen (18)
> Trennwerkzeug: Projizierte Kontur (19)
> Flächen: Zylinder des Kolbens (20)
> OK *OK*

Zur Überprüfung der erfolgreichen Trennung der Bauteiloberfläche kann auch
diesmal wieder mit dem Mauspfeil über die
entsprechende Bauteiloberfläche gefahren
werden: die separierten Flächen sollten
sich hervorheben.

Die Bearbeitung des Kolbens kann damit
wieder beendet werden und die *Isolierung*
der drei Bauteile ist wieder rückgängig zu
machen.

Kolben und Baugruppe sind abschließend
zu *speichern* und zu schließen.

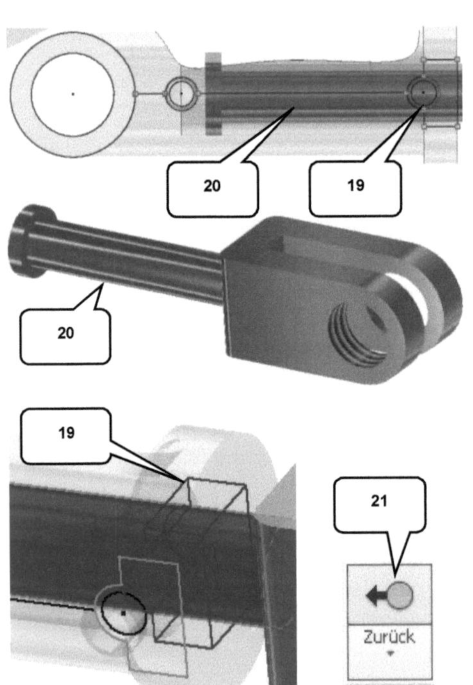

◀ **Zurück** (zum Baugruppenbereich) (21)

> *Rechte Maustaste* auf den Hinter-
  grund des Zeichenbereiches
> *Isolieren rückgängig* (22)

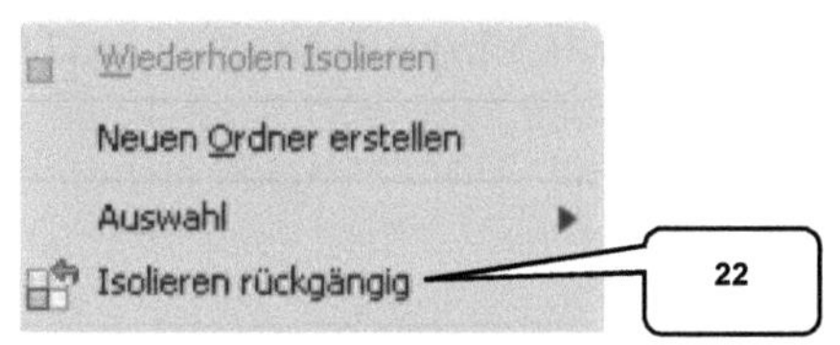

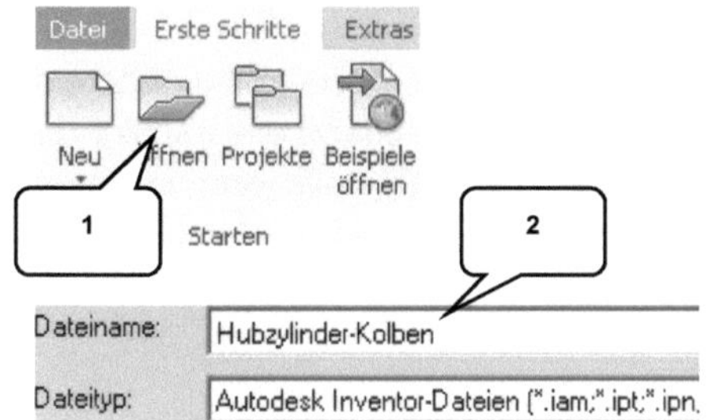

💾 **Speichern** (Baugruppe)
- Ja für alle ***Ja für alle***
- OK ***OK***

❎ **Schließen** (Baugruppe)

8.3.4 *Bauteil KOLBEN öffnen*

Das Bauteil ***Hubzylinder-Kolben*** muss jetzt wieder geöffnet werden.

📂 **Öffnen** (1)
- Order: Projektordner wählen
- Dateiname: Hubzylinder-Kolben (2)
- Dateityp: *.ipt
- Öffnen ***Öffnen***

8.4 *Kontaktflächen zwischen KOLBEN und HUBRAHMEN def.*
8.4.1 *Grundlagen: Festgelegte Abhängigkeiten*

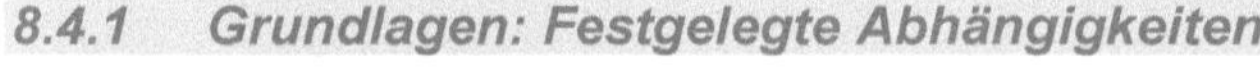

- Register ***Umgebungen*** (1)
- **Belastungsanalyse** (2)
- **Festgelegte Abhängigkeit** (3)

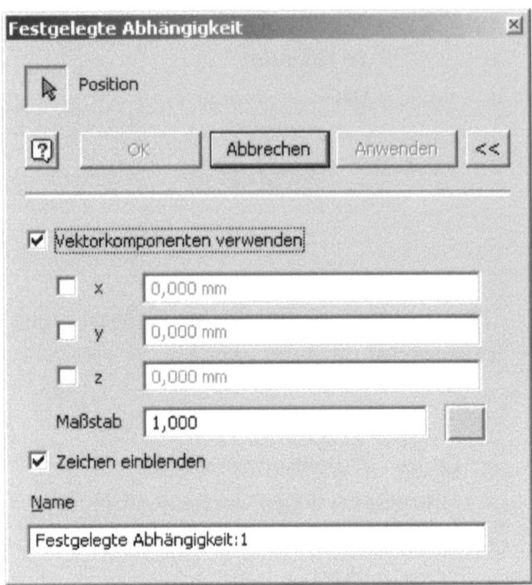

Festgelegte Abhängigkeiten werden oft verwendet, weil sie ein Bauteil sehr schnell und mit einem einzigen Handgriff vollständig fixieren können, was für überschlägige Berechnungen durchaus sinnvoll sein kann.

Benötigt man allerdings präzise Berechnungsergebnisse, so sollte die Verwendung dieser Option gut durchdacht werden. Denn sie entfernt alle sechs Freiheitsgrade eines Bauteils und fixiert es damit vollständig.

8.4.2 Grundlagen: Pin-Abhängigkeiten und reibungslose Abhängigkeiten

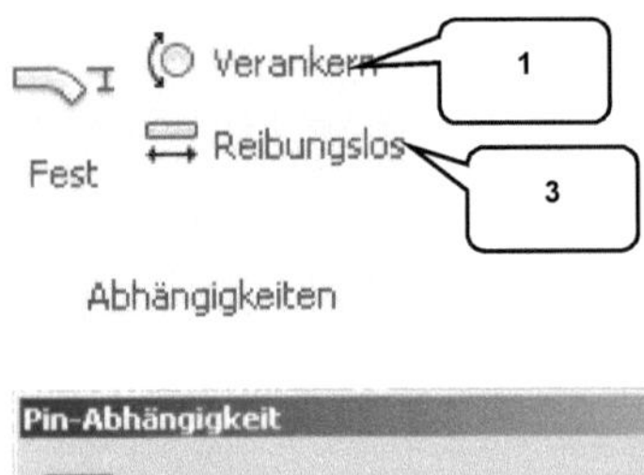

Pin-Abhängigkeit (1)

Pin-Abhängigkeiten werden ausschließlich bei zylindrischen Oberflächen verwendet. Welche Freiheitsgrade dabei eliminiert werden sollen (radiale, axiale oder tangentiale Abhängigkeiten), kann ausgewählt werden (2).

Reibungslose Abhängigkeit (3)

Reibungslose Abhängigkeiten können bei ebenen oder zylindrischen Oberflächen angewendet werden. Sie eliminieren bei ebenen Flächen die Bewegungen in Richtung des Normalvektors und bei zylindrischen Flächen die Radialbewegung des Bauteils. Auszuwählen ist lediglich die Referenzfläche (4) des Bauteils.

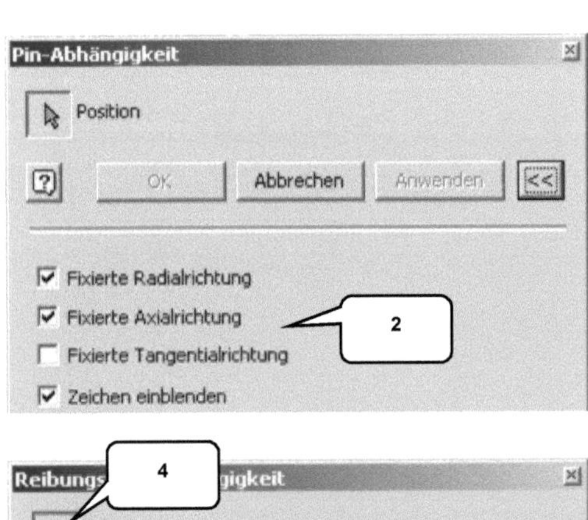

8.4.3 Reibungslose Abhängigkeiten definieren

Das Bauteil soll jetzt anhand der bereits erläuterten Abhängigkeiten befestigt werden, bis die Einbausituation des Kolbens innerhalb der Baugruppe möglichst realistisch nachempfunden wurde. Zuerst soll der Kolben mit einer *reibungslosen Abhängigkeit* versehen werden, um die Kontaktflächen zwischen den Gabelzinken des Kolbens und dem Hubrahmen nachzubilden.

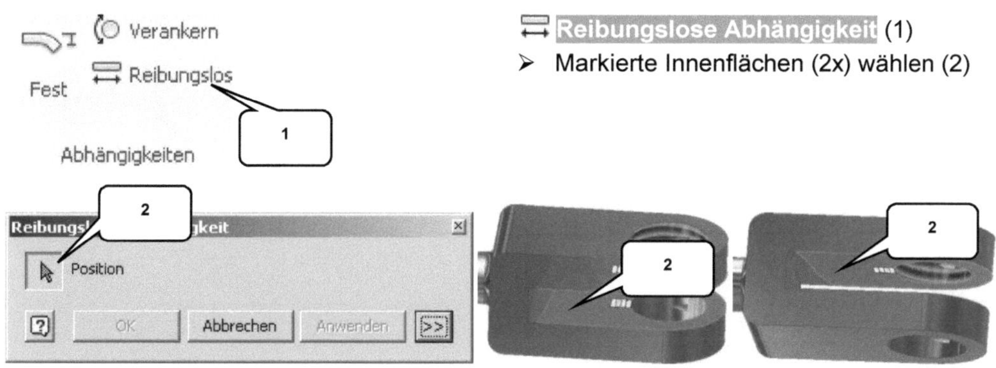

8.4.4 Simulation ausführen und aufzeichnen

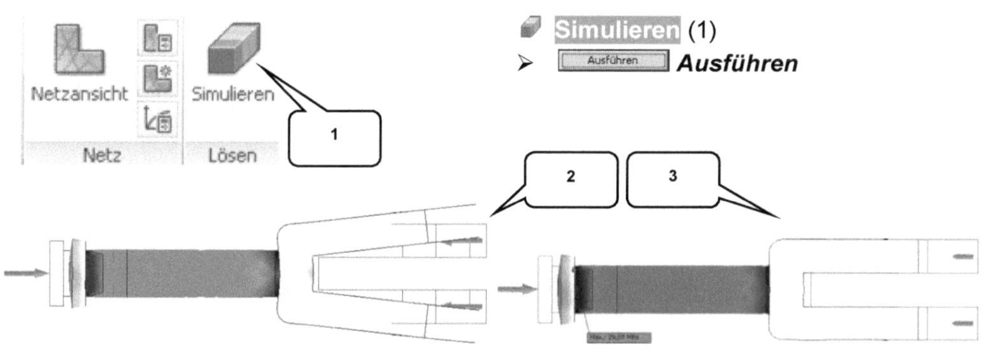

Vergleicht man die Verformung der Gabelzinken vor (2) und nach (3) dem Setzen der reibungslosen Abhängigkeit, so ist zu erkennen, dass die Gabelzinken jetzt nicht mehr auseinandergebogen werden, was die Einbausituation zum aktuellen Zeitpunkt wesentlich realistischer macht.

Das aktuelle Ergebnis soll zusätzlich *animiert* und als *Video* gespeichert werden.

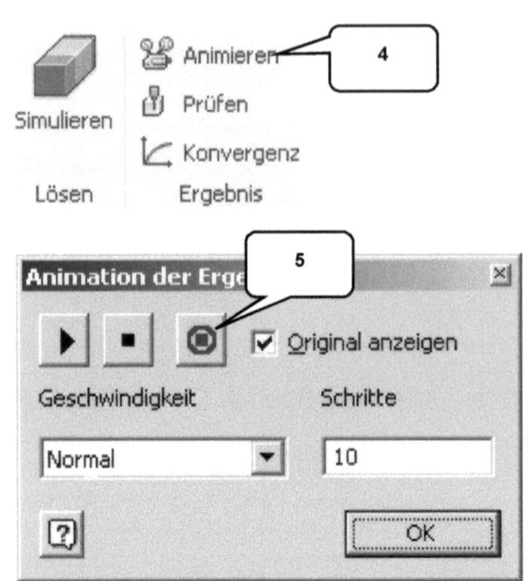

Animieren (4)

> 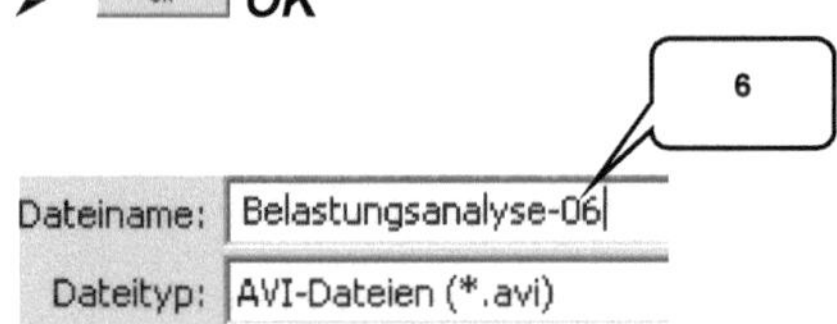 **Aufnahme** (5)
> Dateiname:
> Belastungsanalyse-06 (6)
> Dateityp: *.avi
> Speichern **Speichern**
> Komprimierung: Microsoft Video 1
> Qualität: 100 %
> OK **OK**

8.5 Kontaktflächen zwischen KOLBEN und ZYLINDER definieren
8.5.1 Reibungslose Abhängigkeiten platzieren

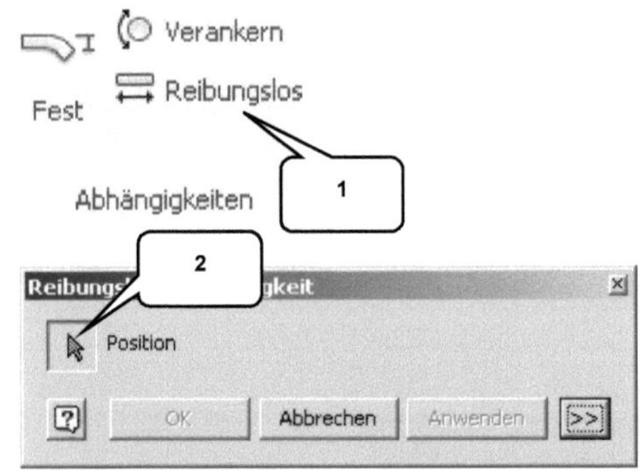

Auch die beiden Kontaktflächen der Bauteile Kolben und Zylinder können durch eine **reibungslose Abhängigkeit** simuliert werden.

Reibungslose Abhängigkeit (1)

> Beide markierte Flächen wählen (2)
> OK **OK**

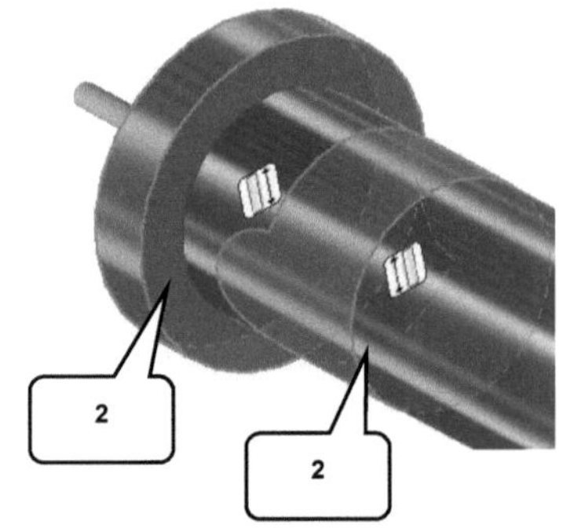

8.5.2 Simulation ausführen und aufzeichnen

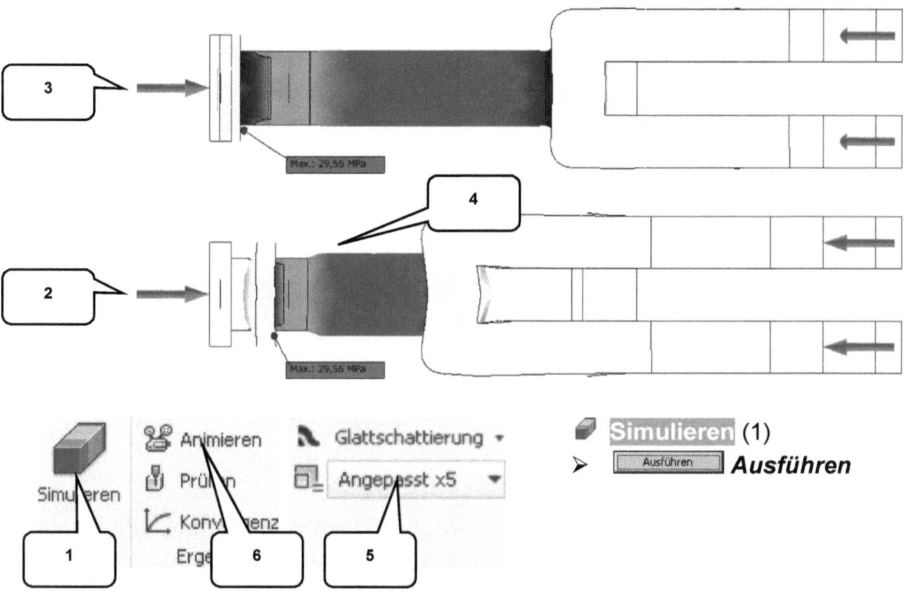

Vergleicht man die aktuelle Verformung des Bauteils (2) mit dem vorangegangenen Simulationsergebnis (3), so ist zu erkennen, dass insbesondere im Bereich des langen Zylindersegments (4) Unterschiede sichtbar werden. Die Stauchung des Kolbens in diesem Bereich findet jetzt nicht mehr komplett entlang des Zylinders statt, sondern fokussiert sich auf die Bereiche vor und nach der Kontaktfläche beider Bauteile. Gut sichtbar wird das erst bei einer Darstellung mit dem *Faktor 5* (5).

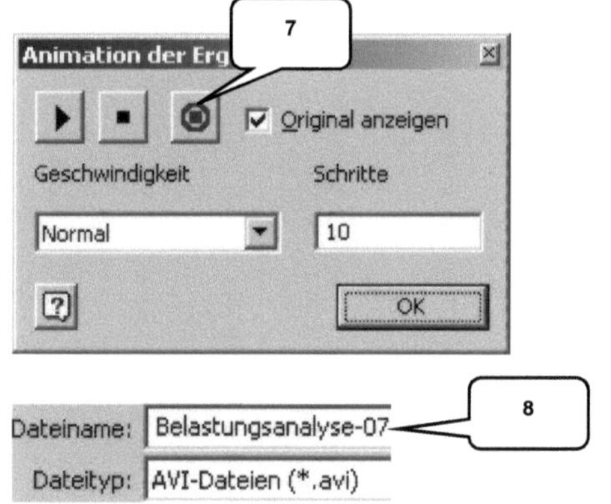

Animieren (6)
> ◉ *Aufnahme* (7)
> Dateiname:
>   Belastungsanalyse-07 (8)
> Dateityp: *.avi
> Speichern *Speichern*
> Komprimierung: Microsoft Video 1
> Qualität: 100 %
> OK *OK*

8.6 Tatsächlich auftretende Kräfte ermitteln
8.6.1 Studie kopieren

Bei den bisherigen Berechnungen wurde das System anhand von zwei Kräften ins statische Gleichgewicht gebracht, wobei die beiden Kräfte F_1 und F_2 in direkter Richtung und mit gleicher Größe gegeneinander ausgerichtet wurden. Doch sind es wirklich die vollen 500 N der Kraft F_2, die auch auf der gegenüberliegenden Seite des Kolbens ankommen?

Zur Klärung dieser Frage soll die aktuelle Studie kopiert werden und die Kopie ist danach zu bearbeiten.

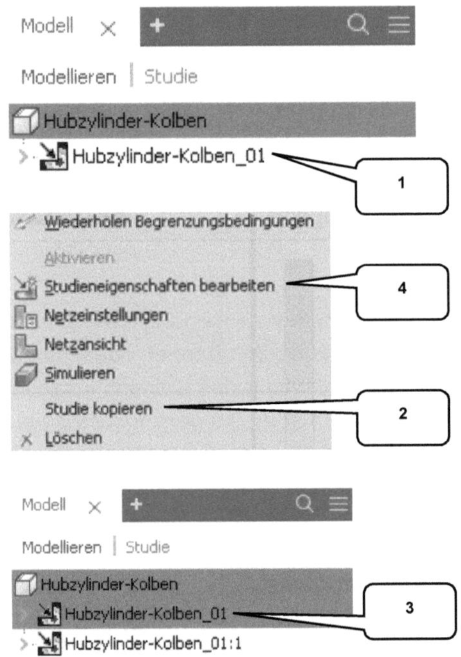

> **Rechte Maustaste** auf Studie **Hubzylinder-Kolben_01** (1)
> **Studie kopieren** (2)

Die Studie ist umzubenennen.

> **Rechte Maustaste** auf kopierte Studie **Hubzylinder-Kolben_01** (3)
> **Studieneigenschaften bearbeiten** (4)
> Name: Hubzylinder-Kolben_02 (5)

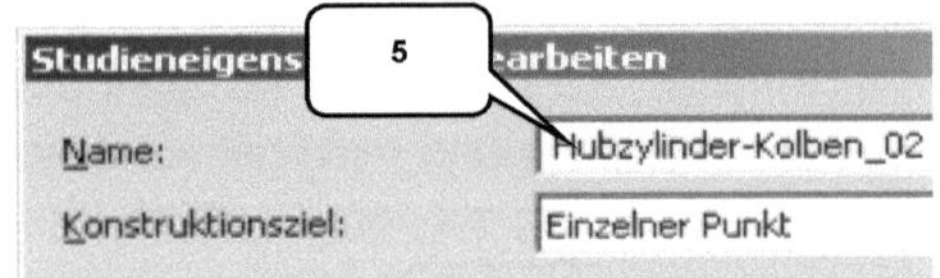

8.6.2 Kraft durch festgelegte Abhängigkeit ersetzen

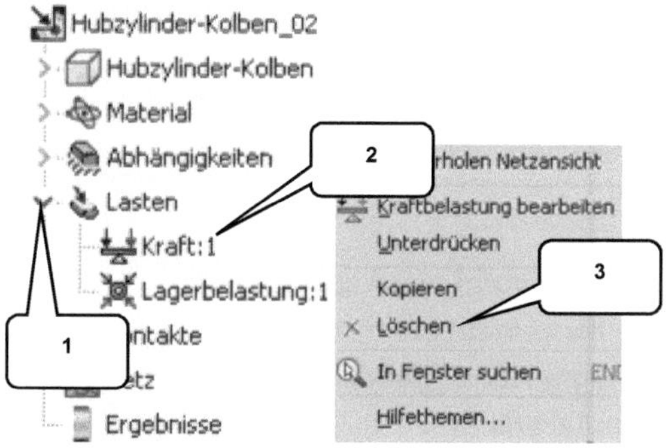

Die Kraft F_1 muss jetzt durch eine *festgelegte Abhängigkeit* ersetzt werden.

> Ordner **Lasten** im Browser erweitern (1)
> **Rechte Maustaste** auf **Kraft** (2)
> **Löschen** (3)

> **Festgelegte Abhängigkeit** (4)
> Flächen: Fläche am Kolben wählen (5)
> **OK** OK

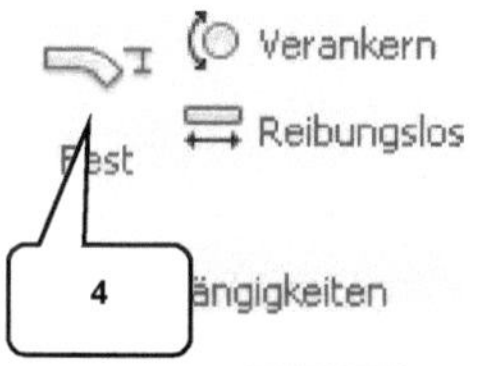

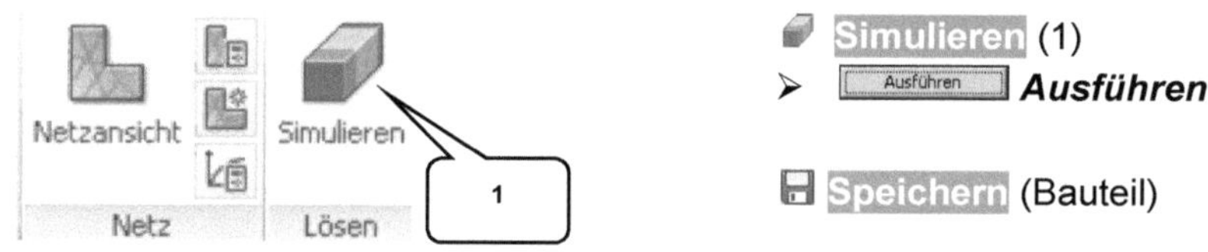

8.6.3 Simulation ausführen

Das Bauteil sollte erneut *simuliert* und anschließend *gespeichert* werden.

Simulieren (1)
> **Ausführen** *Ausführen*

Speichern (Bauteil)

8.6.4 Rückstoßkräfte ermitteln

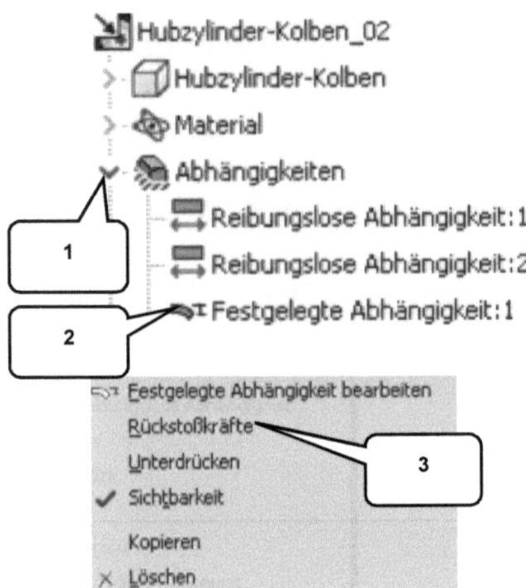

Wenn man im Browser den Ordner **Abhängigkeiten** erweitert und dann mit der rechten Maustaste auf die **festgelegte Abhängigkeit** klickt, dann kann man in deren Kontextmenu die Option **Rückstoßkräfte** aktivieren.

➢ Ordner **Abhängigkeiten** erweitern (1)
➢ **Rechte Maustaste** auf **Festgelegte Abhängigkeit** (2)
➢ **Rückstoßkräfte** (3)

Diese Option öffnet ein gleichnamiges Befehlsfenster. Hier kann abgelesen werden, welche Kraft (Rückstoßkraft) und welches Moment (Rückstoßmoment) auf die befestigte Oberfläche zum Zeitpunkt der Simulation wirken.

Betrachtet man die Spalte der **Rückstoßkraft** etwas genauer, so ist zu erkennen, dass in etwa **463 N** (4) auf die Kontaktfläche wirken. Insgesamt sind es also nur ca. 92 Prozent der ursprünglich als Lagerbelastung ins Bauteil eingeleiteten Kraft (500 N), die an der gegenüberliegenden Seite des Kolbens letztendlich auch ankommen. Die restlichen Kräfte werden entweder in Verformungsarbeit konvertiert, oder wirken als Querkräfte in Richtung der X bzw. Y-Achse. Das Fenster kann jetzt wieder **geschlossen** und das Bauteil **gespeichert** werden.

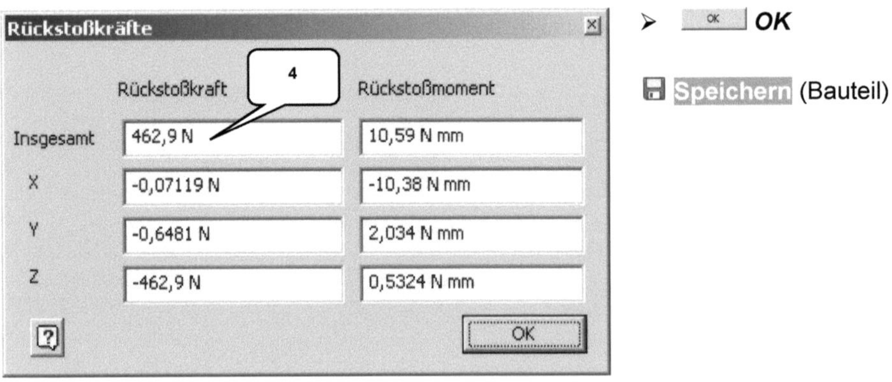

➢ OK

Speichern (Bauteil)

8.6.5 Verformungen ermitteln

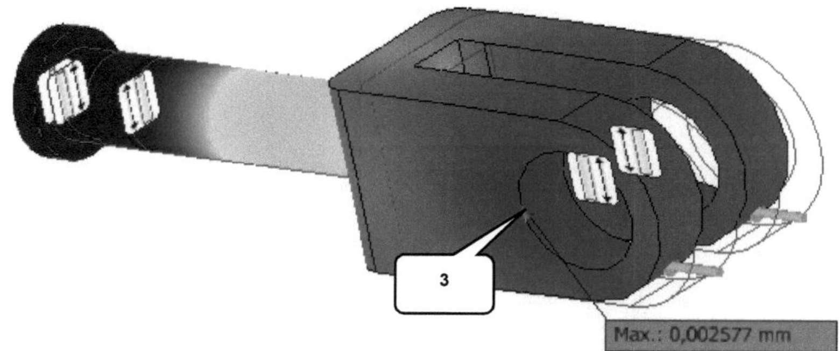

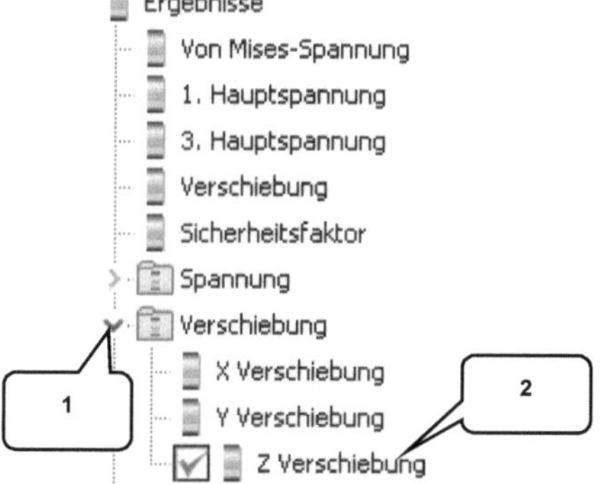

Auch die **Verformung** des Kolbens (die maximale Verschiebung entlang der Z-Achse) soll noch einmal betrachtet werden.

Hierfür muss innerhalb des Ordners **Ergebnisse** der Ordner **Verschiebung** erweitert werden, um darin die **Z-Verschiebung** zu aktivieren.

> Ordner **Verschiebung** im Browser erweitern (1)
> **Doppelklick** im Browser auf **Z-Verschiebung** (2)

Die Komprimierung des Bauteils im Bereich der einwirkenden Lagerbelastung (3) ist mit nur ca. 0,0026 mm sehr gering und spielt bei der Berechnung der Simulationsergebnisse keine wichtige Rolle.

Interessant ist aber der Umkehrschluss: Wie viel Kraft würde z. B. benötigt werden, um den Kolben einen bestimmten Wert (z. B. 0,01 mm) zu verformen. Auch diese Frage kann geklärt werden, wofür vorab allerdings erneut Vorarbeiten nötig sind.

8.7 Benötigte Kraft einer gewünschten Verformung berechnen
8.7.1 Studie kopieren

Die Studie sollte jetzt erneut *kopiert* werden.

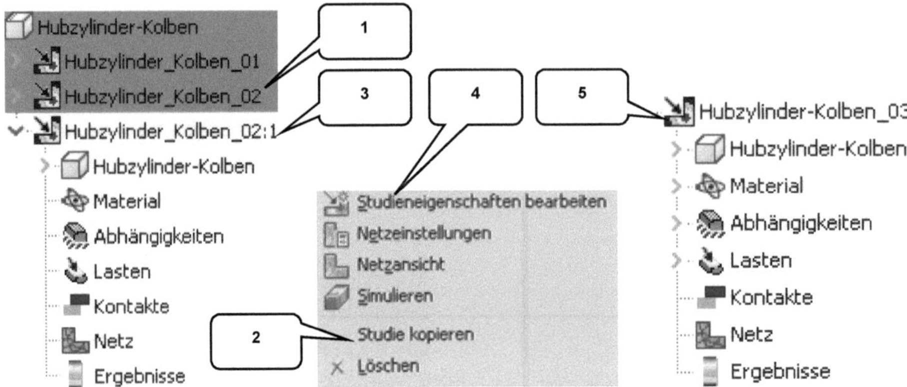

> *Rechte Maustaste* auf Studie *Hubzylinder- Kolben_02* (1)
> *Studie kopieren* (2)

> *Rechte Maustaste* auf die Kopie *Hubzylinder-Kolben_02:1* (3)
> *Studieneigenschaften bearbeiten* (4)
> Name: Hubzylinder-Kolben_03 (5)
> <u>ok</u> *OK*

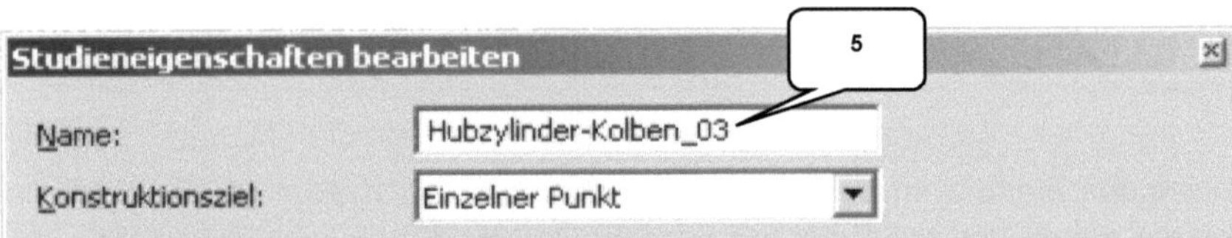

8.7.2 Lagerbelastung durch festgelegte Abhängigkeit ersetzen

Soll ermittelt werden, welche Kraft dazu benötigt wird, ein Bauteil um einen bestimmten Wert zu deformieren, so darf zum Zeitpunkt der Simulation keine externe Kraft auf den Körper wirken und das Bauteil muss weiterhin fest eingespannt sein.

Hierfür sind zwei festgelegte Abhängigkeiten zu definieren: In der ersten Abhängigkeit wird der Wert der gewünschten Verformung eingetragen und in der zweiten Abhängigkeit kann nach der Simulation abgelesen werden, welche Kraft zur Verformung benötigt wurde.

Um diese Übung auf das aktuelle Bauteil übertragen zu können, muss die *Lagerbelastung* jetzt zuerst gelöscht und durch eine feste Abhängigkeit ersetzt werden.

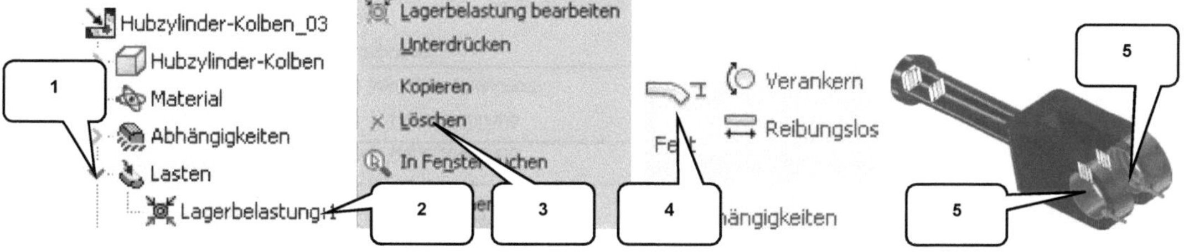

> Ordner *Lasten* erweitern (1)
> *Rechte Maustaste* auf die *Lagerbelastung* (2)
> *Löschen* (3)

Im vorherigen Kapitel wurde der Wert der Verschiebung in Richtung der Z-Achse ermittelt: er lag bei ca. 0,0026 mm. Jetzt soll herausgefunden werden, welche Kraft benötigt wird, den Kolben um beispielsweise 0,01 mm zu verformen (die Kraft sollte dann natürlich wesentlich größer sein). Die Lagerbelastung wurde ja bereits gelöscht und an ihrer Stelle muss jetzt eine weitere feste Abhängigkeit platziert werden. In den erweiterten Eigenschaften kann bereits beim Platzieren der Abhängigkeit die Anforderung definiert werden, dass das Bauteil in Richtung der Z-Achse um 0,01 mm verformt werden soll.

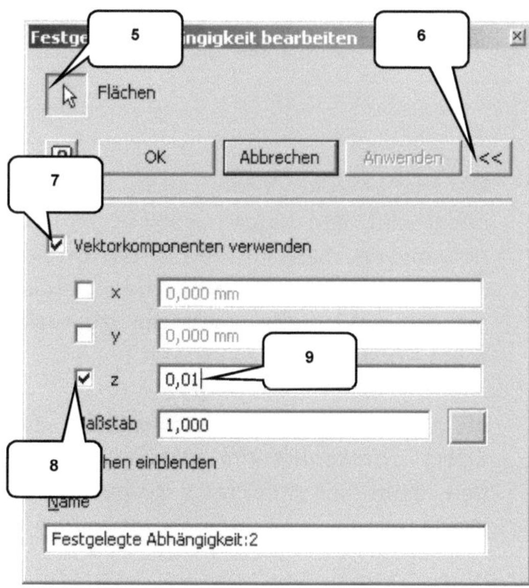

Festgelegte Abhängigkeit (4)
> Beide markierte Bohrungsflächen wählen (5)
> Befehlsfenster erweitern (6)
> Aktivieren: Vektorkomponenten verwenden (7)
> Aktivieren: Z (8)
> Wert: 0,01 mm (9)
> OK *OK*

8.7.3 Simulation ausführen

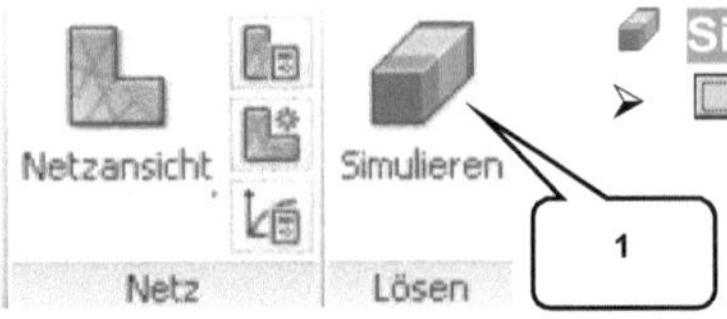

Simulieren (1)

> **Ausführen**

Typ: Von Mises-Spannung
Einheit: MPa
27.11.2017, 11:01:54
105,1 Max.

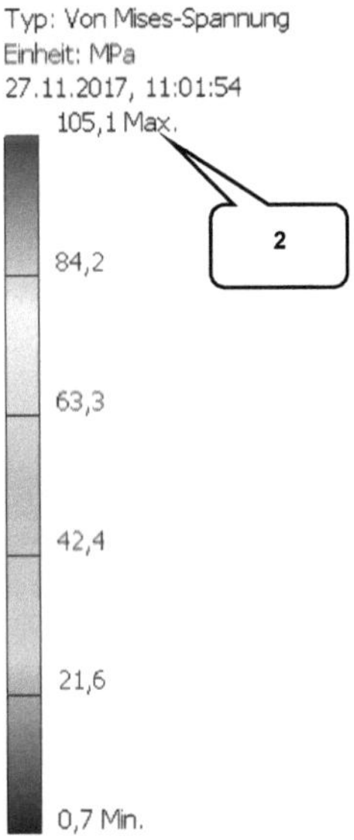

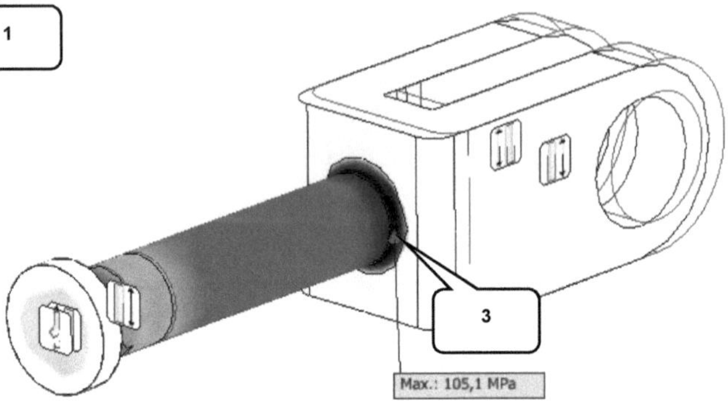

Der aktuelle Wert der maximalen Von Mises-Spannung beträgt jetzt ca. **105 MPa** (2) und dessen Position liegt im markierten Übergangsbereich (3) zwischen Zylinder und planarer Fläche.

Die benötigte Kraft kann leider nicht in den Berechnungsergebnissen abgelesen werden. Um sie in Erfahrung zu bringen, muss die Rückstoßkraft ausgelesen werden.

8.7.4 Benötigte Kraft ermitteln

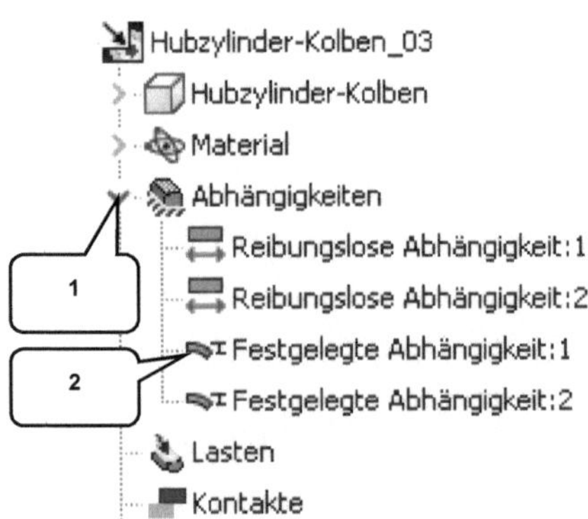

Um jetzt herauszufinden, welche Kraft benötigt wird, den Kolben um 0,01 mm zu deformieren, muss im Browser der Ordner **Abhängigkeiten** erweitert werden. Dort ist mit der rechten Maustaste auf die erste **feste Abhängigkeit** zu klicken.

Im Kontextmenü kann anschließend die Option **Rückstoßkräfte** ausgewählt werden, denn hier findet man die gesuchten Werte.

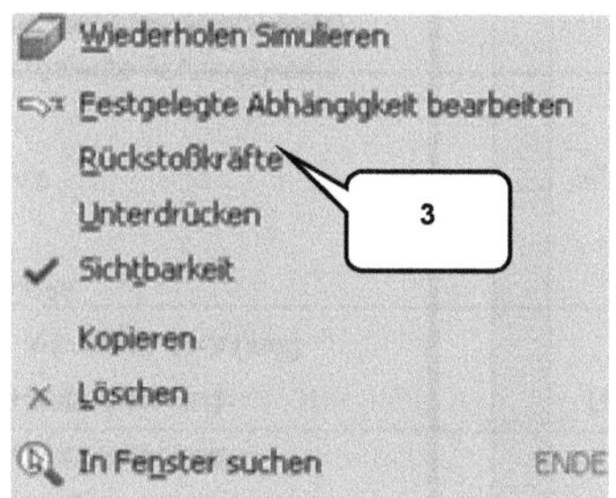

> Ordner ***Abhängigkeiten*** erweitern (1)
> ***Rechte Maustaste*** auf
> ***Festgelegte Abhängigkeit:1*** (2)
> ***Rückstoßkräfte*** (3)

Insgesamt ***1839 N*** (4) wären also erforderlich (was in etwa einem Gewicht von 187,5 kg entspricht), um den Kolben nur 0,01 mm in Z-Richtung zu verformen.

Das Fenster ***Rückstoßkräfte*** kann bereits wieder ***geschlossen*** und das Bauteil abschließend ***gespeichert*** werden.

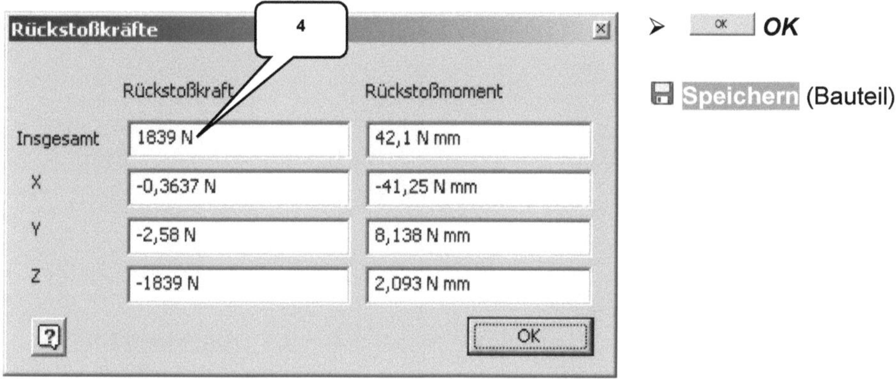

> ___OK___ **OK**

🖬 **Speichern** (Bauteil)

8.7.5   Grundlagen: Bericht

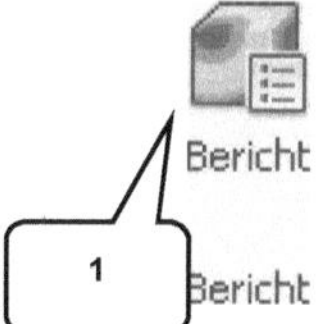

Bericht (1)

Um alle Ergebnisse aus dem Bereich der Belastungsanalyse nicht nur innerhalb des Programms betrachten zu können, sondern auch in anderen Programmen präsentieren zu können, bietet das Programm die Möglichkeit des Datenexports.

Mit dem Befehl ***Bericht*** wird das Programm angewiesen, alle Berechnungsergebnisse zu sammeln, zu sortieren und entweder in das ***HTML-Format*** zu konvertieren, oder die Daten im Format ***Rich Text*** zu speichern.

8.7.6 Bericht erstellen

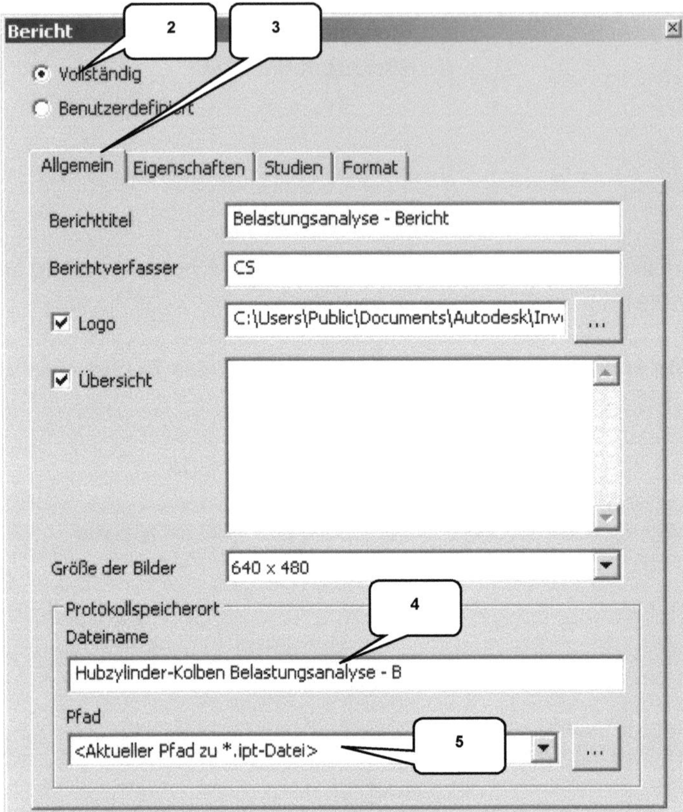

Die aktuellen Berechnungsergebnisse des Kolbens sollen jetzt als vollständiger **Bericht** gespeichert werden, wobei alle drei Studien mit einzubeziehen sind. Die dafür benötigten Einstellungen sind den folgenden **Abbildungen** zu entnehmen.

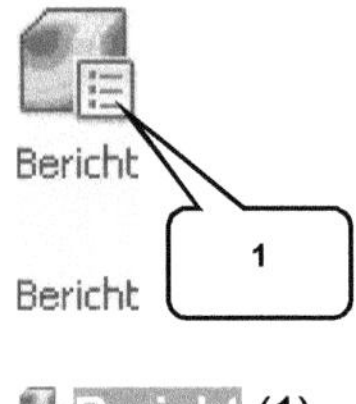

 Bericht (1)

➢ Vollständig (2)

Allgemein (3)

➢ Dateiname: Hubzylinder- Kolben-Belastungsanalyse (4)

➢ Pfad: Projektordner wählen (5)

Eigenschaften (6)

➢ Aktivieren: Alle Eigenschaften (7)

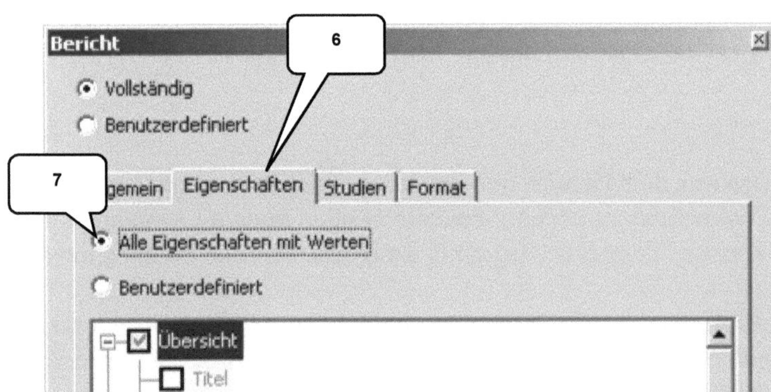

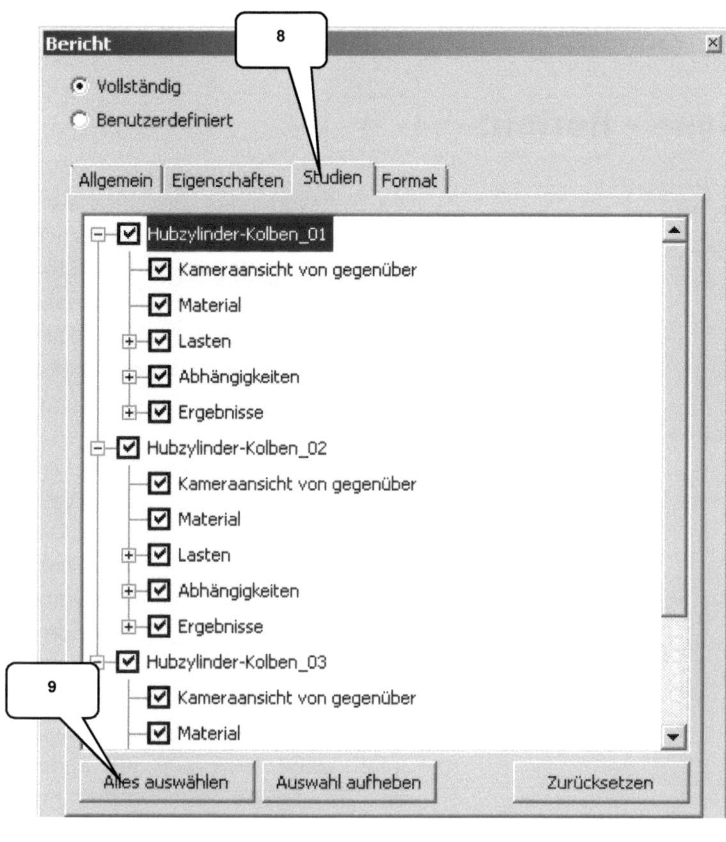

Studien (8)

> Alles auswählen (9)

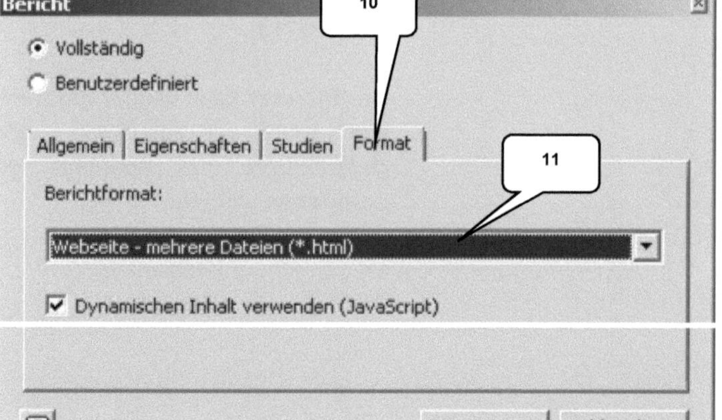

Format (10)

> Format: Website (11)
> OK **OK**

Belastungsanalyse - Bericht

Analysierte Datei:	Hubzylinder-Kolben.ipt
Autodesk Inventor-Version:	2018 (Build 220112000, 112)
Erstellungsdatum:	02.11.2017, 17:26
Studienautor:	CS
Übersicht:	

⊟ Projektinfo (iProperties)

⊟ Übersicht

Autor ...

⊟ Projekt

Bauteilnummer	Hubzylinder-Kolben
Konstrukteur	...
Kosten	0,00 €
Erstellungsdatum	30.09.2015

⊟ Status

Konstruktionsstatus InBearbeitung

⊟ Physische Eigenschaften

Material	Generisch
Dichte	1 g/cm^3
Masse	0,0052544 kg
Fläche	3419,4 mm^2
Volumen	5254,4 mm^3
Schwerpunkt	x=-0,0000633333 mm y=-0,0000949867 mm z=-3,35354 mm

Die Erstellung des Berichtes wird vermutlich einige Zeit in Anspruch nehmen (das Sammeln der Daten ist besonders dann zeitintensiv, wenn mehrere Studien vorhanden sind, oder aber wenn parametrische Studien durchgeführt wurden).

Wurde der Bericht vollständig erzeugt, so müsste sich der Web-Browser automatisch öffnen. Die Größe der Grafiken kann innerhalb des Webbrowsers durch einen Klick auf die Pixelbreite (12) geändert werden.

Scrollt man im Web-Browser nach unten, stehen dort auch alle anderen Ergebnisse zur Verfügung, deren einzelne Bereiche unter Umständen erst erweitert werden müssen (13).

Der Browser kann wieder geschlossen werden und der Kolben sollte *gespeichert* und ebenfalls *geschlossen* werden.

🖫 Speichern (Bauteil)
✖ Schließen (Bauteil)

9 Parametrische Studien

Parametrische Studien ermöglichen es, Bauteile oder Baugruppen im Bereich der Belastungsanalyse unter Verwendung verschiedener Parameter zu analysieren. So kann ein Bauteil z. B. daraufhin untersucht werden, wie es im Belastungsfall reagieren würde, wenn gewisse geometrische Eigenschaften verändert werden würden, ohne dass das Bauteil selbst bearbeitet werden muss. Dabei können verschiedene Variablen miteinander verglichen werden um das optimierte Ergebnis zurück in den Modellbereich zu übertragen. Parametrische Studien ermöglichen es somit, Bauteilvariationen erstellen zu können, ohne jede einzelne Variante separat und aufwendig konstruieren zu müssen.

In der folgenden Übung wird das Bauteil **Rad-Bolzen-VR** parametrisch untersucht. Es soll herausgefunden werden, mit welchen geometrischen Eigenschaften das Bauteil optimiert werden könnte. Dafür sind im Bereich des Bauteils allerdings einige Vorarbeiten nötig.

9.1 Vorbereitungen im Modellbereich treffen
9.1.1 Bauteil RAD_BOLZEN_VR öffnen

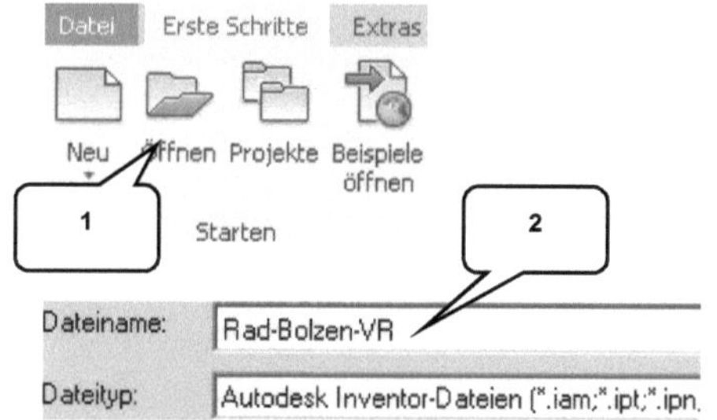

Öffnen (1)
- Order: Projektordner wählen
- Dateiname: Rad-Bolzen-VR (2)
- Dateityp: *.ipt
-  **Öffnen**

9.1.2 Parameter im Skizzenbereich kennzeichnen

Während der Konstruktion eines Bauteils entstehen sehr viele Parameter, deren große Anzahl es oftmals schwer macht, einen bestimmten Wert im Bereich der Belastungsanalyse zu lokalisieren. Daher ist es ratsam, die später benötigten Parameter, bereits im Bauteilbereich zu kennzeichnen (auch wenn der Schritt in speziell diesem Bauteil aufgrund seiner einfachen Konstruktion eigentlich nicht nötig wäre...).

Im aktuellen Übungsbeispiel sind es die **Extrusion 4** sowie ihre zugehörige **Basisskizze** die später in der Belastungsanalyse benötigt werden und daher vorab bearbeitet werden sollten.

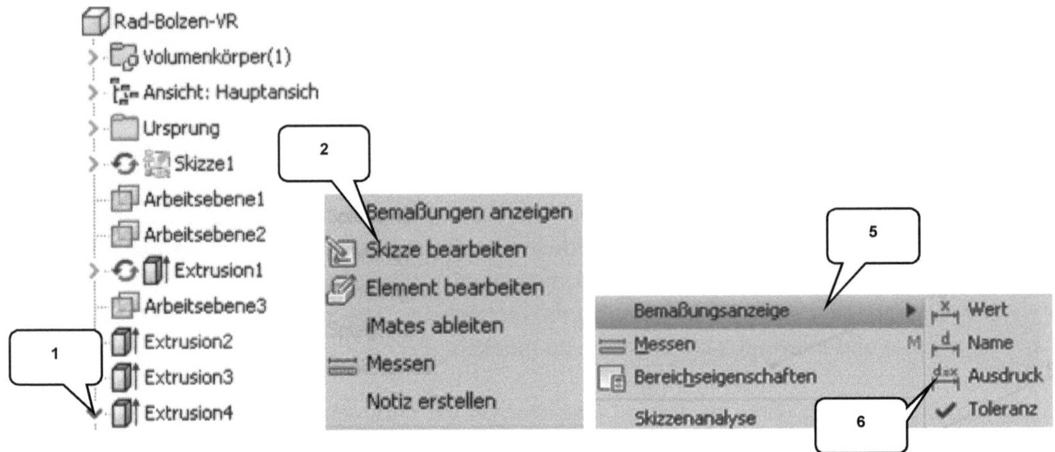

> *Rechte Maustaste* auf *Extrusion4* (1)
> *Skizze bearbeiten* (2)

> *Rechte Maustaste* auf einen beliebigen Punkt des Zeichenbereiches (4)
> Option *Bemaßungsanzeige* erweitern (5)
> Aktivieren: *Ausdruck* (6)
> *Taste*: F7
> *Doppelklick* auf die *Bemaßung d28* (7)
> Zeile eingeben: *Schenkeldurchmesser=20mm* (8)
> Taste: ENTER

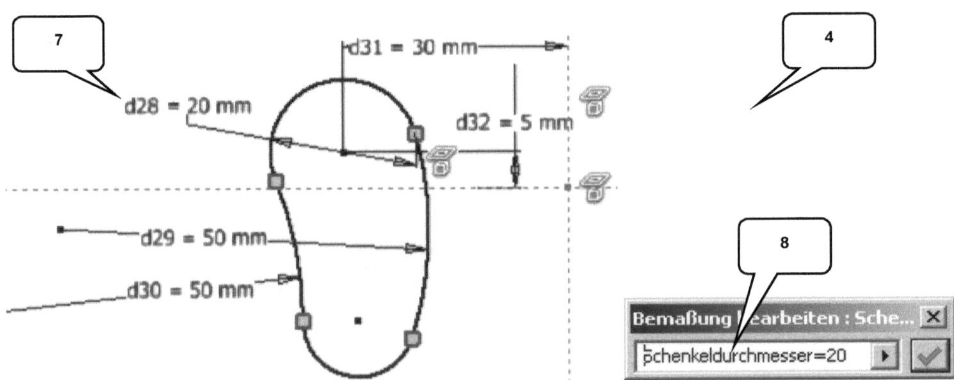

Wurden die Änderungen vorgenommen, so kann die *Skizze* wieder *geschlossen* werden.
Anschließend muss die *Extrusion* bearbeitet werden.

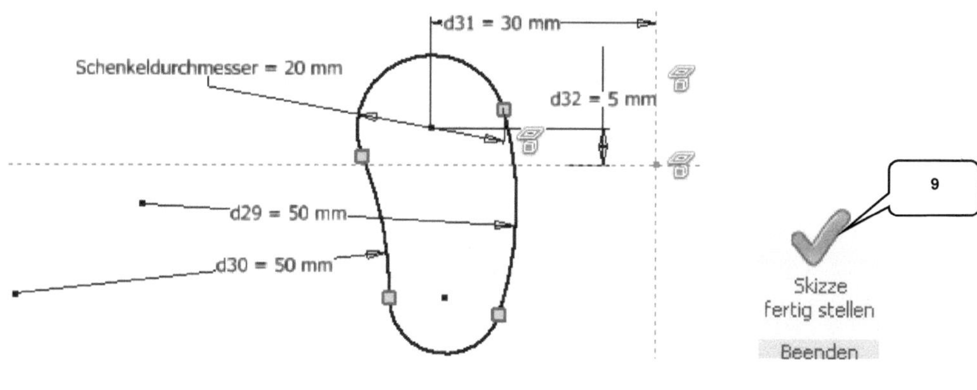

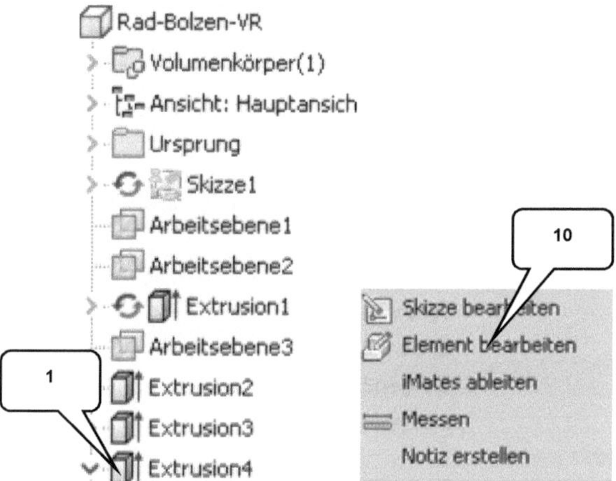

✓ **Fertigstellen** (9)

- ➢ **Rechte Maustaste** auf
  Extrusion4 (1)
- ➢ **Element bearbeiten** (10)
- ➢ Zeile eingeben:
  Schenkelbreite=10 mm (11)
- ➢ Taste: **ENTER**

Im **Parameter-Manager** sind die beiden Werte zusätzlich als Exportparameter zu kennzeichnen, was später im Bereich der Belastungsanalyse ihre Lokalisation vereinfachen sollte.

Hierfür muss in das Register **Verwalten** gewechselt werden, um dort den Befehl **Parameter** zu starten.

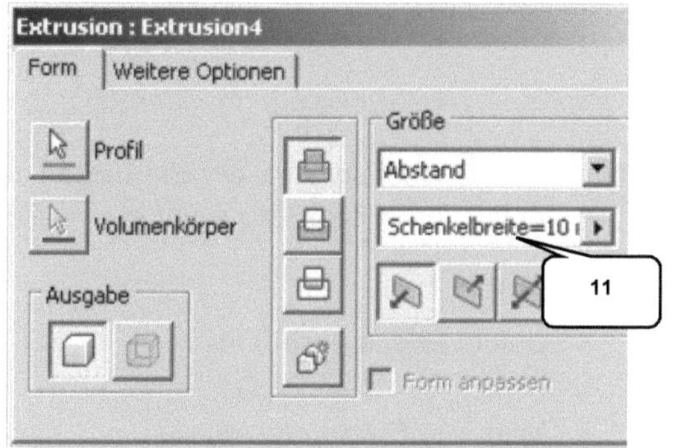

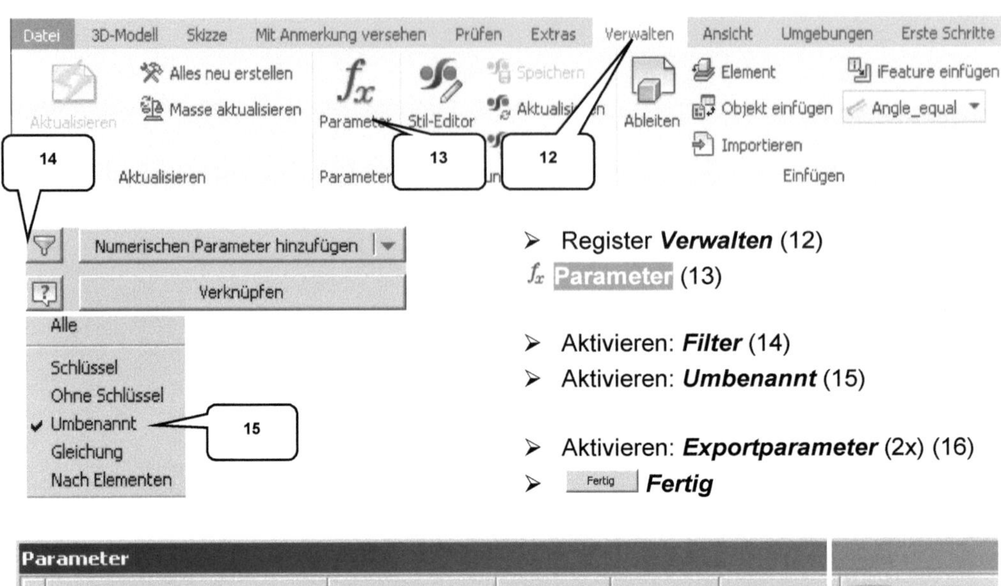

> Register **Verwalten** (12)
> f_x **Parameter** (13)

> Aktivieren: **Filter** (14)
> Aktivieren: **Umbenannt** (15)

> Aktivieren: **Exportparameter** (2x) (16)
> **Fertig** **Fertig**

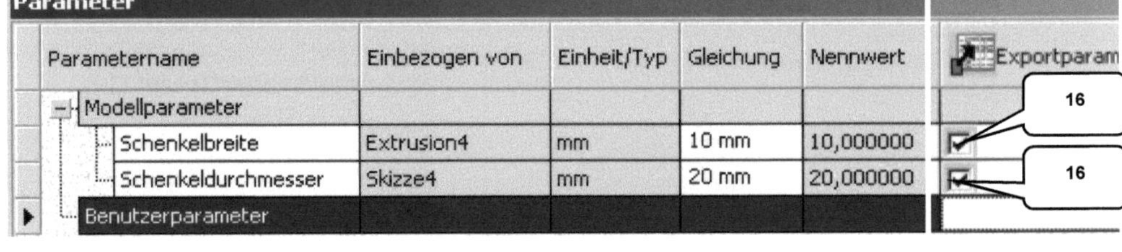

Das Bauteil sollte jetzt noch einmal **gespeichert** werden.

Speichern (Bauteil)

9.1.3 Kontaktflächen präzisieren

Auch bei diesem Bauteil müssen einige Oberflächen bearbeitet werden, um alle Lasten und Abhängigkeiten möglichst genau platzieren zu können. Hierfür sind insgesamt drei weitere **Arbeitsebenen** hinzuzufügen.

> Befehl **Ebene** erweitern (1)
> **Versatz von Ebene** (2)
> Markierte Fläche wählen (3)
> Versatzwert: -72 mm (4)

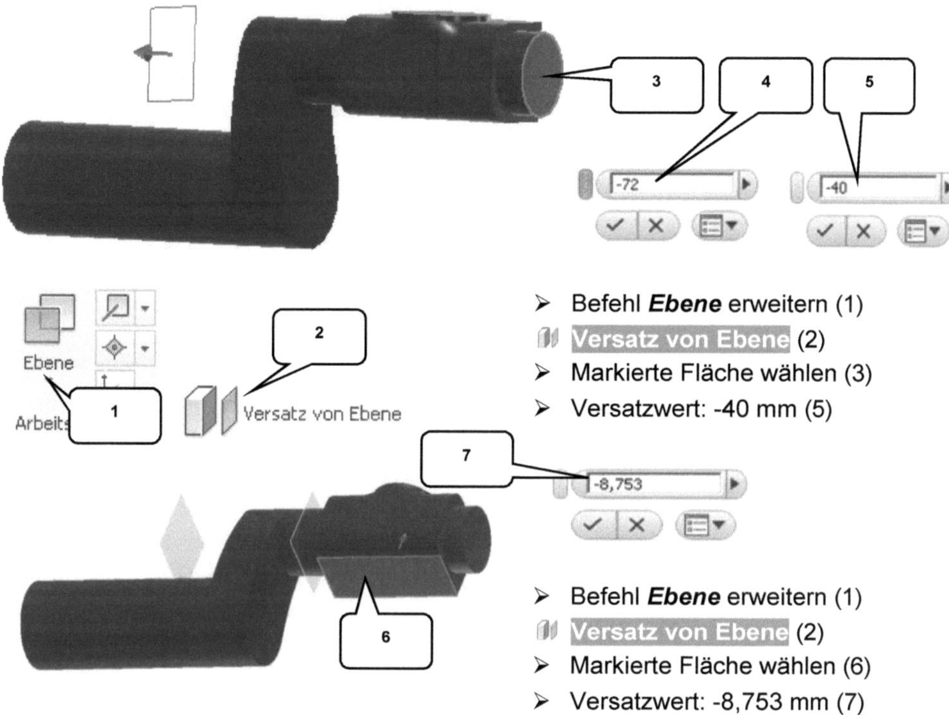

> Befehl *Ebene* erweitern (1)
> Versatz von Ebene (2)
> Markierte Fläche wählen (3)
> Versatzwert: -40 mm (5)

> Befehl *Ebene* erweitern (1)
> Versatz von Ebene (2)
> Markierte Fläche wählen (6)
> Versatzwert: -8,753 mm (7)

Die Oberflächen können jetzt mithilfe der Ebenen *getrennt* werden.

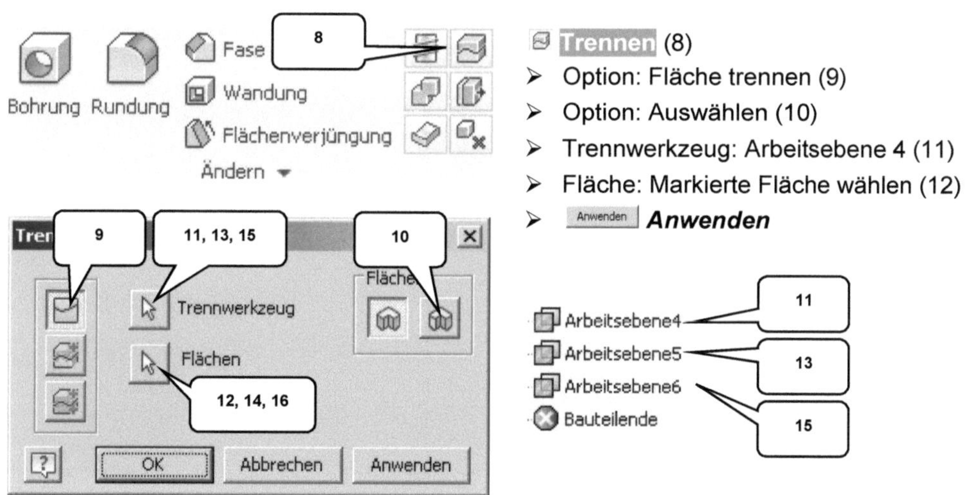

> Trennen (8)
> Option: Fläche trennen (9)
> Option: Auswählen (10)
> Trennwerkzeug: Arbeitsebene 4 (11)
> Fläche: Markierte Fläche wählen (12)
> Anwenden *Anwenden*

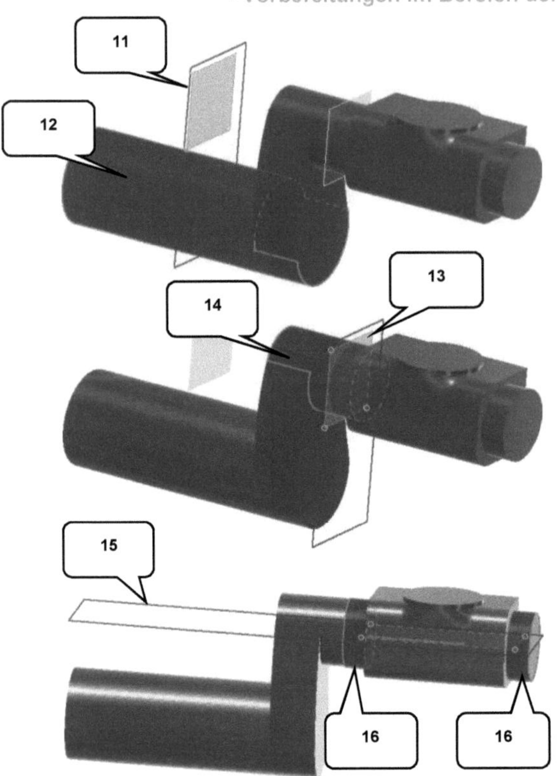

> Trennwerkzeug: Arbeitsebene 5 (13)
> Fläche: Markierte Fläche wählen (14)
> Anwenden *Anwenden*

> Trennwerkzeug: Arbeitsebene 6 (15)
> Fläche: Markierte Flächen wählen (16)
> OK *OK*

Die drei Arbeitsebenen können bereits wieder *ausgeblendet* werden.

> Arbeitsebenen 4, 5 und 6 markieren
> *Rechte Maustaste* darauf
> Deaktivieren: *Sichtbarkeit*

Die Bearbeitung des Bauteils ist damit abgeschlossen und das Bauteil kann *gespeichert* werden um anschließend den Bereich der *Belastungsanalyse* zu öffnen.

🖫 Speichern (Bauteil)

9.2 Vorbereitungen im Bereich der Belastungsanalyse treffen
9.2.1 Umgebung der Belastungsanalyse aktivieren

Arbeitsbereich:
Belastungsanalyse 

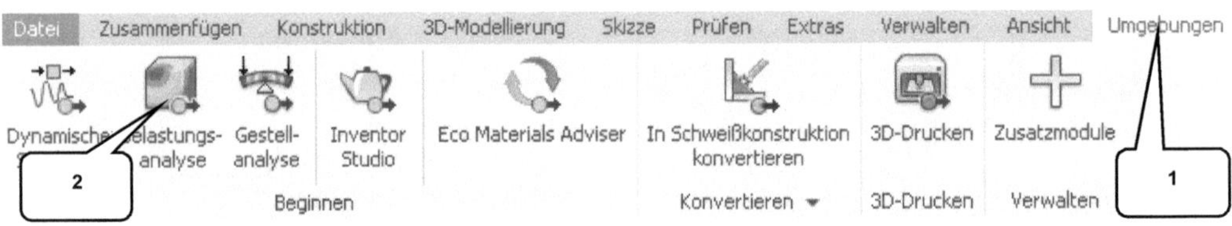

> Register *Umgebungen* (1)
> Belastungsanalyse (2)

9.2.2 Parametrische Studie erstellen

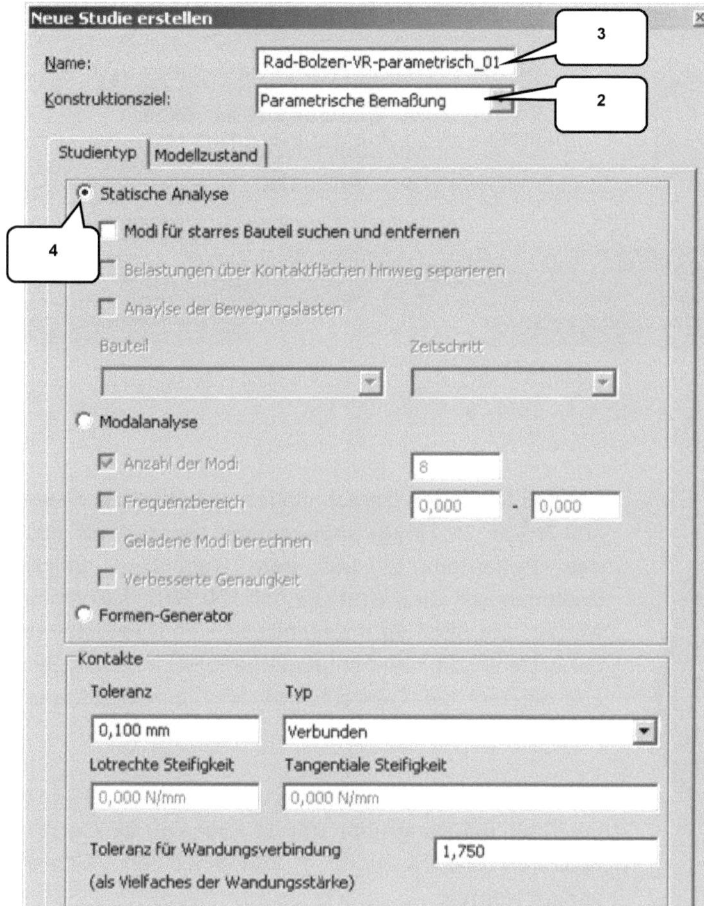

Um ein Bauteil oder eine Baugruppe parametrisch analysieren zu können, muss bereits beim Erstellen der **Studie** das Konstruktionsziel **Parametrische Bemaßung** aktiviert werden.

Erst dadurch ist das Programm später in der Lage, die zur Analyse notwendige parametrische Tabelle aktivieren zu können.

Alle anderen Einstellungen (Studientyp, Kontaktvorgaben etc.) entsprechen den Einstellungen einer gewöhnlichen Einzelpunktstudie.

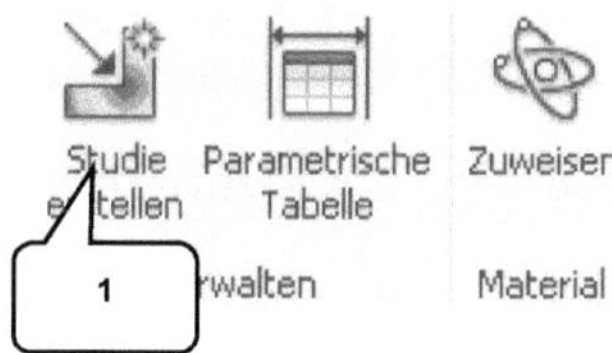

Neue Studie erstellen (1)

➤ Konstruktionsziel: Parametrische Bemaßung (2)

➤ Name: Rad-Bolzen-VR-parametrisch_01 (3)

➤ Studientyp: Statische Analyse (4)

➤ OK **OK**

9.2.3 Material zuweisen

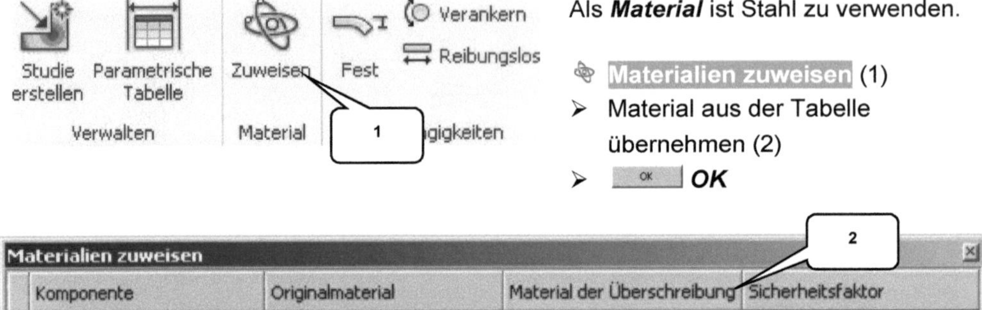

Als **Material** ist Stahl zu verwenden.

❖ **Materialien zuweisen** (1)

> Material aus der Tabelle übernehmen (2)

> OK | **OK**

Komponente	Originalmaterial	Material der Überschreibung	Sicherheitsfaktor
Rad-Bolzen-VR	(!) Generisch	Stahl, weich	Streckgrenze

9.3 Lasten und Abhängigkeiten platzieren
9.3.1 Randbedingungen analysieren

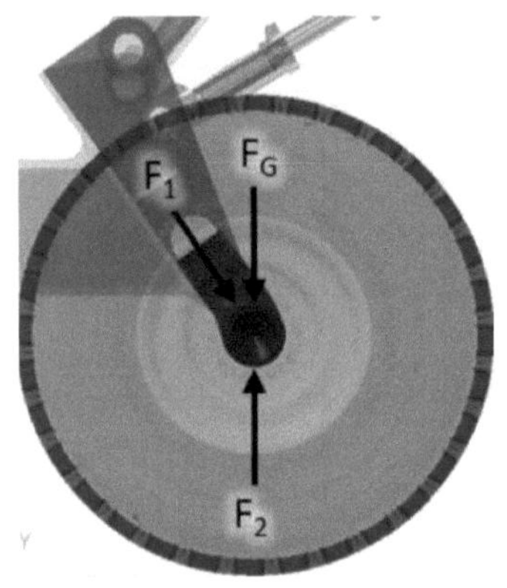

Bei den folgenden Berechnungen soll eine Last F_1 von 100 N (ca. 10,18 kg) angenommen werden, die über den Federdämpfer auf den Radbolzen drückt. Weiterhin soll eine Kraft F_2 mit 100 N angenommen werden, die über die Kontaktfläche zum Rad wirkt und der ersten Kraft direkt entgegengerichtet ist. Zusätzlich soll diesmal die Gewichtskraft (F_G) auf das Bauteil einwirken.

Bedingt durch die Einbausituationen des Bauteils innerhalb der Baugruppe (um 35° geneigt) müssen die Kräfte F_2 und F_G zuerst in ihre einzelnen Vektoren zerlegt werden.

Kraft F_1

Die Kraft F_1 wirkt in entgegengesetzter Richtung zur X-Achse.

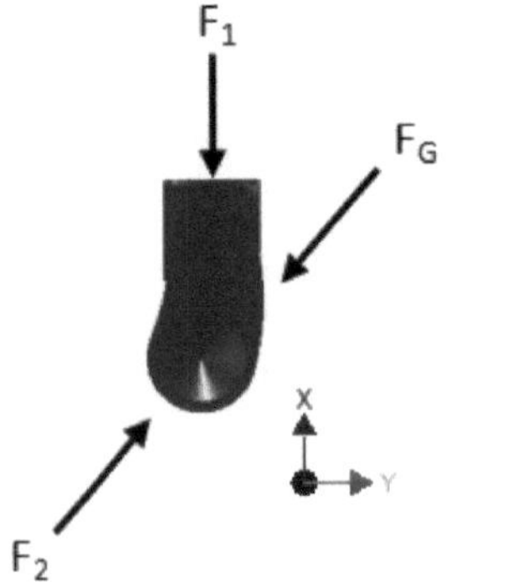

$$F_1 = -F_x = -100\,\text{N}$$

Kraft F_2

Die Kraft F_2 setzt sich zusammen aus F_{x2} und F_{y2}:

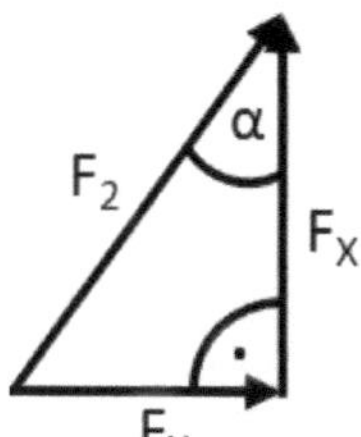

$$F_2 = F_{x2} + F_{y2} = 100\,\text{N}$$
$$F_{x2} = F_2 \cdot \cos\alpha = 100\,\text{N} \cdot \cos 35° = 85{,}264\,\text{N}$$
$$F_{y2} = F_2 \cdot \sin\alpha = 100\,\text{N} \cdot \sin 35° = 52{,}249\,\text{N}$$

Gewichtskraft F_G

Die Gewichtskraft F_G wirkt entgegengesetzt zur Kraft F_2 und ist das Produkt aus der Bauteilmasse[20] und der Normalfallbeschleunigung. Um sie definieren zu können müssen die Richtungsvektoren der Normalfallbeschleunigung g_x und g_y bestimmt werden.

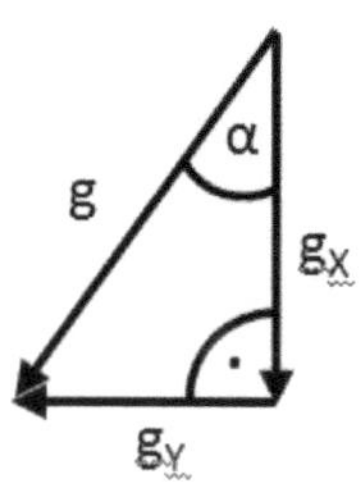

$$F_g = m \cdot g = m \cdot (g_x + g_y)$$

$$g = 9{,}80665\,\text{m/s}^2$$
$$g\_x = -g \cdot \cos\alpha = -9{,}80665\text{m/s}^2 \cdot \cos\,[35°]$$
$$= -8{,}36154\text{m/s}^2$$
$$g\_y = -g \cdot \sin\alpha = -9{,}80665\text{m/s}^2 \cdot \sin\,[35°] = -5{,}12396\text{m/s}^2$$

9.3.2 Kraft F_1 platzieren

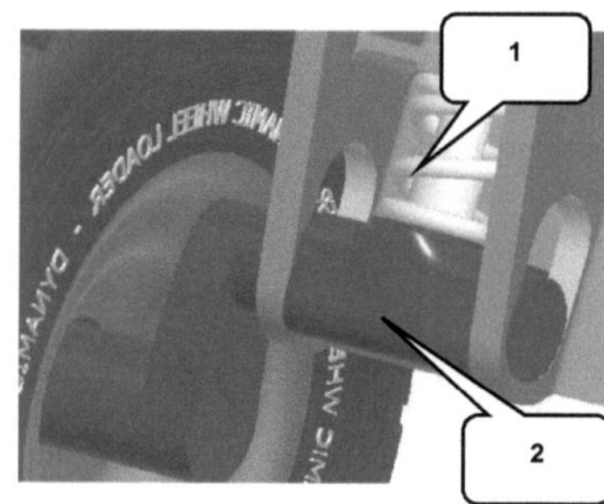

Die einzelnen Kräfte sollen jetzt platziert werden wobei mit der Kraft F_1 begonnen werden soll. Sie wirkt über den Stoßdämpfer (1) auf den Radbolzen (2).

  Kraft (3)
> Fläche: Markierte Fläche (4)
> Befehlsfenster erweitern
> Aktivieren: Vektorkomponenten (5)
> Fx: -100 N (6)
>   OK   *OK*

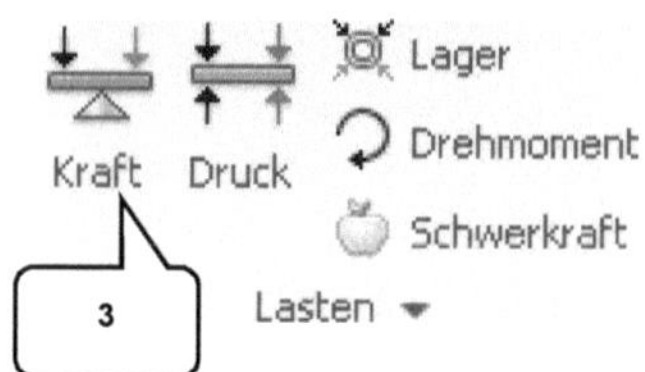

Nach der Platzierung sollte die Wirkrichtung noch einmal kontrolliert werden: Die Pfeilspitze des Kraftvektors muss in Richtung der Angriffsfläche (4) zeigen und somit negativ zur X-Achse des Bauteils wirken. Sollte das nicht der Fall sein, muss durch **Umschalten** (7) korrigiert werden.

---

[20] Die Masse *m* wird durch das Programm bestimmt.

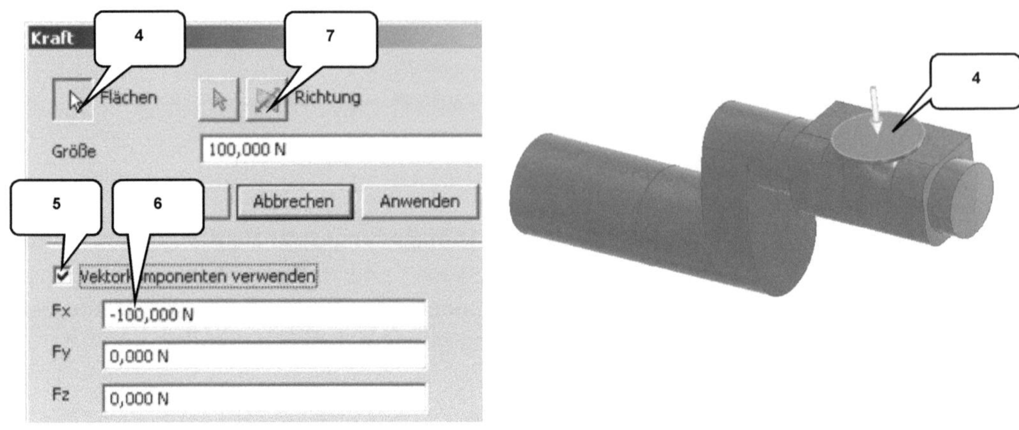

9.3.3 Kraft F₂ platzieren

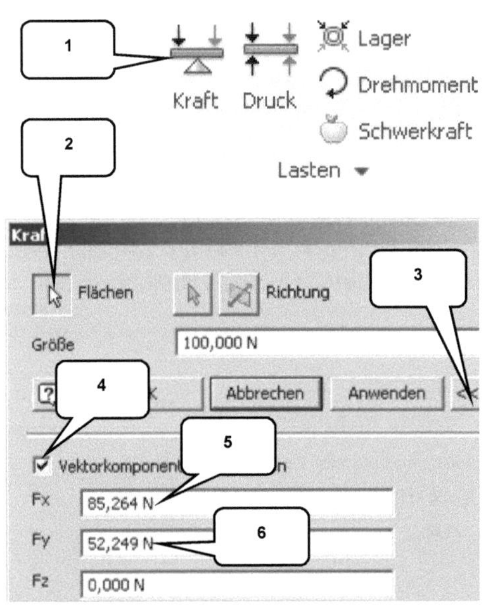

Die Kraft **F₂** wird durch das Vorderrad des Radladers übertragen und muss auf der Kontaktfläche zwischen Vorderrad und Radbolzen platziert werden. Aufgrund der Neigung des Radbolzens im Gesamtsystem (35°) ergeben sich die einzelnen Kraftvektoren F_x und F_y.

Kraft (1)

> Flächen: Markierte Fläche wählen (2)
> Befehlsfenster erweitern (3)
> Aktivieren: Vektorkomponenten (4)
> F_x: 85,264 N (5)
> F_y: 52,249 N (6)
> **OK**

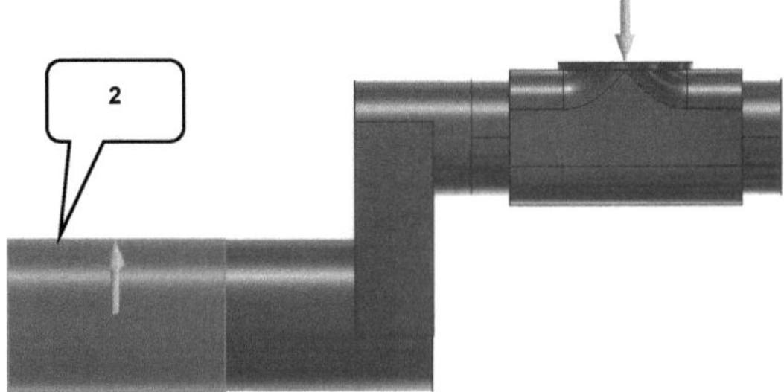

9.3.4 Schwerkraft platzieren

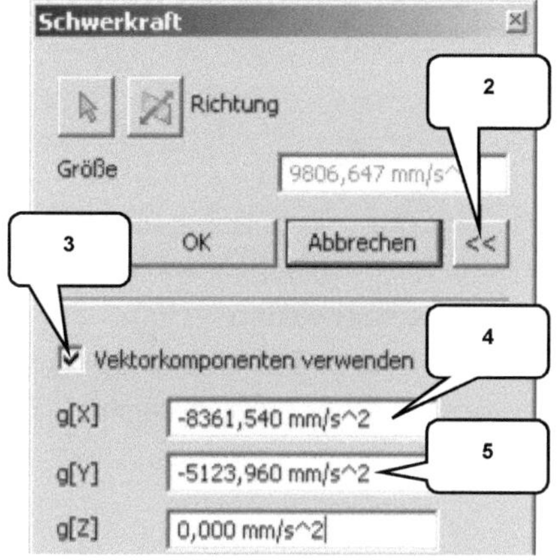

Das Programm kann die Schwerkraft in die Berechnungen mit einbeziehen, wenn Größe und Richtung der **Normalfallbeschleunigung** definiert wurden. Auch hier sind die Vektoren g_X und g_Y zu verwenden.

Schwerkraft (1)

> Befehlsfenster erweitern (2)
> Aktivieren: Vektorkomponenten (3)
> g_x: -8361,54 mm/s² (4)
> g_y: -5123,96 mm/s² (5)
> OK **OK**

Wird im **Browser** der Ordner **Lasten** (6) erweitert, müssten die drei Kräfte (7) darin vorhanden sein. Sie können jederzeit über das Kontextmenü der rechten Maustaste bearbeitet werden.

9.3.5 Radbolzen verankern

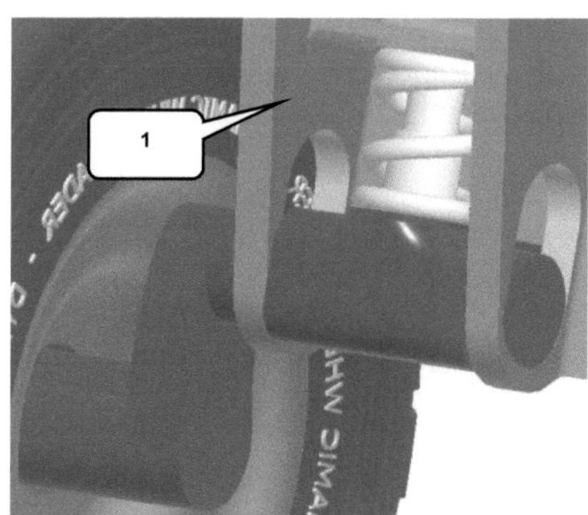

Zur Befestigung des Radbolzens müssen einige Bauteiloberflächen mit Abhängigkeiten versehen werden. Begonnen werden soll mit der Abhängigkeit an den Kontaktflächen zum Maschinenrahmen (1). Der Radbolzen ist hier zylindrisch im Maschinenrahmen gelagert, wobei nur die untere Hälfte des Zylinders Kontakt mit dem Maschinenrahmen hat. Bewegungen in radialer und tangentialer Richtung sind nicht möglich und müssen daher unterdrückt werden.

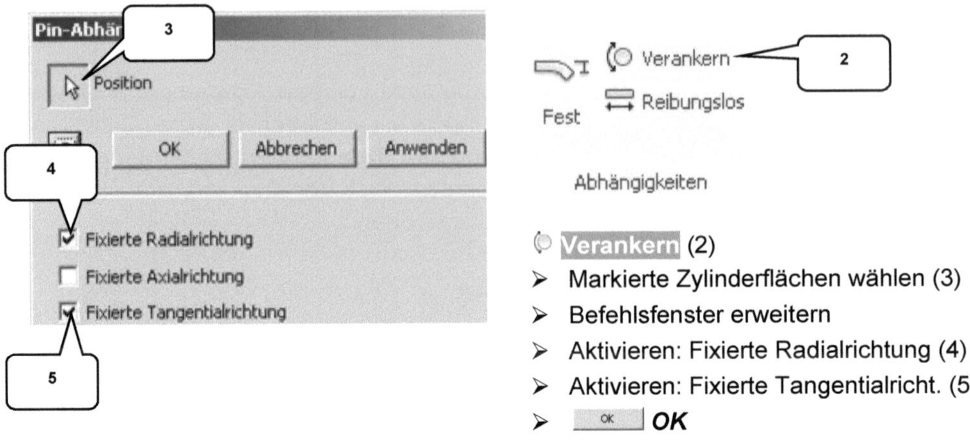

Verankern (2)

> Markierte Zylinderflächen wählen (3)
> Befehlsfenster erweitern
> Aktivieren: Fixierte Radialrichtung (4)
> Aktivieren: Fixierte Tangentialricht. (5)
> `OK` **OK**

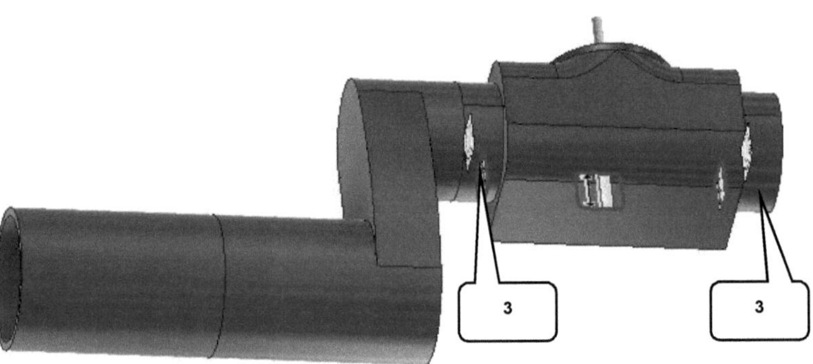

9.3.6 Reibungslose Abhängigkeiten platzieren

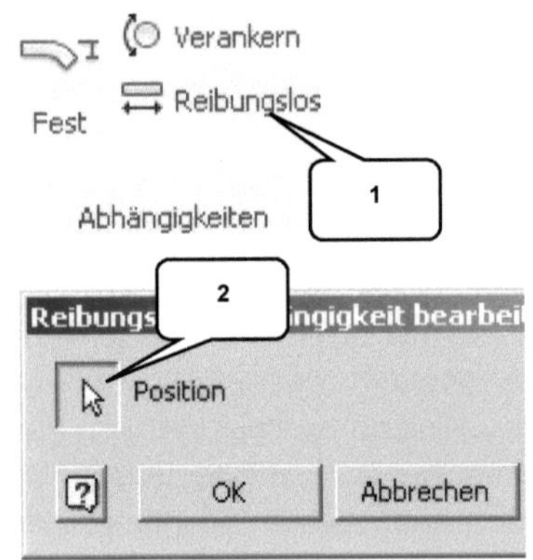

Drei *reibungslose Abhängigkeiten* sollen weiterhin die Kontaktflächen zum Maschinenrahmen simulieren und den Radbolzen gegen eine axiale Verschiebung und ein Verdrehen sichern.

Reibungslose Abhängigkeit (1)
> Die drei markierten Flächen wählen (2)
>  `OK` **OK**

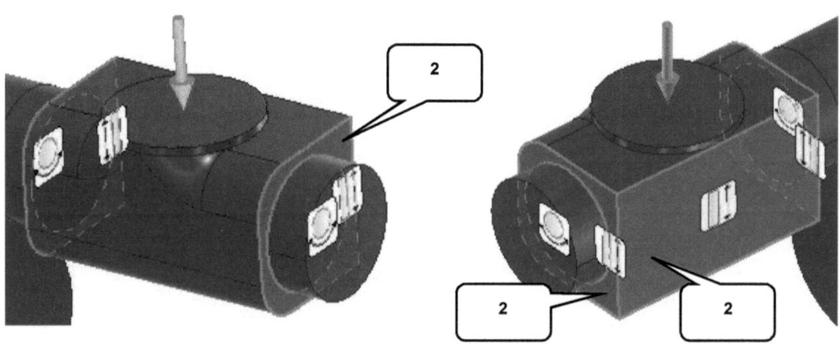

9.4　　Die parametrische Tabelle
9.4.1　　Grundlagen: Parametrische Tabelle

Parametrische Tabelle (1)

Die **Parametrische Tabelle** besteht aus zwei Bereichen: den **Konstruktionsabhängigkeiten** und den **Parametern**.

Im Bereich der **Konstruktionsabhängigkeiten** (2) kann definiert werden, nach welchen Kriterien eine Studie durchzuführen ist. Neben den bereits bekannten Berechnungsergebnissen (Von Mises-Spannung, Hauptspannungen, Verschiebung, Sicherheitsfaktor und Dehnung) können weitere Eigenschaften wie Kontaktdruck, Masse oder Volumen ausgewählt werden.

Im Bereich der **Parameter** (3) sind die zur Analyse zu verwendenden Bauteileigenschaften zu bestimmen. Wurde eine optimale Geometrie des Bauteils ermittelt, so können dessen geometrische Eigenschaften in den Bauteilbereich verlagert werden, um dort das Originalbauteil zu überschreiben.

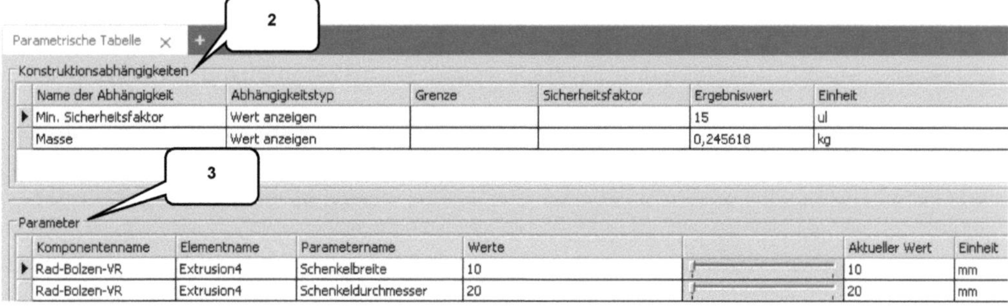

Parametrische Tabelle

Konstruktionsabhängigkeiten

Name der Abhängigkeit	Abhängigkeitstyp	Grenze	Sicherheitsfaktor	Ergebniswert	Einheit
Min. Sicherheitsfaktor	Wert anzeigen			15	ul
Masse	Wert anzeigen			0,245618	kg

Parameter

Komponentenname	Elementname	Parametername	Werte		Aktueller Wert	Einheit
Rad-Bolzen-VR	Extrusion4	Schenkelbreite	10		10	mm
Rad-Bolzen-VR	Extrusion4	Schenkeldurchmesser	20		20	mm

9.4.2 Konstruktionsabhängigkeiten auswählen

Die **parametrische Tabelle** ist jetzt zu öffnen, um zuerst die Konstruktionsabhängigkeiten zu definieren.

Parametrische Tabelle (1)

Konstruktionsabhängigkeiten können hinzugefügt werden, indem mit der rechten Maustaste auf das leere Eingabefeld **Name der Abhängigkeit** geklickt wird. Im neu geöffneten Befehlsfenster können anschließend die gewünschten Abhängigkeiten ausgewählt werden.

Abhängigkeiten können jeweils nur einzeln bestimmt werden, weshalb dieser Vorgang wiederholt werden muss.

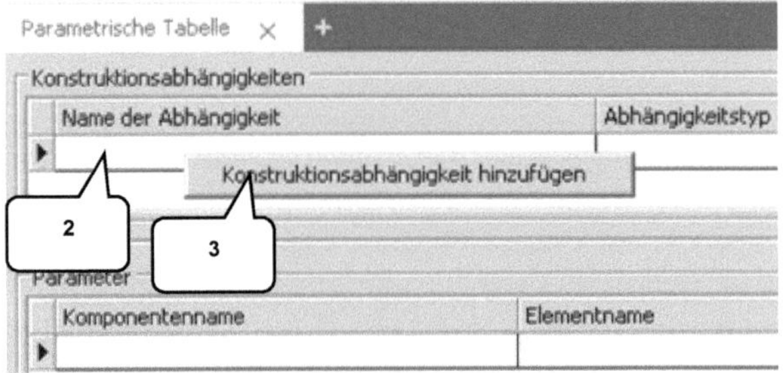

> **Rechte Maustaste** auf markiertes Feld (2)
> Konstruktionsabhängigkeit hinzufügen (3)
> Auswahl: Sicherheitsfaktor (4)
> OK

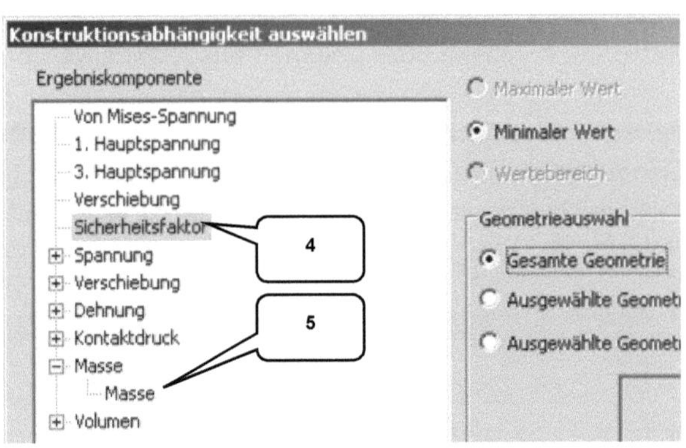

> **Rechte Maustaste** auf markiertes Feld (2)
> Konstruktionsabhängigkeit hinzufügen (3)
> Aktivieren: Masse (5)
> OK

Sicherheitsfaktor und **Masse** sollten jetzt in der parametrischen Tabelle dargestellt werden (6).

In der Spalte **Abhängigkeitstyp** (7) müsste die Option **Wert anzeigen** voreingestellt worden sein.

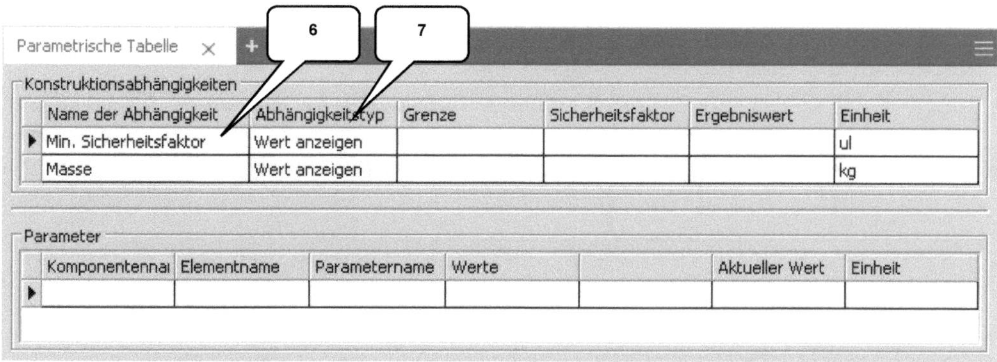

9.4.3 Studien-Parameter auswählen

Die Auswahl der Bauteileigenschaften, die zur Analyse verwendet werden sollen, erfolgt innerhalb des Programmbrowsers. Hierfür muss im Browser mit der rechten Maustaste auf das Bauteil **Rad-Bolzen-VR** geklickt werden, um anschließend im Kontextmenü die Option **Parameter anzeigen** zu aktivieren.

Im aktuellen Übungsbeispiel sollen für die Berechnungen die bereits dafür vorbereiteten Parameter **Schenkelbreite** und **Schenkeldurchmesser** verwendet werden.

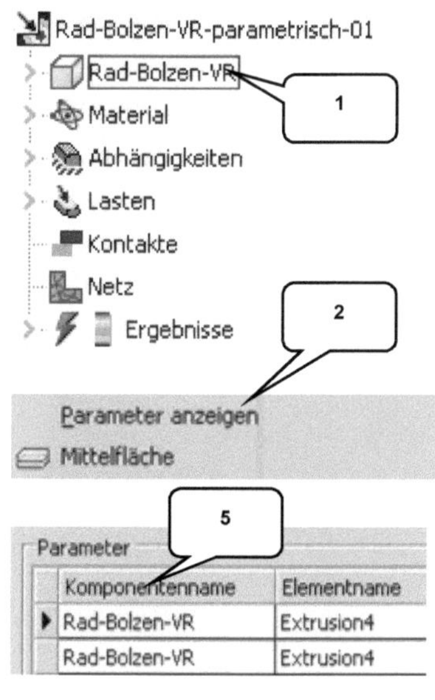

➢ **Rechte Maustaste** auf **Rad-Bolzen-VR** (1)

➢ Parameter anzeigen (2)

➢ Aktivieren: Schenkelbreite (3)

➢ Aktivieren: Schenkeldurchmesser (4)

➢   OK   **OK**

Wurden die beiden Parameter korrekt ausgewählt, so werden sie jetzt in der **parametrischen Tabelle** aufgelistet (5).

Parametername	Einheit
d9	grd
Schenkelbreite	mm
Schenkeldurchmesser	mm
d29	mm
d30	mm
d31	mm

9.4.4 Simulation ausführen und aufzeichnen

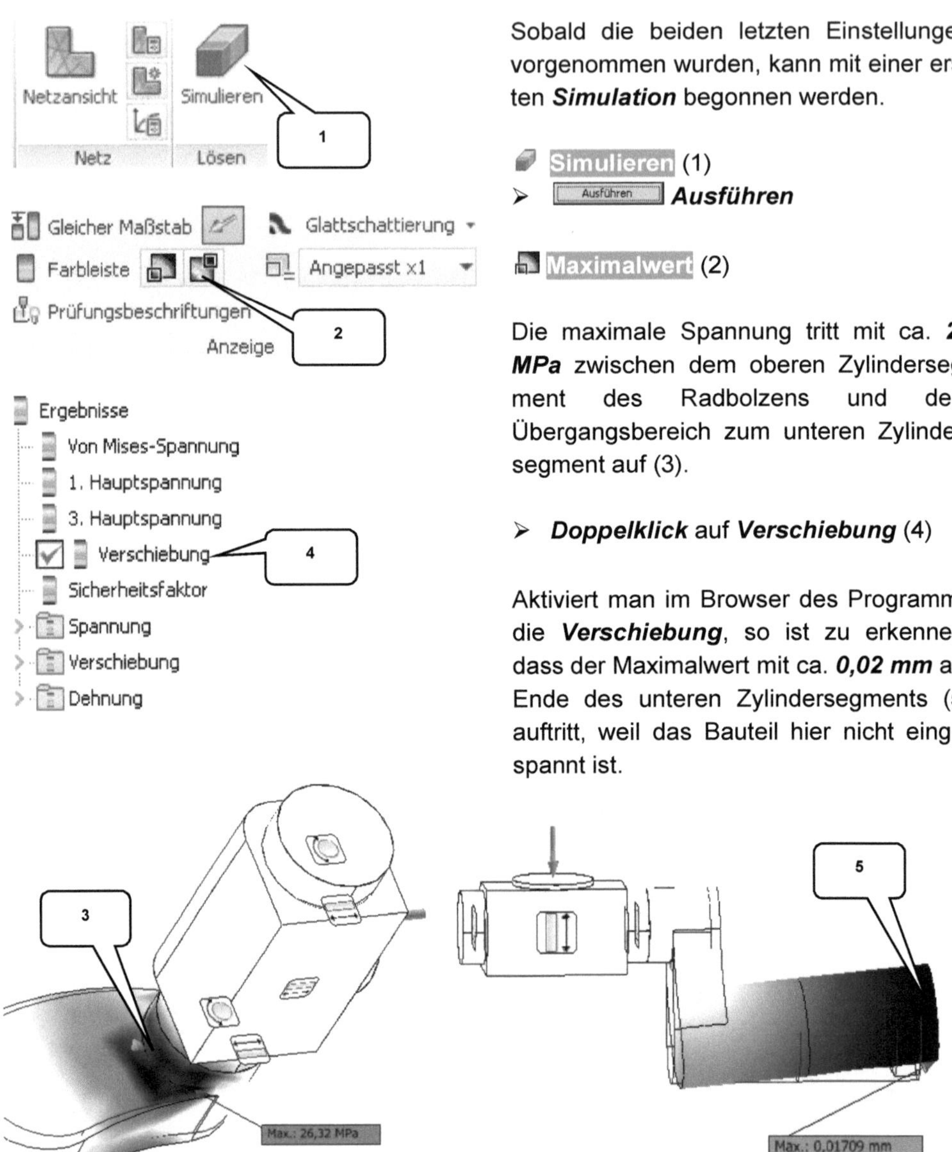

Sobald die beiden letzten Einstellungen vorgenommen wurden, kann mit einer ersten **Simulation** begonnen werden.

Simulieren (1)

> **Ausführen** *Ausführen*

Maximalwert (2)

Die maximale Spannung tritt mit ca. **26 MPa** zwischen dem oberen Zylindersegment des Radbolzens und dem Übergangsbereich zum unteren Zylindersegment auf (3).

> **Doppelklick** auf **Verschiebung** (4)

Aktiviert man im Browser des Programms die **Verschiebung**, so ist zu erkennen, dass der Maximalwert mit ca. **0,02 mm** am Ende des unteren Zylindersegments (5) auftritt, weil das Bauteil hier nicht eingespannt ist.

Auch im Bereich der **parametrischen Tabelle** können jetzt Ergebnisse entnommen werden. Der **minimale Sicherheitsfaktor** liegt derzeit bei ca. **7,86** (6) und die **Masse** des Bauteils beträgt bei den derzeitigen geometrischen Eigenschaften ca. **0,25 kg** (7).

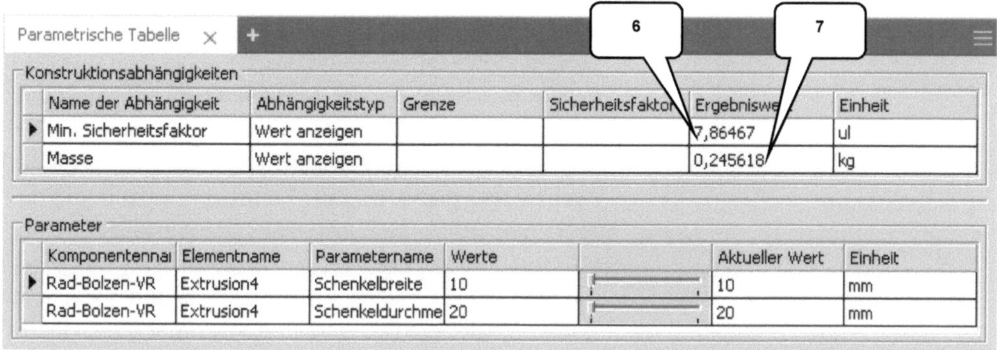

9.4.5 Parametrische Tabelle bearbeiten

Parametrisch ist die aktuelle Studie zum derzeitigen Zeitpunkt natürlich noch nicht wirklich, denn aktuell sind noch keine Wertebereiche definiert worden. Sie entspricht jetzt noch eher einer einfachen statischen Einzelpunktanalyse. Parametrisch wird die Studie erst dann, wenn verschiedene Wertebereiche berechnet und miteinander verglichen werden können, wofür allerdings zuerst der Wertebereich der Tabelle bearbeitet werden muss.

Die aktuelle Höhe der Schenkel-Extrusion (**Schenkelbreite**) beträgt exakt 10 mm. Dieser konstante Wert soll jetzt durch einen variablen **Wertebereich** von **8** bis **12 mm** ersetzt werden. Weiterhin muss dem Programm vorgegeben werden, welche Schritteinteilung dabei zu verwenden ist (insgesamt sollen **5** Rechenschritte durchgeführt werden). Das Programm wird also die Breite des Schenkels mit den Werten: 8, 9, 10, 11 und 12 mm berechnen. Die genaue Eingabe für das Programm hierfür lautet: **8-12:5**.

Weiterhin soll der Durchmesser des Schenkels (**Schenkeldurchmesser**) variiert werden. Der aktuelle Wert 20 mm soll durch den **Wertebereich** von **18** bis **22 mm** ersetzt werden, wobei daraus ebenfalls **5** Rechenschritte entstehen sollen. Das Programm wird also die Schenkeldurchmesser: 18, 19, 20, 21 und 22 mm in die Berechnung mit einbeziehen, was mit der Eingabe **18-22:5** zu hinterlegen ist.

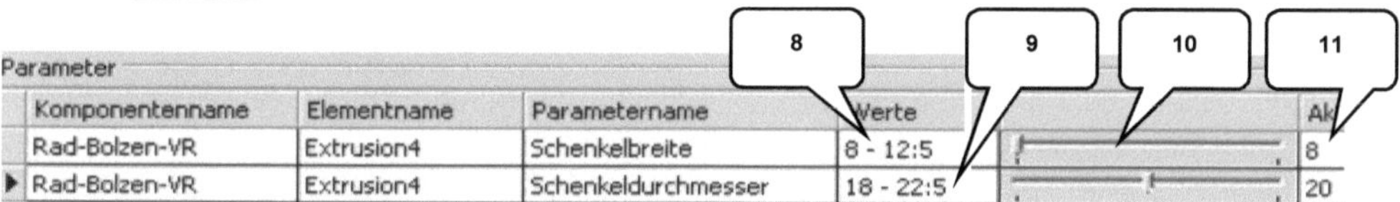

- ➢ Werteeingabe (Schenkelbreite): **8-12:5** (8)
- ➢ Werteeingabe (Schenkeldurchmesser): **18-22:5** (9)

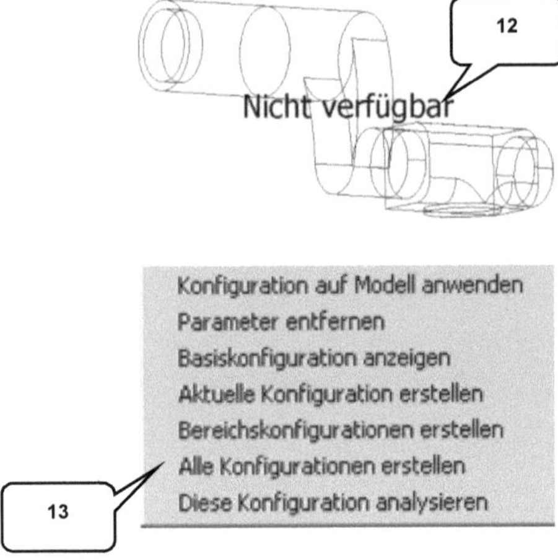

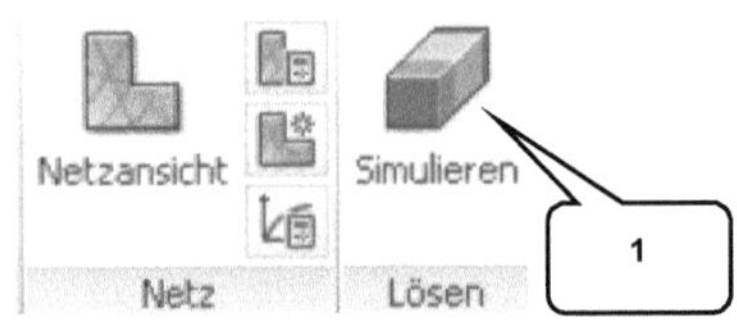

Nach erfolgter Werteeingabe kann man die Schieberegler (10) in beiden Zeilen bereits hin und her bewegen, wobei sich die Werte in der Spalte **Aktueller Wert** (11) verändern sollten. Im Konstruktionsbereich erscheint allerdings lediglich die Hinweismeldung: **Nicht verfügbar** (12). Das Programm weist damit darauf hin, dass die aktuellen Konstellationen der Varianten noch nicht berechnet wurden. Um sie zu berechnen, muss mit rechter Maustaste auf einen der Schieberegler geklickt und im Kontextmenü die Option **Alle Konfigurationen erstellen** ausgewählt werden.

➢ **Rechte Maustaste** auf einen **Schieberegler** (10)
➢ **Alle Konfigurationen erstellen** (13)

Das Programm wird jetzt alle Bauteilvarianten berechnen. Sobald das Fenster **Konfigurationen erstellen** vom Programm wieder geschlossen wurde, können die einzelnen Konstellationen durch das Bewegen der Schieberegler geöffnet werden. Das Programm erstellt die jeweils berechnete Variante, wobei die ursprüngliche Bauteilgeometrie noch zusätzlich als Drahtgittermodell angezeigt wird.

9.5 Ergebnisinterpretation
9.5.1 Simulation ausführen

Um die verschiedenen Bauteilkonstellationen in den Ergebnissen verfügbar zu machen, ist eine erneute **Simulation** erforderlich. Erst jetzt werden alle Varianten mit in die Berechnung einbezogen. Hierbei ist es wichtig, nach Befehlsstart im gleichnamigen Befehlsfenster, vor der Bestätigung des Befehls (**Ausführen**), im Auswahlmenü die Option **Kompletter Konfigurationssatz** zu aktivieren. Ansonsten werden nicht alle 25 Varianten erstellt.

➢ **Simulieren** (1)
➢ Kompletter Konfigurationssatz (2)
➢ Ausführen **Ausführen**

Bewegt man einen der Schieberegler erneut, so wird der jeweils aktuelle Spannungswert angezeigt. Interessanter ist hier allerdings der Bereich der **Konstruktionsabhängigkeiten**.

Jede Bauteilvariante bringt jetzt auch ein eigenes Ergebnis in den Bereichen **Sicherheitsfaktor** und **Bauteilmasse** mit sich und die verschiedenen Varianten sind somit vergleichbar.

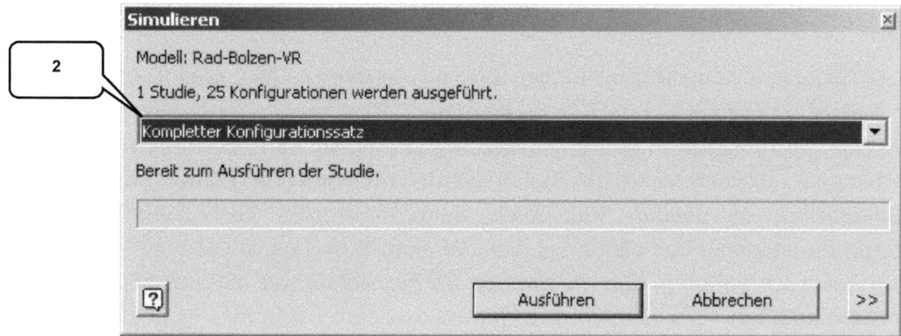

Schiebt man bspw. beide **Schieberegler** ganz nach *links* (3), so hat man einen Sicherheitsfaktor von ca. 6,5 (4) und eine Masse von ca. 0,21 kg (5), bei einer maximalen Von Mises-Spannung von ca. 31,5 MPa. Schiebt man beide **Schieberegler** ganz nach *rechts* (6), so hat man einen Sicherheitsfaktor von ca. 8,5 (7) und eine Masse von ca. 0,28 kg (8), bei einer maximalen Von Mises-Spannung von ca. 24,4 MPa.

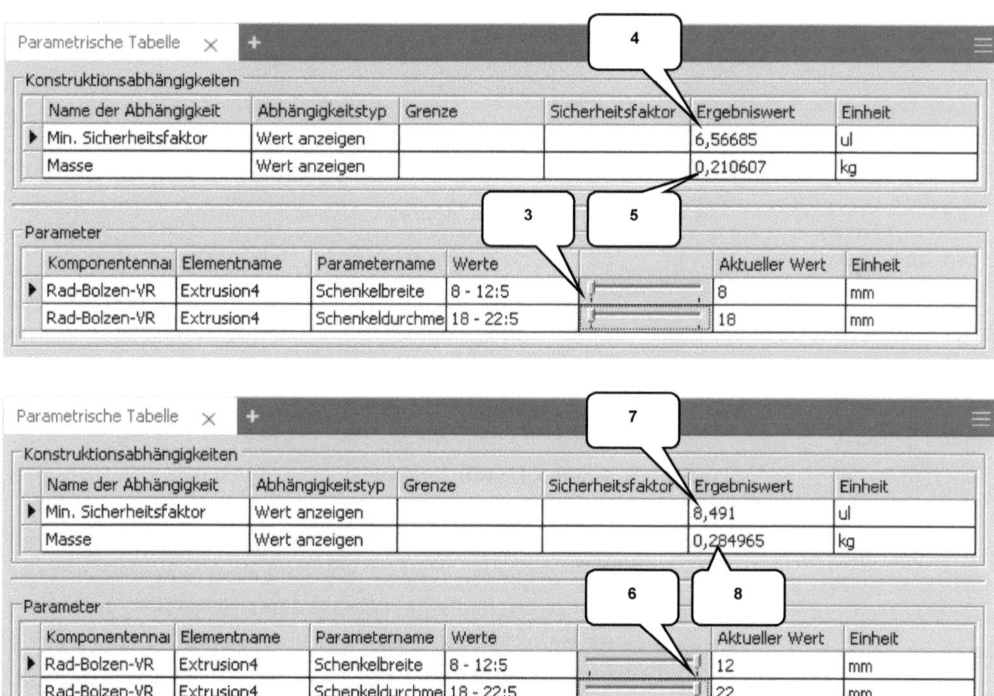

9.5.2 Maximalen Sicherheitsfaktor ermitteln

Die Studie des aktuellen Bauteils ist sicherlich nicht besonders komplex, weil das Bauteil zum einen recht einfach aufgebaut ist und zum anderen nur 2 Parameter zur Berechnung verwendet wurden. Den größtmöglichen Sicherheitsfaktor zu ermitteln wäre hier relativ einfach, da beide Schieberegler nur nach rechts geschoben werden müssten (die größten Bauteilabmessungen entsprechen in diesem Fall auch dem maximalen Sicherheitsfaktor). Bei komplizierteren Bauteilen ist das allerdings nicht so einfach und es würde unter Umständen einige Zeit in Anspruch nehmen, den *maximalen Sicherheitsfaktor* manuell mit den Schiebereglern herauszufinden.

Deshalb bietet das Programm für solche Fälle eine wesentlich komfortablere Option: Erweitert man das Auswahlmenü im Bereich *Abhängigkeitstyp* des Sicherheitsfaktors, so erscheint ein Auswahlfeld, worin die Option *Maximieren* zu aktivieren ist.

> Feld *Abhängigkeitstyp* in der Zeile *Sicherheitsfaktor* erweitern (1)
> *Maximieren* (2)

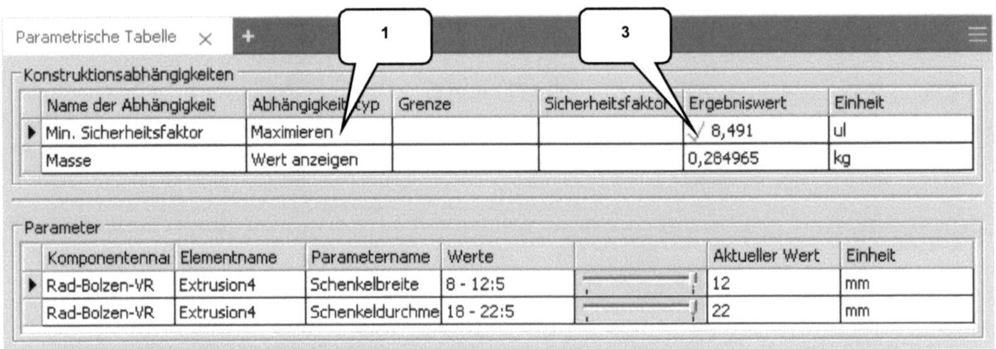

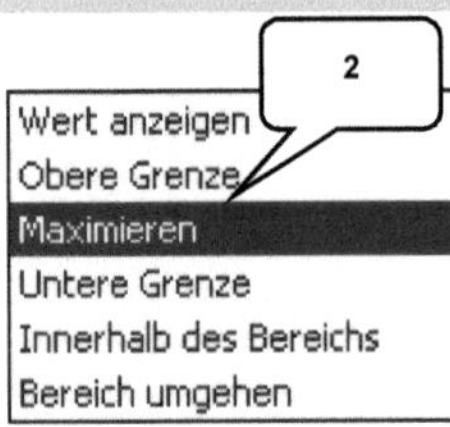

Das Programm signalisiert die Umsetzung der geforderten Auswahl mit einem *grünen Haken* (3).

Natürlich gibt es auch noch weitere Möglichkeiten, z. B. die Darstellung des aktuellen Wertes, die Definition von oberen oder unteren Grenzwerten, die Festlegung eines Bereiches, die Umgehung eines Bereiches und natürlich auch (nicht weniger wichtig als die Ermittlung des Maximalwertes): die Ermittlung eines Minimalwertes. In der folgenden Übung soll bspw. ermittelt werden, bei welcher der Varianten die geringste Masse zu erwarten ist.

9.5.3 Minimale Masse ermitteln

Neben dem Sicherheitsfaktor ist das Konstruktionsprinzip der minimalen Masse ein ebenfalls sehr wichtiges Kriterium. Da sich beide Konstruktionsprinzipien leider grundlegend widersprechen, muss oftmals ein Kompromiss gefunden werden.

Bevor das Programm mit der Darstellung der Bauteilkonstellation mit der geringsten Bauteilmasse beauftragt werden kann, sollte die Darstellung des minimalen Sicherheitsfaktors auf eine neutrale Option (Wert anzeigen) zurückgesetzt werden. Anschließend ist der **Abhängigkeitstyp** der **Masse** auf die Option **Minimieren** zu ändern.

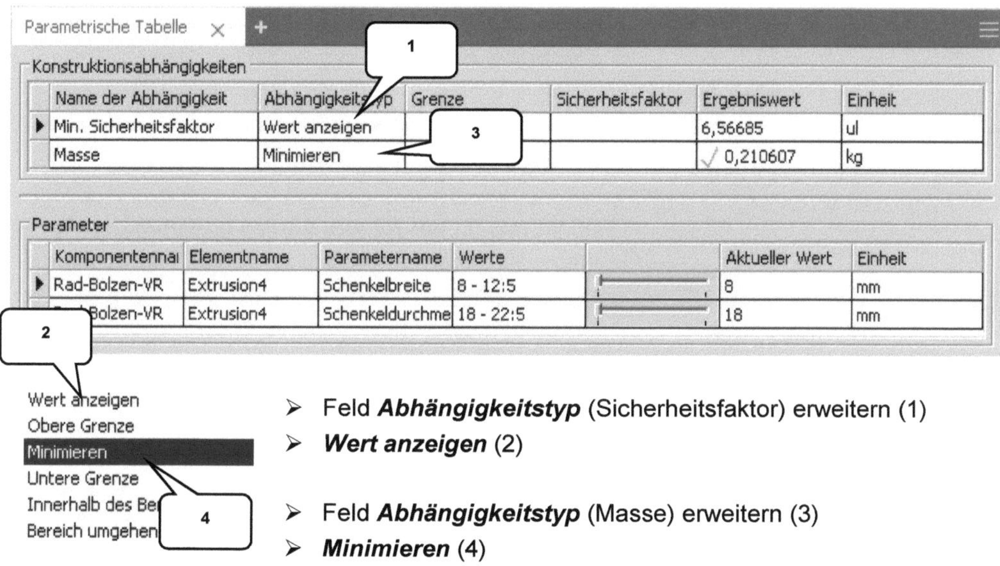

> Feld **Abhängigkeitstyp** (Sicherheitsfaktor) erweitern (1)
> **Wert anzeigen** (2)

> Feld **Abhängigkeitstyp** (Masse) erweitern (3)
> **Minimieren** (4)

Wie zu erwarten wird die geringste Masse bei diesem vereinfachten Übungsbeispiel mit ca. **0,2 kg** erreicht, wenn Schenkelbreite und Schenkeldurchmesser am kleinsten sind.

9.6 Exportieren der Ergebnisse
9.6.1 Berechnungsergebnisse in den Parameter-Manager übernehmen

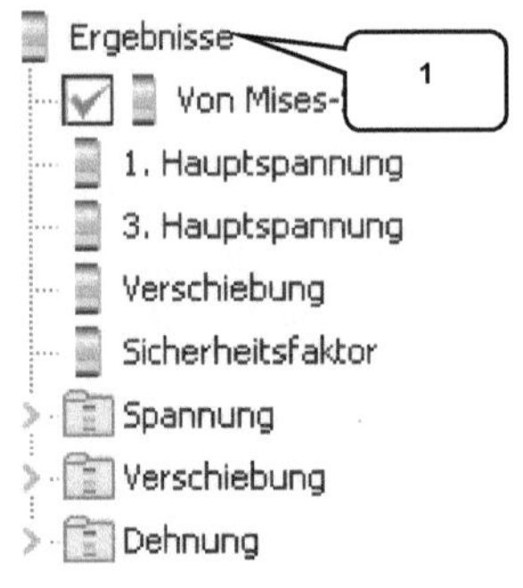

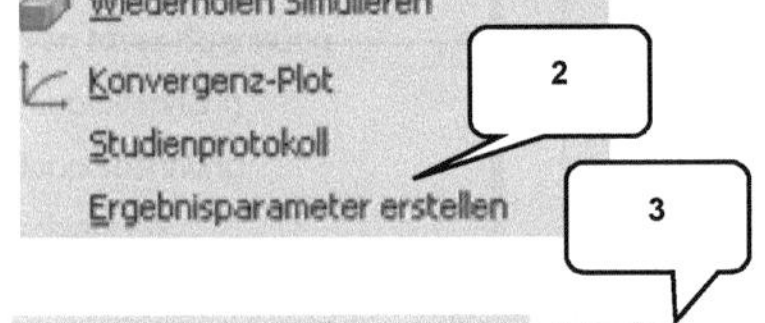

Eine weitere interessante Möglichkeit im Bereich der Belastungsanalyse ist das *Exportieren der Berechnungsergebnisse* in den Parameter-Manager. Die Ergebnisse sind dann auch im Modellbereich vorhanden und können dort weiterverarbeitet werden. Um die Daten zu exportieren zu können, muss nach erfolgreicher Simulation lediglich mit der rechten Maustaste auf den im Browser befindlichen Ordner *Ergebnisse* geklickt und im Kontextmenu die Option *Ergebnisparameter erstellen* ausgewählt werden.

> *Rechte Maustaste* auf Ordner *Ergebnisse* (1)
> *Ergebnisparameter erstellen* (2)

Öffnet man in der Registerkarte *Verwalten* den *Parameter-Manager*, so sollten die Berechnungsergebnisse (*Referenzparameter*) aus dem Bereich der Belastungsanalyse darin verfügbar sein (5).

> Register *Verwalten* (3)
> f_x Parameter-Manager (4)

Parametername	Ein	Einheit/Typ	Gleichung	Nennwert	Tc Δ	Modellwert	Sch	E:	Kommentar
+ Modellparameter									
− Referenzparameter									
sa_eq_min		MPa	0,058 MPa	0,057974	○	0,057974	☐	☐	Minimalwert
sa_eq_max		MPa	28,677 MPa	28,676801	○	28,676801	☐	☐	Maximalwert
sa_d_min		mm	0,000 mm	0,000001	○	0,000001	☐	☐	Minimalwert
sa_d_max		mm	0,021 mm	0,020565	○	0,020565	☐	☐	Maximalwert
sa_sf_min		oE	7,218 oE	7,218378	○	7,218378	☐	☐	Minimalwert
sa_sf_max		oE	15,000 oE	15,000000	○	15,000000	☐	☐	Maximalwert
sa_ps1_min		MPa	-6,081 MPa	-6,080710	○	-6,080710	☐	☐	Minimalwert
sa_ps1_max		MPa	35,454 MPa	35,453754	○	35,453754	☐	☐	Maximalwert
sa_ps3_min		MPa	-22,601 MPa	-22,600938	○	-22,600938	☐	☐	Minimalwert
sa_ps3_max		MPa	9,770 MPa	9,769930	○	9,769930	☐	☐	Maximalwert
sa_eqst_min		oE	0,000 oE	0,000000	○	0,000000	☐	☐	Minimalwert
sa_eqst_max		oE	0,000 oE	0,000120	○	0,000120	☐	☐	Maximalwert
sa_st1_min		oE	-0,000 oE	-0,000001	○	-0,000001	☐	☐	Minimalwert
sa_st1_max		oE	0,000 oE	0,000143	○	0,000143	☐	☐	Maximalwert

9.6.2 Optimierte Bauteilgeometrie anwenden

Wurden die parametrischen Studien beendet und wurde daraus eine optimale Bauteilgeometrie ermittelt, so kann diese in den Bauteilbereich übertragen werden[21].

Im vorliegenden Übungsbeispiel sollen z. B. die geometrischen Eigenschaften der Variante mit der geringsten Masse in den Bauteilbereich übertragen werden, d.h. dass die ursprünglichen geometrischen Eigenschaften des Bauteils überschrieben werden sollen. Hierfür muss mit der rechten Maustaste auf einen der **Schieberegler** geklickt werden, um im Kontextmenü die Option **Konfiguration auf Modell anwenden** auszuwählen. Das Programm wird daraufhin ein Hinweisfenster eröffnen welches bestätigt werden muss.

Bei der aktuellen Übungsdatei spielt das allerdings keine große Rolle, weshalb das Originalbauteil auch ohne Bedenken überschrieben werden kann.

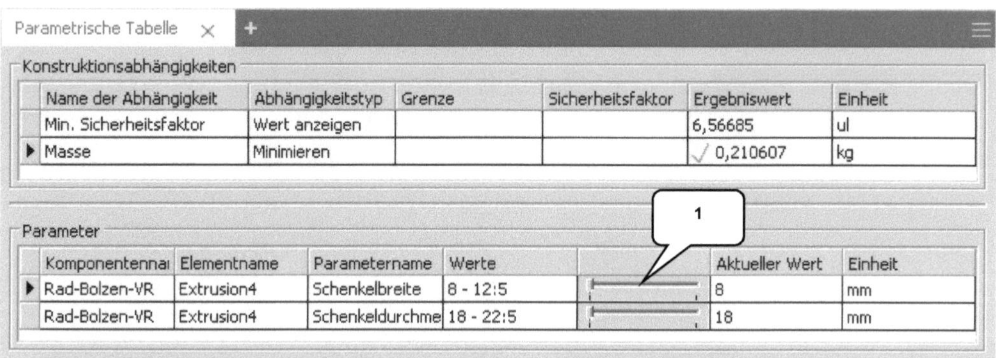

> **Rechte Maustaste** auf **Schieberegler** (1)
> **Konfiguration auf Modell anwenden** (2)
> **Ja** (3)

✓ **Fertigstellen** (Belastungsanalyse verlassen)

---

[21] Werden Konstellationen aus dem Bereich der Belastungsanalyse in den Modellbereich übertragen, so wird die ursprüngliche Bauteilgeometrie dabei vollständig überschrieben. Daher sollte nicht versäumt werden, vorab eine Kopie der Datei zu erstellen.

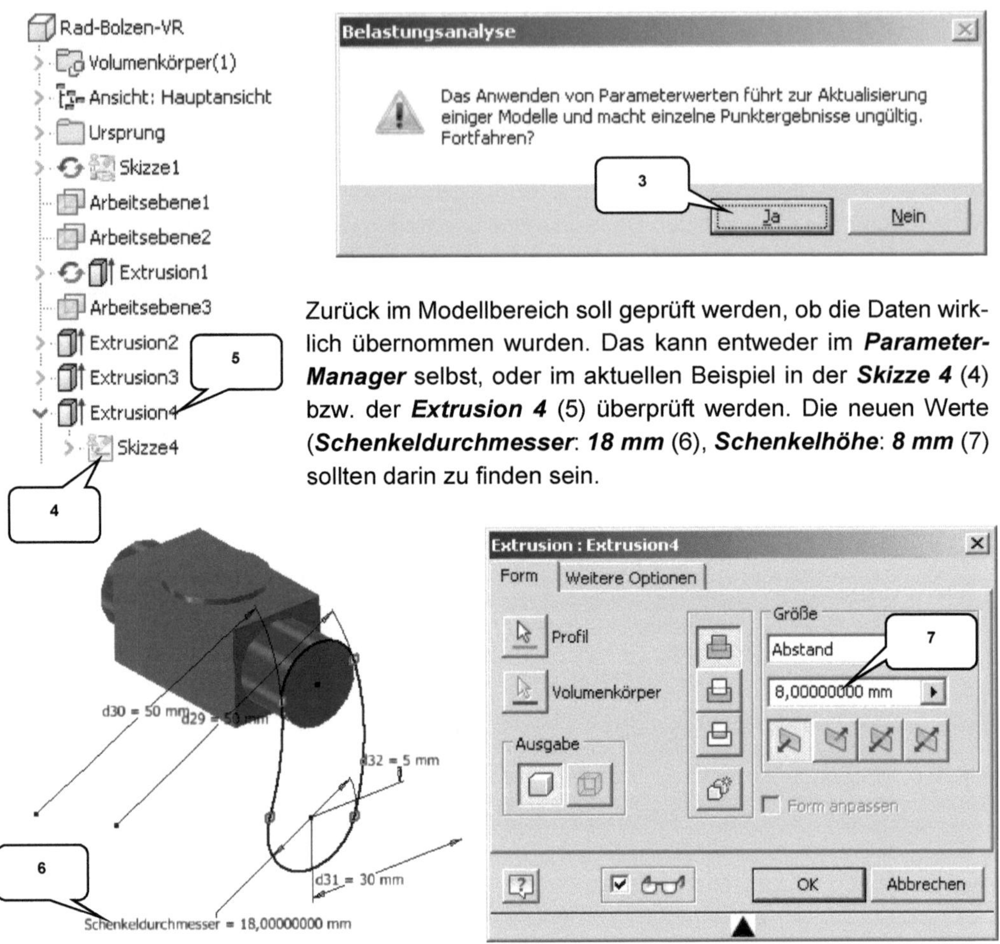

Zurück im Modellbereich soll geprüft werden, ob die Daten wirklich übernommen wurden. Das kann entweder im **Parameter-Manager** selbst, oder im aktuellen Beispiel in der **Skizze 4** (4) bzw. der **Extrusion 4** (5) überprüft werden. Die neuen Werte (**Schenkeldurchmesser**: **18 mm** (6), **Schenkelhöhe**: **8 mm** (7) sollten darin zu finden sein.

Das Bauteil kann abschließend *gespeichert* und *geschlossen* werden.

- Speichern (Bauteil)
- Schließen (Bauteil)

10 Studien dünnwandiger Bauteile

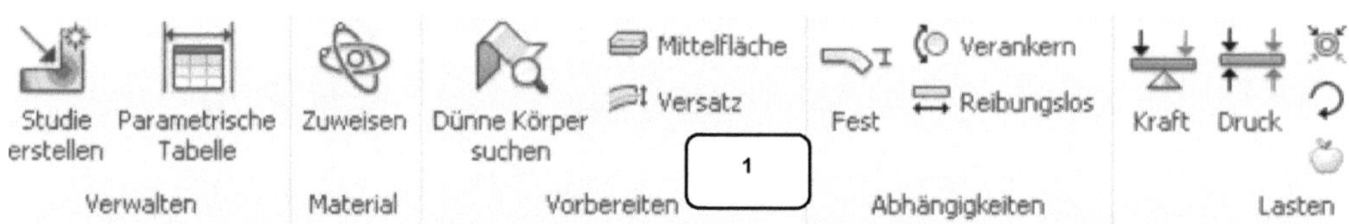

Bauteile bzw. Blechteile mit sehr dünnen Wand- bzw. Blechstärken, stellen im Bereich der Belastungsanalyse ein Problem dar: je dünner das Material ist, desto engmaschiger wird das Netz. Besonders in den Bereichen von Kanten und Ecken, sowie an den schmalen Seitenflächen berechnet das Programm automatisch ein extrem engmaschiges Netz. Diese Prozedur verlangt dem Computer aufgrund der hohen Anzahl an Knoten und Elementen während der Simulation eine sehr hohe Rechenleistung ab und erhöht somit die Berechnungszeit. Dünnwandige Bauteile und Bleche mit geringer Materialstärke sollten daher nicht direkt und ohne entsprechende Vorbereitung analysiert werden.

Um dem PC die Berechnungen etwas zu vereinfachen, können die Befehle der Befehlsgruppe **Vorbereiten** (1) verwendet werden, die wir uns schrittweise ansehen werden.

10.1 Konstruktion eines dünnwandigen Blechbauteils
10.1.1 Neues Blechbauteil erstellen

Um die Übungen durchführen zu können, soll ein neues **Blechbauteil** erstellt werden.

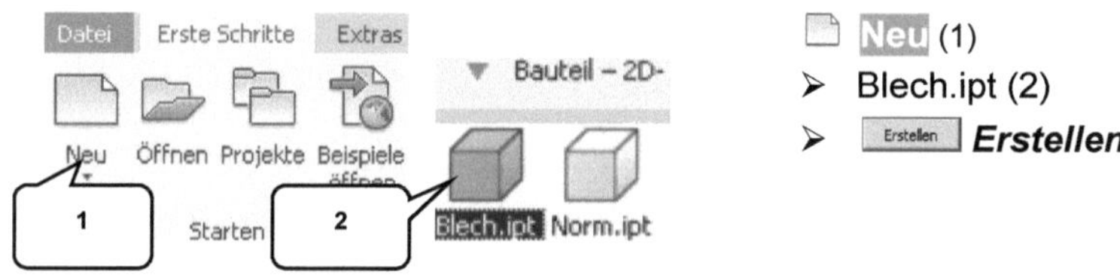

> Neu (1)
> Blech.ipt (2)
> Erstellen **Erstellen**

10.1.2 Blechstärke festlegen

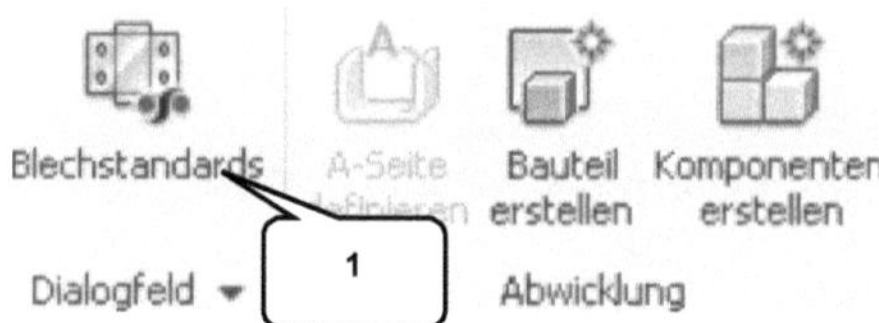

Vor der Konstruktion der Basisskizze sollte in den **Blechstandards** die Blechstärke definiert werden, denn das Blechbauteil soll lediglich eine Materialstärke von 0,1 mm erhalten.

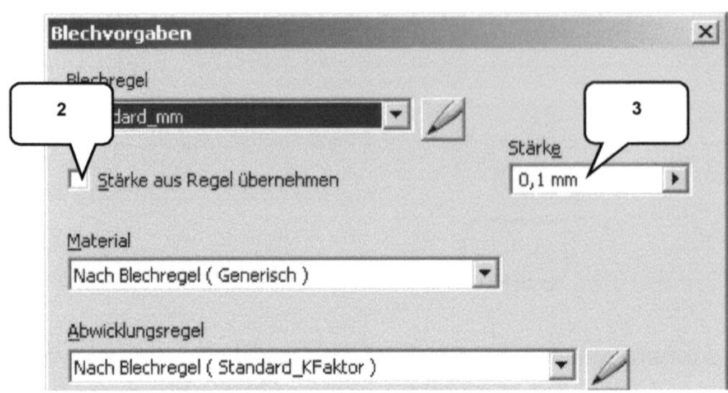

Blechstandards (1)
> Deaktivieren: Stärke aus Regel übernehmen (2)
> Stärke: 0,1 mm (3)
> ‎ OK ‎ **OK**

10.1.3 Basiskontur zeichnen

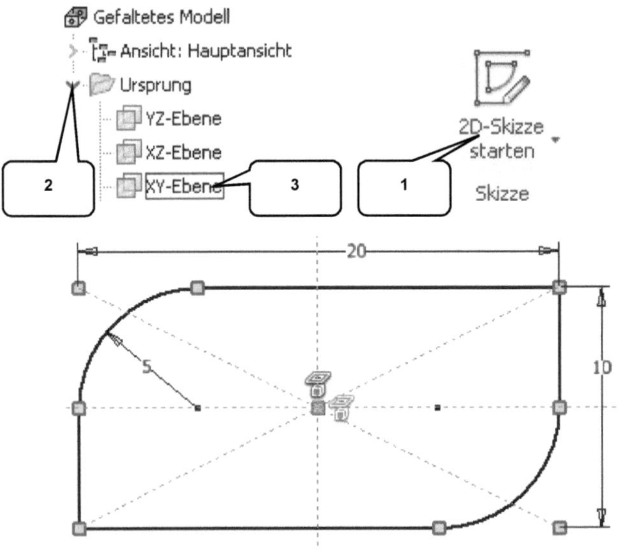

Als Basiskontur soll ein einfaches **Rechteck** gezeichnet werden, was anschließend um zwei Rundungen zu ergänzen ist.

2D-Skizze starten (1)
> Ordner **Ursprung** erw. (2)
> **XY-Ebene** wählen (3)
> Rechteck (20x10mm) mit zwei Rundungen (5mm) zeichnen wie nebenstehend dargestellt

✓ **Fertigstellen**

10.1.4 Fläche erstellen

Die gezeichnete Basiskontur ist mit dem Befehl **Fläche** zu extrudieren.

Fläche (1)
> (Fläche wird automatisch erkannt)
> ‎ OK ‎ **OK**

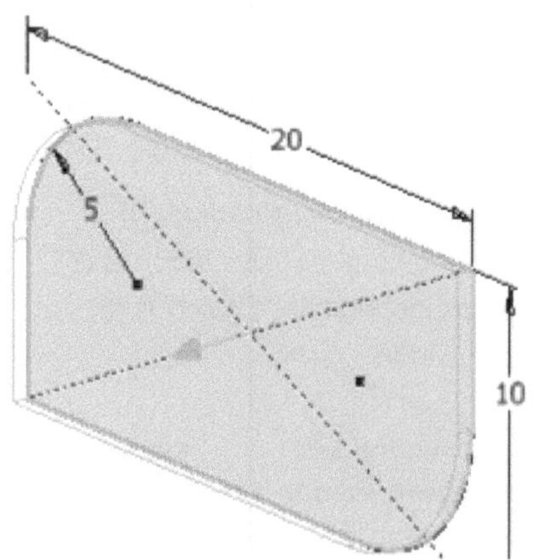

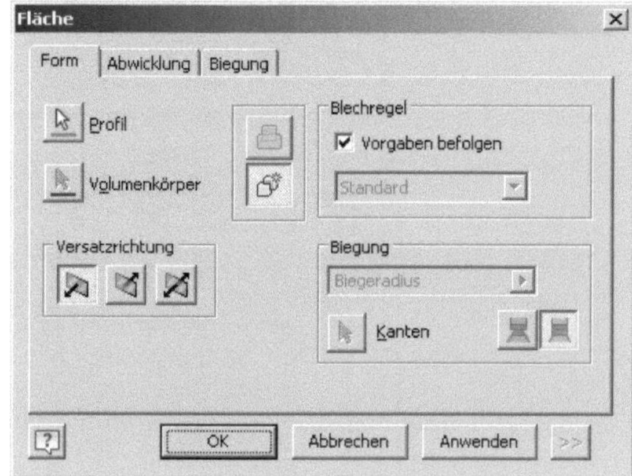

10.1.5 Laschen hinzufügen

Dem Blech sind weiterhin **Laschen** hinzuzufügen.

 **Lasche** (1)

> Kante: Markierte Kanten wählen (2)

> Höhengrenzen: Abstand (3)

> Abstand: 5 mm (4)

> Laschenwinkel: 90 Grad (5)

> Biegeradius: Biegeradius (6)

> Höhenbezugspunkt: Option A (7)

> Biegungsposition: Option A (8)

> Anwenden **Anwenden**

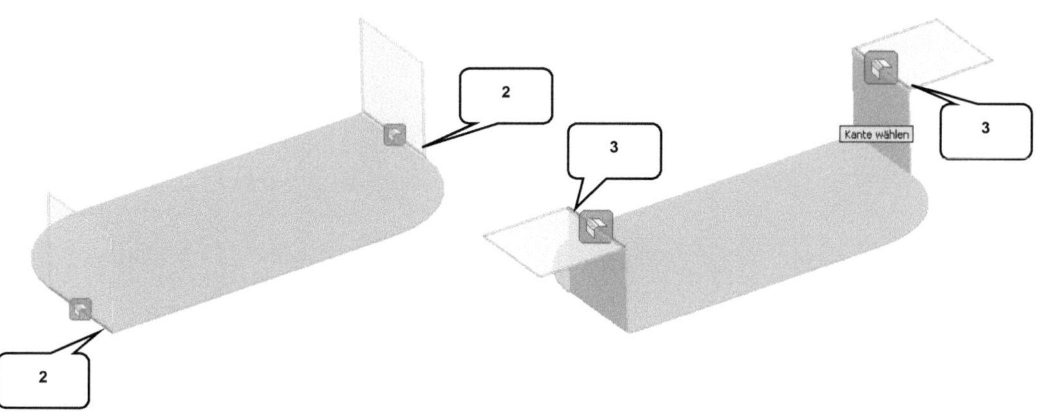

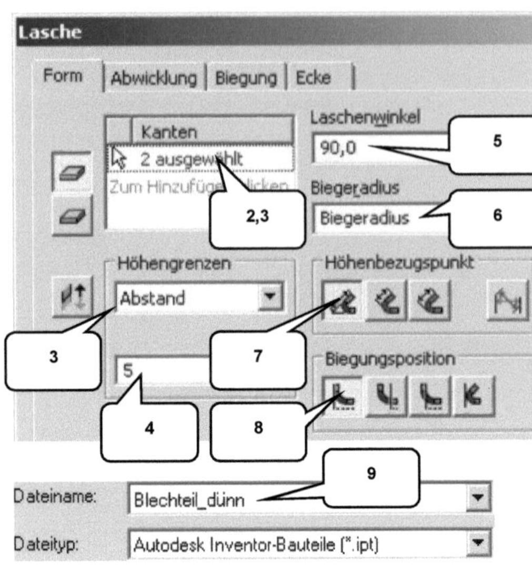

➢ Kante: Markierte Kanten wählen (3)

➢ Höhengrenzen: Abstand (3)

➢ Abstand: 5 mm (4)

➢ Laschenwinkel: 90 Grad (5)

➢ Biegeradius: Biegeradius (6)

➢ Höhenbezugspunkt: Option A (7)

➢ Biegungsposition: Option A (8)

➢   OK   *OK*

Das Blechbauteil kann jetzt *gespeichert* werden um anschließend in den Bereich der *Belastungsanalyse* zu wechseln.

💾 Speichern (Bauteil)

➢ Name: Blechbauteil _dünn (9)

Speichern *Speichern*

10.2   Vorbereitungen im Bereich der Belastungsanalyse treffen
10.2.1 Umgebung der Belastungsanalyse aktivieren

Arbeitsbereich:
Belastungsanalyse

➢ Register *Umgebungen* (1)

🔲 Belastungsanalyse (2)

10.2.2 Einzelpunkt-Studie erstellen

Im Bereich der Belastungsanalyse muss zuerst eine neue *Studie* erstellt werden. Zur Analyse des Blechbauteils ist wieder eine *Statische Einzelpunktstudie* zu verwenden.

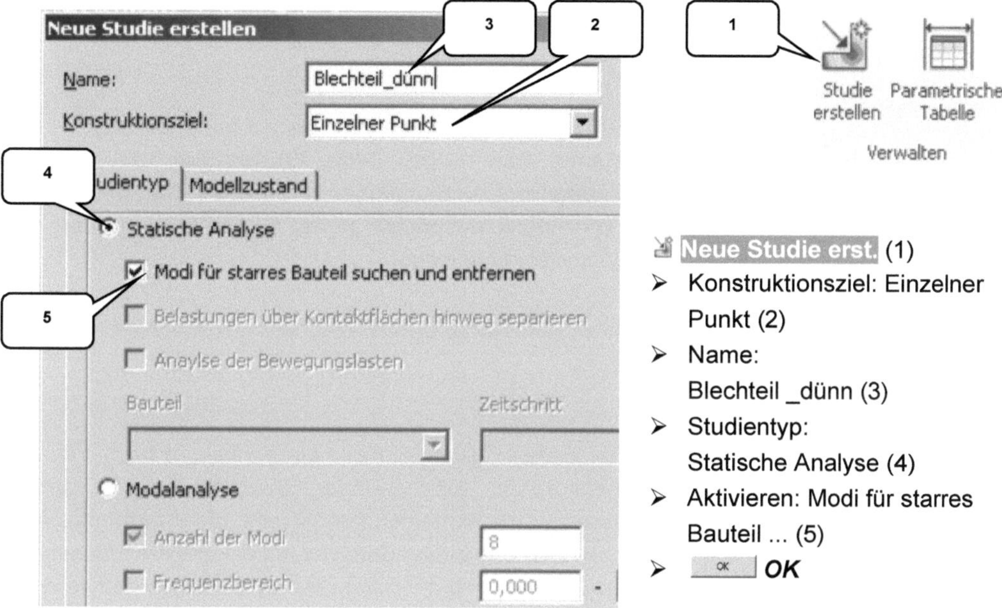

> **Neue Studie erst.** (1)
> Konstruktionsziel: Einzelner Punkt (2)
> Name: Blechteil _dünn (3)
> Studientyp: Statische Analyse (4)
> Aktivieren: Modi für starres Bauteil ... (5)
> ⌧ OK *OK*

10.2.3 Material zuweisen

Als *Material* ist dem Blech Stahl (unlegiert) zuzuweisen.

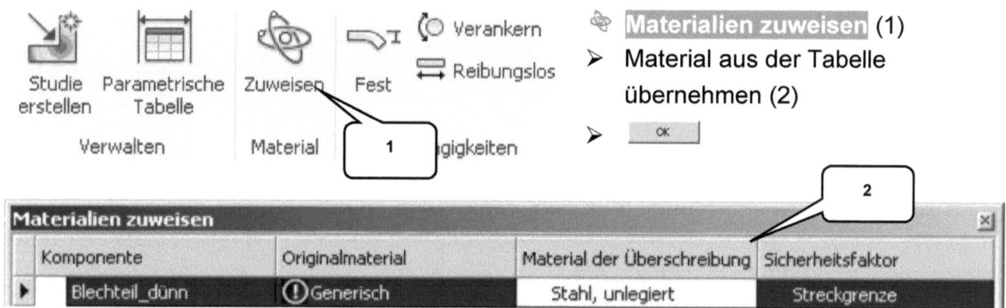

10.2.4 Netzansicht generieren

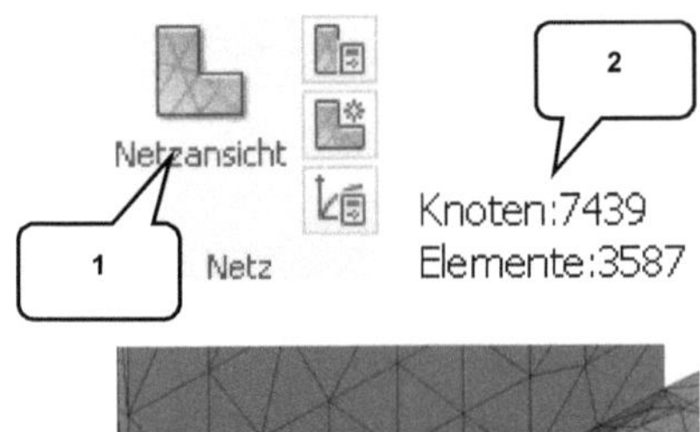

Eine **Netzansicht** soll die aktuelle Anzahl an Knoten und Elementen sichtbar machen, die zum aktuellen Zeitpunkt erstellt werden würden.

Netzansicht (1)

Bei diesem sehr einfachen Bauteil generiert das Programm bereits ca. **7400 Knoten** und ca. **3600 Elemente** (2). Bei größeren Bauteilen wären diese Werte noch wesentlich größer die Berechnung damit noch viel komplexer.

10.2.5 Grundlagen: Dünne Körper suchen

Dünne Körper suchen (1)

Der Befehl **Dünne Körper suchen** sucht nach Volumenkörpern mit geringer Wandstärke. Wurden derartige Elemente gefunden, bietet das Programm die Konvertierung dieser Bereiche in vereinfachte Flächenelemente an und der Befehl **Mittelfläche** wird zeitgleich gestartet.

10.2.6 Grundlagen: Mittelfläche und Versatz

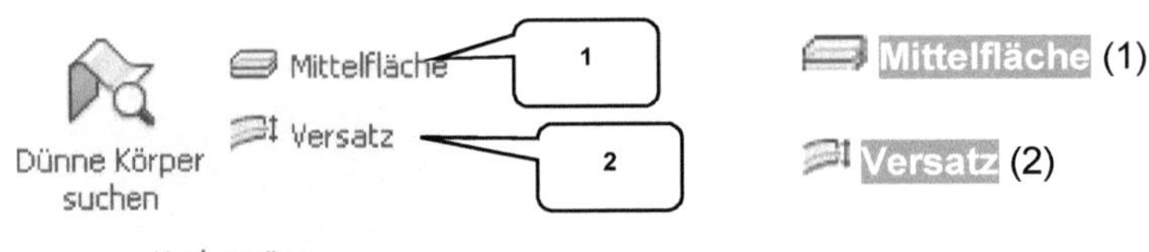

Mittelfläche (1)

Versatz (2)

Mit dem Befehl **Mittelfläche** erstellt das Programm eine neutrale Fläche, welche durch die Mitte des Bleches (neutrale Faser oder auch Nulllinie) geht. Hierfür berechnet es eine vereinfachte Netzstruktur, wobei der Rechenaufwand aufgrund einer dezimierten Anzahl an Knoten und Elementen erheblich minimiert wird.

Der Befehl **Versatz** ähnelt grundsätzlich dem Befehl **Mittelfläche**. Allerdings wird hier keine Ersatzfläche des Blechbauteils entlang der neutralen Faser erstellt, sondern in einem definierten Abstand dazu.

Mit der Option **Angrenzende Flächen** (3) wird festgelegt, ob die Flächenauswahl bei tangential angrenzenden Flächen auch auf diese Flächen übergehen soll oder nicht. Bei deaktivierter Option können auch einzelne Flächen ausgewählt werden. Die **Dicke** (4) stellt die neue (theoretische) Materialstärke dar. Der **Abstand** (5) kann nicht eingestellt werden. Er entspricht dem halbierten Wert der Dicke und somit der neutralen Faser des neu definierten Bauteils.

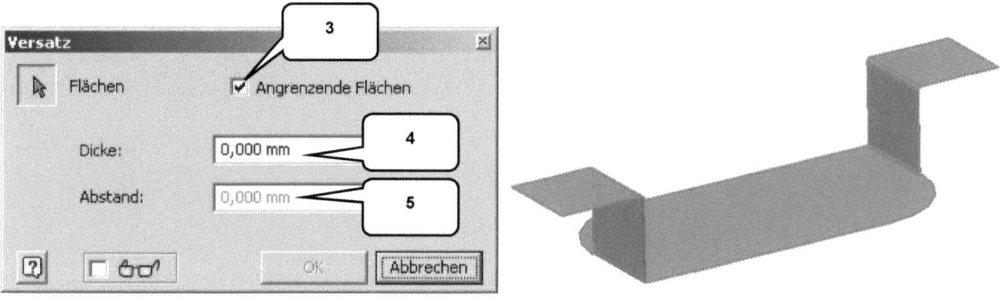

10.2.7 Mittelfläche generieren

Im nächsten Arbeitsschritt soll eine Ersatzfläche entlang der neutralen Faser des Bauteils erstellt werden, wofür der Befehl **Dünne Körper suchen** zu starten ist. Die Suche sollte sich als einfach erweisen, weil das Blechbauteil vollständig den Kriterien entspricht.

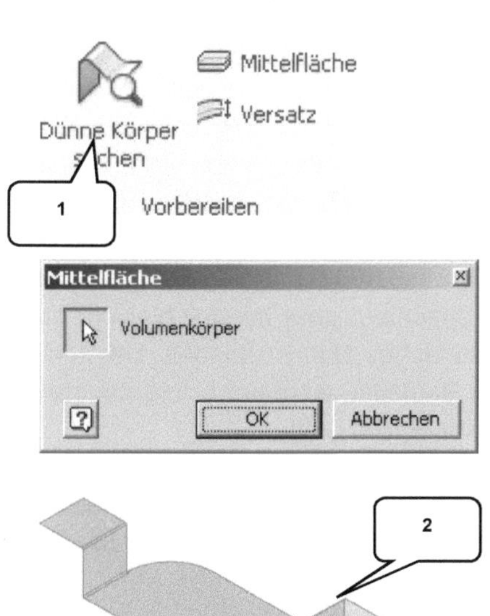

Dünne Körper suchen (1)

> **OK** (Belastungsanalyse: Mindestens ein dünner Körper gefunden...)
> **OK** (Mittelfläche)

Sobald die beiden Hinweisfenster (**Belastungsanalyse** und **Mittelfläche**) bestätigt wurden, beginnt das Programm automatisch damit, eine Ersatzfläche entlang der neutralen Faser des Blechbauteils zu generieren. Das Bauteil selbst wird danach ausgeblendet, lediglich die (hellgelbe) Ersatzfläche ist noch leicht zu erkennen (2).

Erweitert man im Browser den Ordner **Wandungen** (3) und dort auch die Ordner **Mittelflächen** (4) und **Blechbauteil _dünn** (5), so findet man darin die neue Fläche (6).

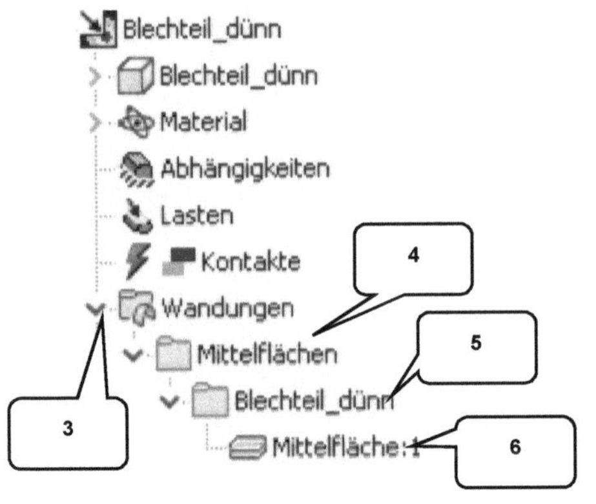

Über das Kontextmenü der rechten Maustaste können dann weitere Bearbeitungsschritte (z. B. *Löschen* oder *Bearbeiten*) gestartet werden (7).

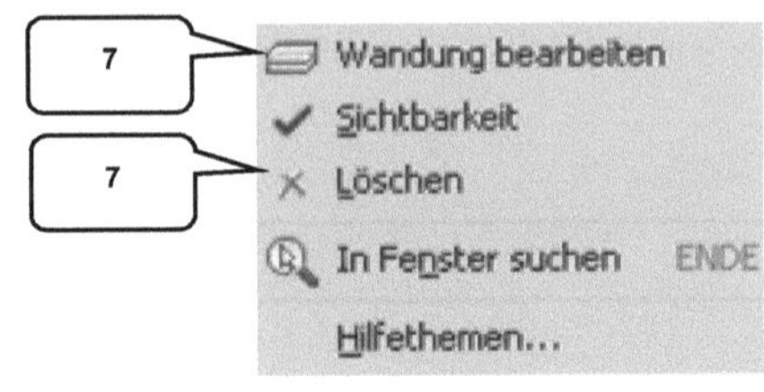

10.2.8 Netzansicht generieren

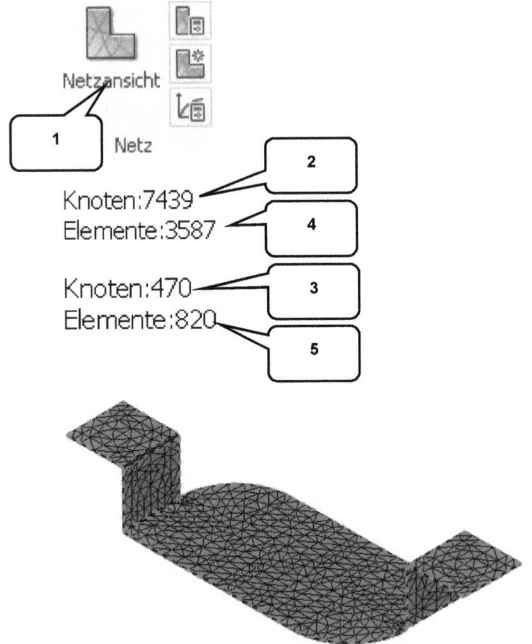

Um zu überprüfen ob die Vereinfachung des Blechbauteils auch eine Dezimierung der Knoten und Elemente mit sich gebracht hat, muss der Befehl *Netzansicht* erneut gestartet werden.

Netzansicht (1)

Die Darstellung der Knoten und Elementen bringt ein eindeutiges Ergebnis: die *Anzahl der Knoten* wurde von vorher *7439* (2) auf aktuell *470* (3) minimiert und die *Anzahl der Elemente* wurde von *3587* (4) auf *820* Elemente (5) verringert. Man sollte dabei beachten, dass es sich hier um ein sehr einfaches Bauteil handelt. Bei komplexen Bauteilen wäre der Erfolg natürlich noch wesentlich größer.

Das Blechbauteil kann jetzt bereits wieder *gespeichert* und auch *geschlossen* werden.

Speichern (Bauteil)
Schließen (Bauteil)

11 Modalanalysen

Bei einer **Modalanalyse** können Objekte auf ihre Eigenschwingungen untersucht werden, was konstruktive Schwachstellen bereits frühzeitig erkennen lässt. Im Ergebnis einer Modalanalyse sind ausschließlich Frequenzen und Richtungstendenzen von Verschiebungen zu erwarten, Kräfte oder Spannungen können nicht ermittelt werden.

11.1 Modalanalysen unbefestigter Bauteile
11.1.1 Bauteil HUBRAHMEN öffnen

Als Übungsobjekt ist das Bauteil **Hubrahmen** zu verwenden, was jetzt zu öffnen ist.

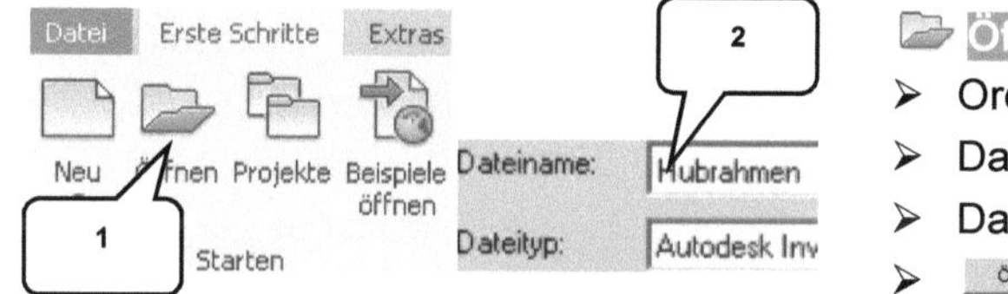

Öffnen (1)
- Order: Projektordner wählen
- Dateiname: Hubrahmen (2)
- Dateityp: *.ipt
- Öffnen **Öffnen**

11.1.2 Umgebung der Belastungsanalyse aktivieren

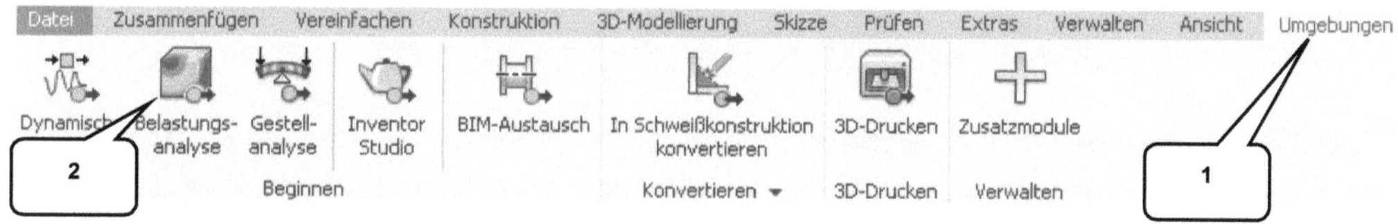

- Register **Umgebungen** (1)
- **Belastungsanalyse** (2)

11.1.3 Einzelpunkt-Studie erstellen

Die neue Studie soll als **Einzelpunktstudie** definiert werden[22], diesmal allerdings nicht als statische Analyse, sondern als **Modalanalyse**.

---

[22] Auch wenn das Bauteil Hubrahmen bereits am Anfang des Buches analysiert wurde, so findet man im Bereich der Belastungsanalyse keine vorhandenen Studien mehr: Sie wurden in der Baugruppe selbst erzeugt und sind daher auch nur da verfügbar.

Zusätzlich ist die Option **Anzahl der Modi** zu aktivieren und der Wert **10** zu hinterlegen. Das Programm soll also die nächsten 10 Frequenzwerte berechnen[23].

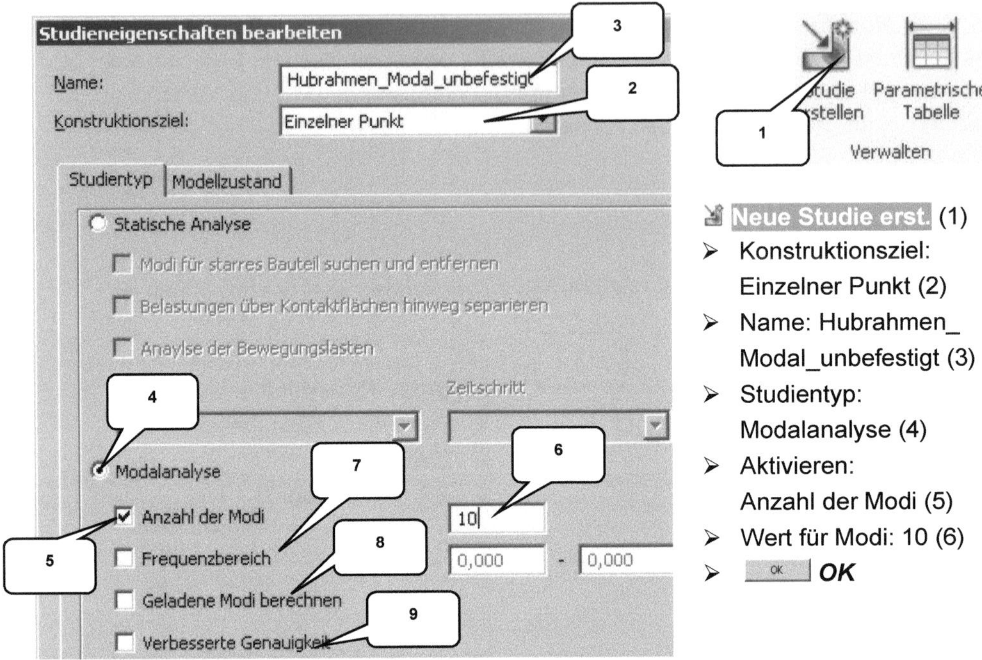

Soll die Berechnung auf einen bestimmten **Frequenzbereich** (7) begrenzt werden, so muss die gleichnamige Option aktiviert werden um den Bereich definieren zu können[24].

Die Option **Geladene Modi berechnen** (8) ermöglicht es, zuerst eine strukturell-statische Simulation auszuführen, um daraus die Spannungswerte zu ermitteln. Sie werden dann in die folgende Modalanalyse mit einbezogen und das Bauteil kann somit mit einer Vorspannung berechnet werden.

Die Option **Verbesserte Genauigkeit** (9) präzisiert die Ergebnisse der berechneten Frequenzen, was allerdings den Aufwand der Berechnungen deutlich erhöhen würde.

---

[23] Berechnungen extrem hoher Frequenzen sind wenig sinnvoll, weil diese relativ schnell wieder gedämpft werden und für die Bauteile somit selten ein Problem darstellen. Bei niedrigen Frequenzen ist das anders: sie findet man häufig bei technischen Geräten. Treffen niedrige Frequenzen externer technischer Geräte auf gleichgroße Eigenschwingungen eines Bauteils, können dadurch sogenannte Resonanzschwingungen entstehen, welche ein Bauteil stark belasten und sogar zerstören können.

[24] Die Aktivierung dieses Filters ist erst dann sinnvoll, wenn bekannt ist, in welchem Frequenzbereich die gesuchten Werte zu finden sind.

11.1.4 Material zuweisen

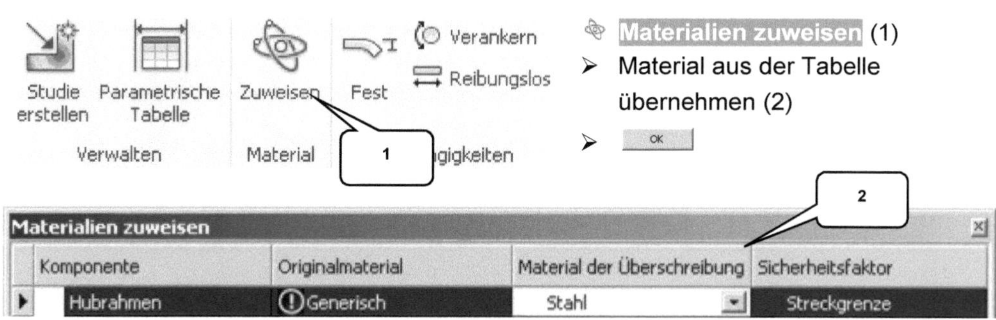

11.1.5 Simulation ausführen

Ohne weitere Voreinstellungen kann das Bauteil jetzt bereits *simuliert* werden.

11.1.6 Ergebnisinterpretation

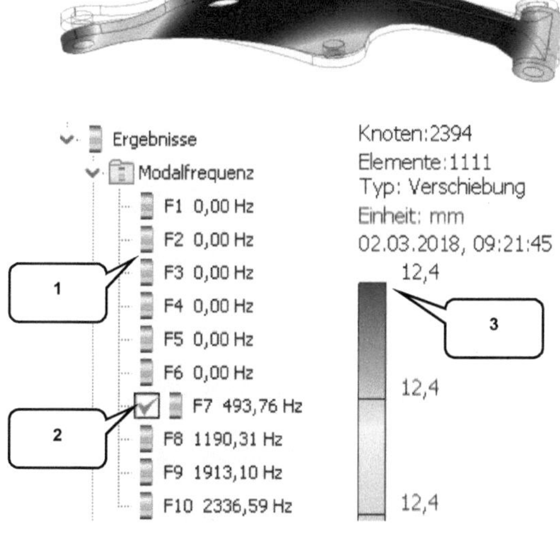

Soll ein Bauteil einer Modalanalyse unterzogen werden, das noch nicht irgendwo befestigt wurde, so werden die *ersten 6 Modi* (F1...F6) keine Ergebnisse liefern (1), denn sie entsprechen den Bewegungen des Bauteils entlang der Hauptachsen (es sind Starrkörperbewegungen). Erst ab dem *Modi F7* beginnt das Bauteil mit eigenen Frequenzen zu schwingen (hier bei ca. *493 Hz* (2)).

Weiterhin können Verschiebungen (also Verformungen) im Browser sichtbar gemacht werden (3). Sie sind allerdings nur als eine tendenzielle Richtung einer modalen Verformung zu verstehen.

11.2 Modalanalyse befestigter Bauteile
11.2.1 Studie kopieren

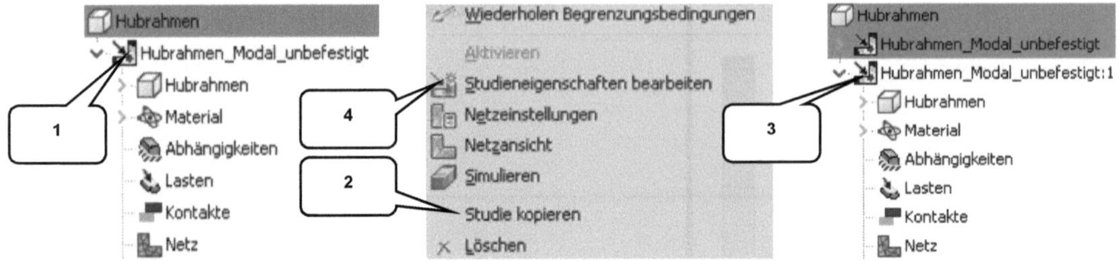

Die aktuelle *Studie* soll jetzt *kopiert* werden.

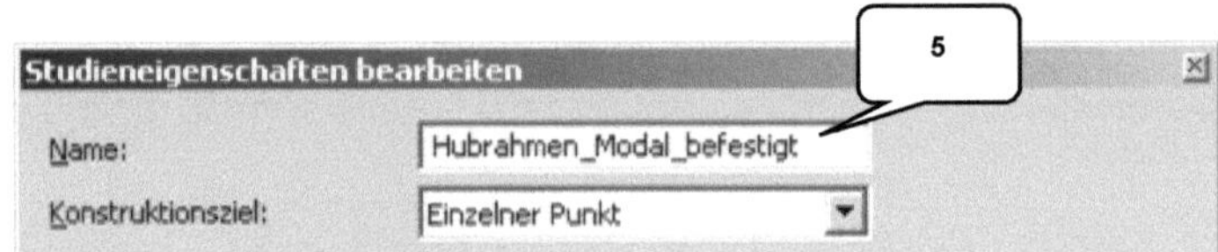

- ➤ *Rechte Maustaste* auf *Hubrahmen_Modal_unbefestigt* (1) > *Studie kopieren* (2)
- ➤ *Rechte Maustaste* auf *Kopie* (3) > *Studieneigenschaften bearbeiten* (4)
- ➤ Neuer Name: *Hubrahmen_Modal_befestigt* (5)
- ➤ OK

11.2.2 Feste Abhängigkeiten platzieren

Um herauszufinden wie der Hubrahmen bei einer Modalanalyse reagiert, wenn er nicht mehr
frei beweglich ist, sollen alle Bohrungen mit *festgelegten Abhängigkeiten* versehen werden.
Zu verwenden sind dabei die inneren Zylinderflächen der Bohrungen.

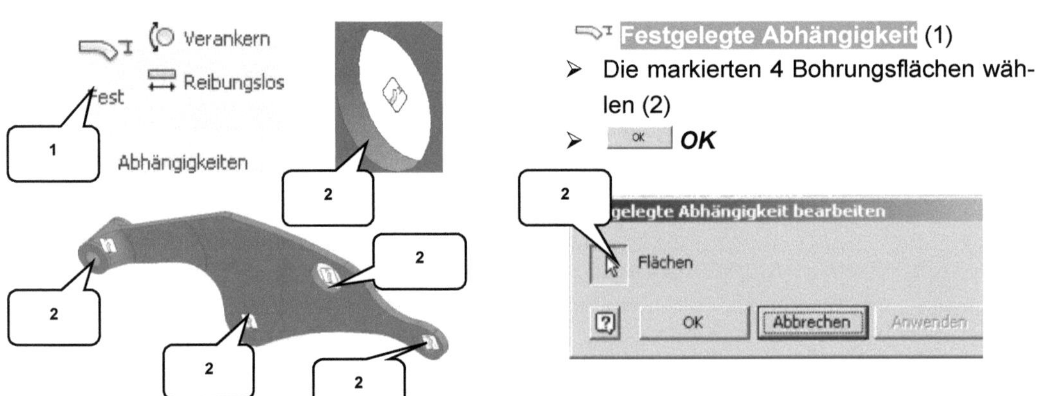

11.2.3 Simulation ausführen

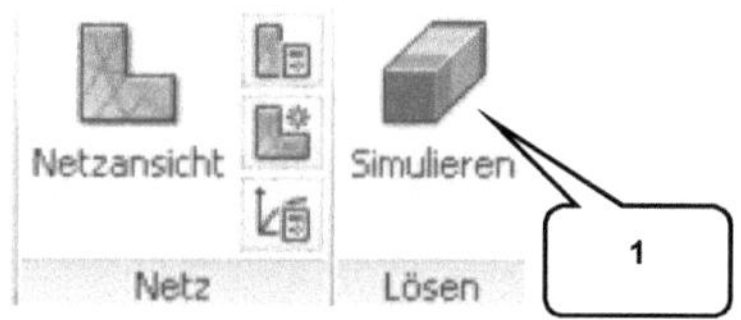

Die neue Einbausituation muss *simuliert* werden.

Simulieren (1)

> Ausführen *Ausführen*

11.2.4 Ergebnisinterpretation

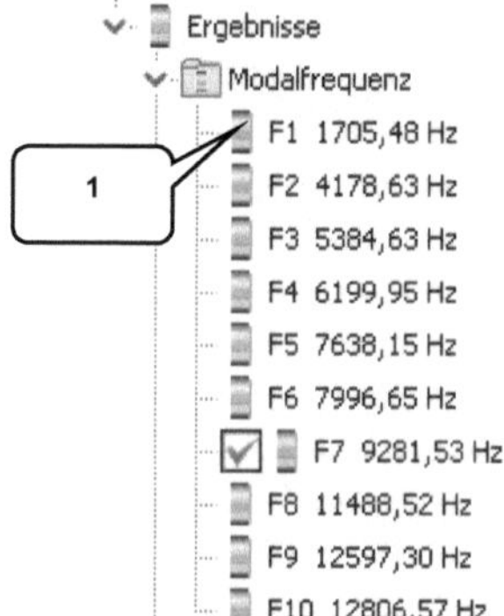

Sobald der Hubrahmen befestigt wurde, liefern auch die ersten 6 Modi Ergebnisse: Das Bauteil kann sich nicht mehr frei entlang der 3 Hauptachsen bewegen und erzeugt auch bereits hier erste Frequenzen. Auch die Höhe der Frequenzen hat sich geändert: sie sind wesentlich größer geworden und starten jetzt bereits bei ca. *1700 Hz* (1).

Um in Erfahrung zu bringen in welche *Richtung* das Bauteil bei einer bestimmten Frequenz schwingt, muss der entsprechende Modi per Doppelklick aktiviert werden.

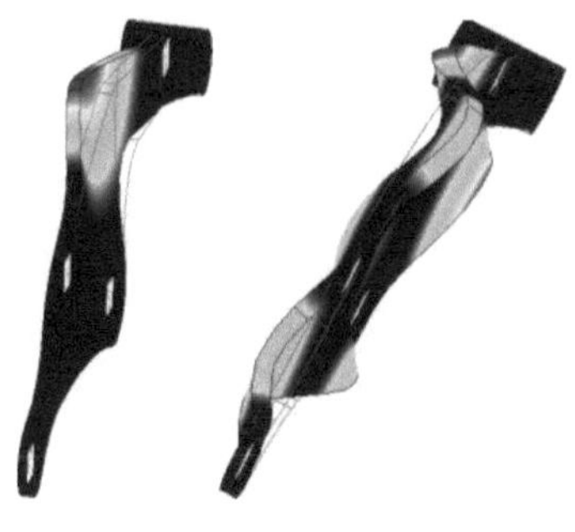

Die *Berechnungsergebnisse* aus der Modalanalyse geben einen Einblick in das Verhalten des Bauteils unter Last. Diese sogenannten Eigenfrequenzen können dann mit den Frequenzen verglichen werden, die z. B. durch mechanische Elemente (z. B. vibrierende Maschinen) von außen auf das Bauteil einwirken könnten. Würden die inneren Eigenfrequenzen des Bauteils und die äußeren Frequenzen in etwa gleich groß sein, könnten sich diese Frequenzen überlagern (Resonanz) und theoretisch stetig steigende Amplituden erzeugen, was bis zur Zerstörung des Bauteils führen könnte.

Solche Erkenntnisse können wichtige Hinweise auf nötige konstruktive Maßnahmen geben, um das Bauteil so zu ändern, dass Bereiche kritischer Schwingungen z. B. verlagert werden.

11.2.5 Simulation aufzeichnen

Die zuletzt erzeugte Simulation soll jetzt animiert und als *Video* gespeichert werden. Hierfür sollte das Bauteil noch einmal gedreht, in eine günstige Position gebracht und eine möglichst aussagekräftige Frequenz aktiviert werden.

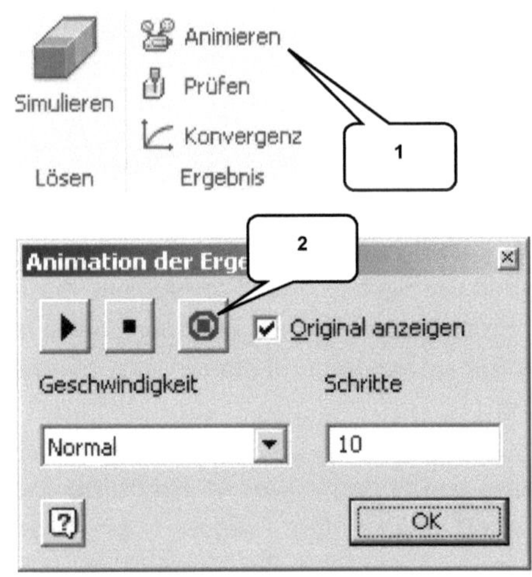

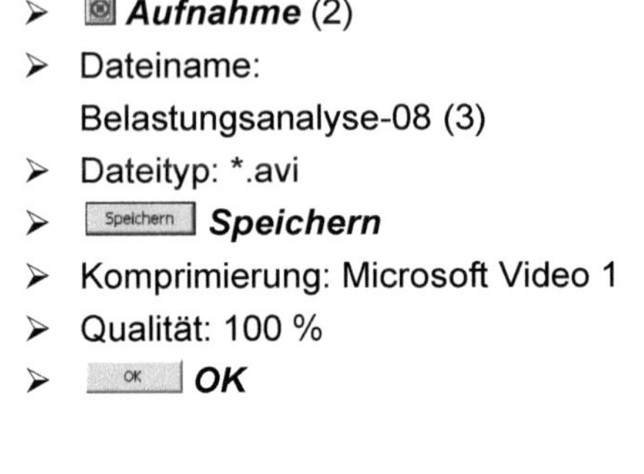

- **Animieren** (1)
- ➢ **Aufnahme** (2)
- ➢ Dateiname:
  Belastungsanalyse-08 (3)
- ➢ Dateityp: *.avi
- ➢ Speichern *Speichern*
- ➢ Komprimierung: Microsoft Video 1
- ➢ Qualität: 100 %
- ➢ OK *OK*

12 Studien an Schweißbaugruppen

Auch **Schweißbaugruppen** können im Bereich der Belastungsanalyse simuliert werden. Anders als bei normalen Baugruppen mit beweglichen Bauteilen ist es bei Schweißbaugruppen allerdings nicht sinnvoll, sie vorher im Bereich der Dynamischen Simulation für die Belastungsanalyse aufzubereiten. Sie können in der Belastungsanalyse grundlegend wie gewöhnliche Bauteile behandelt werden, weil ihre enthaltenen Bauteile keine Freiheitsgrade untereinander besitzen. Die korrekte Definition der einzelnen Bauteilflächen, die zueinander Kontakt haben, ist dagegen allerdings besonders wichtig.

12.1 Schweißbaugruppe analysieren
12.1.1 Baugruppe SBG-KIPPZYLINDER_FIXIERUNG öffnen

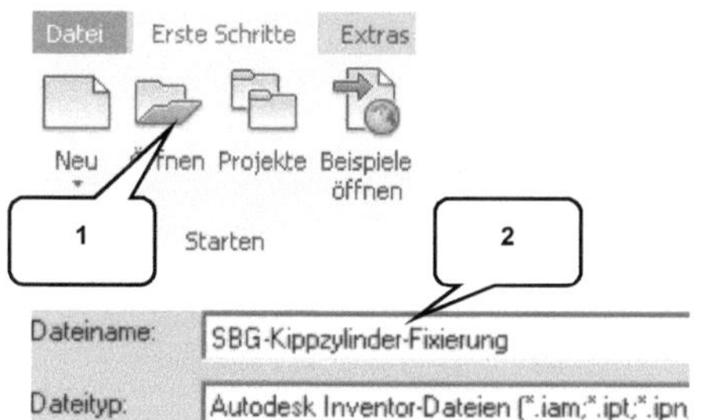

Als Übungsbeispiel soll die Schweißbaugruppe **SBG-Kippzylinder-Fixierung** geöffnet werden.

 Öffnen (1)

> Order: Projektordner wählen
> Dateiname: SBG-Kippzylinder-Fixierung (2)
> Dateityp: *.iam
> Öffnen **Öffnen**

12.1.2 Aufbau der Schweißbaugruppe

Die Schweißbaugruppe besteht aus der **Basisplatte** (1), den beiden **Befestigungsplatten** (2) und den einzelnen **Schweißnähten** (3). Die beiden Befestigungsplatten liegen auf der Basisplatte auf und werden lediglich durch die Schweißnähte mit ihr verbunden.

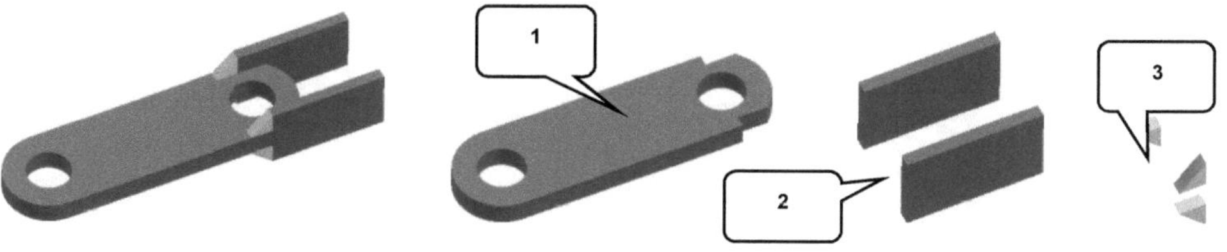

Das Ziel der folgenden Übung soll es sein, Kontaktflächen zwischen Bauteilen zu erzeugen, zu überprüfen und gegebenenfalls auch zu korrigieren.

12.2   Randbedingungen definieren
12.2.1 Einzelpunkt-Studie erstellen

Arbeitsbereich:
Belastungsanalyse 

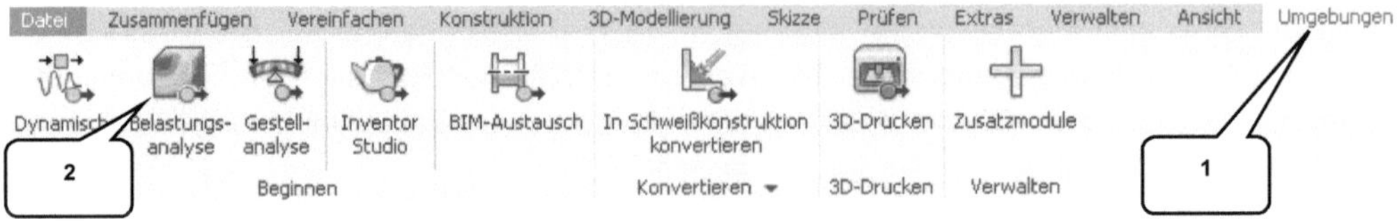

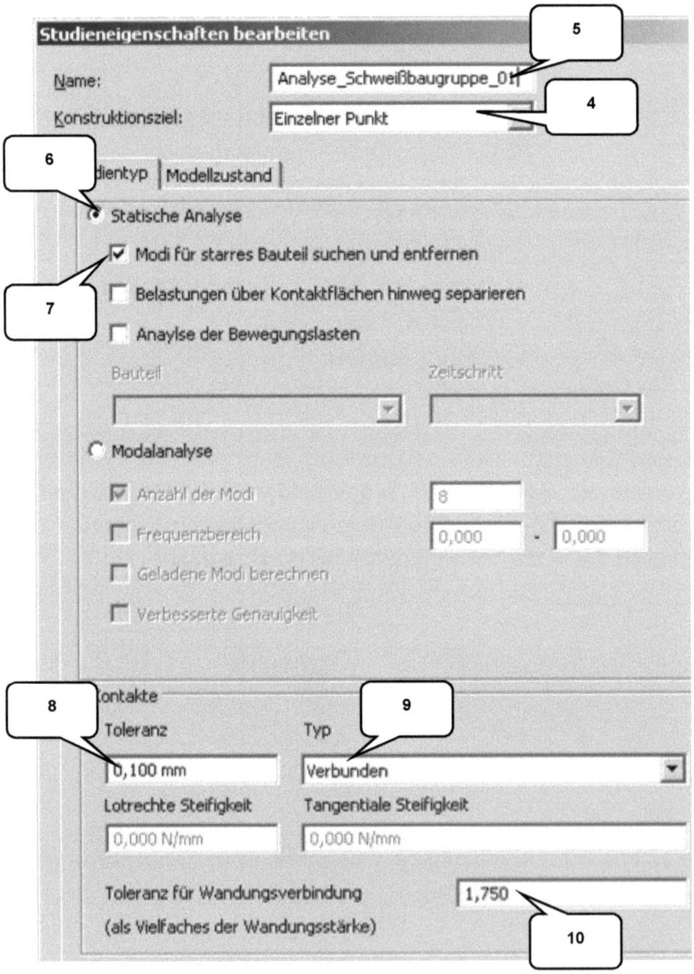

Studieneigenschaften bearbeiten

Name: Analyse_Schweißbaugruppe_01

Konstruktionsziel: Einzelner Punkt

Studientyp | Modellzustand

⦿ Statische Analyse

☑ Modi für starres Bauteil suchen und entfernen

☐ Belastungen über Kontaktflächen hinweg separieren

☐ Anaylse der Bewegungslasten

Bauteil   Zeitschritt

○ Modalanalyse

☑ Anzahl der Modi   8

☐ Frequenzbereich   0,000 - 0,000

☐ Geladene Modi berechnen

☐ Verbesserte Genauigkeit

Kontakte

Toleranz   Typ

0,100 mm   Verbunden

Lotrechte Steifigkeit   Tangentiale Steifigkeit

0,000 N/mm   0,000 N/mm

Toleranz für Wandungsverbindung   1,750

(als Vielfaches der Wandungsstärke)

➤ Reg. **Umgebungen** (1)

Belastungsanalyse (2)

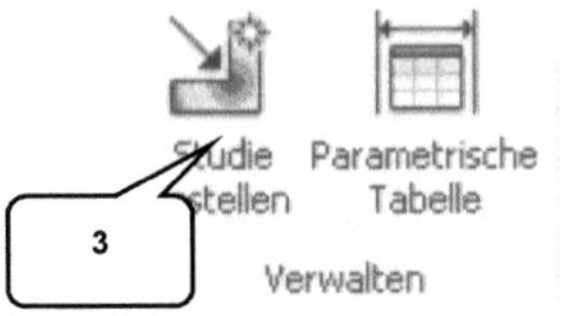

Neue Studie erst. (3)

➤ Konstruktionsziel: Einzelner Punkt (4)

➤ Name: Analyse_Schweißbaugruppe_01 (5)

➤ Studientyp: Statische Analyse (6)

➤ Aktivieren: Modi für starres Bauteil ... (7)

➤ Toleranz: 0,1 mm (8)

➤ Typ: Verbunden (9)

➤ Toleranz für Wandungs-verbindung: 1,75 (10)

➤ OK **OK**

Studie erstellen   Parametrische Tabelle

Verwalten

Zu diesem Zeitpunkt sollte der Bereich **Kontakte** in den Eigenschaften der Studie noch einmal etwas genauer betrachtet werden. Dem Programm wird bereits hier vorgegeben, wie es zu verfahren hat, wenn sich die Oberflächen zweier Bauteile berühren, oder zumindest dicht beieinanderliegen. Im Eingabefeld **Toleranz** wurde der Wert **0,1 mm** (8) eingetragen und als **Typ** ist die Option **Verbunden** (9) definiert. Damit wurde bereits vorgegeben, dass alle Bauteile deren Abstand weniger als 0,1 mm zueinander beträgt, als fest miteinander verbunden zu betrachten sind. Das ist ein wichtiger Punkt, weil Bauteiloberflächen sehr häufig aneinander liegen und trotzdem noch aneinander gleiten können, also noch mindestens 3 Freiheitsgrade besitzen (zwei translatorische und einen rotatorischen). Würde man bei einer Simulation nicht darauf achten, könnte das durchaus auch unerwünschte Berechnungsfehler zur Folge haben.

12.2.2 Materialien zuweisen

Die folgenden **Materialien** sollten vorher übernommen werden:

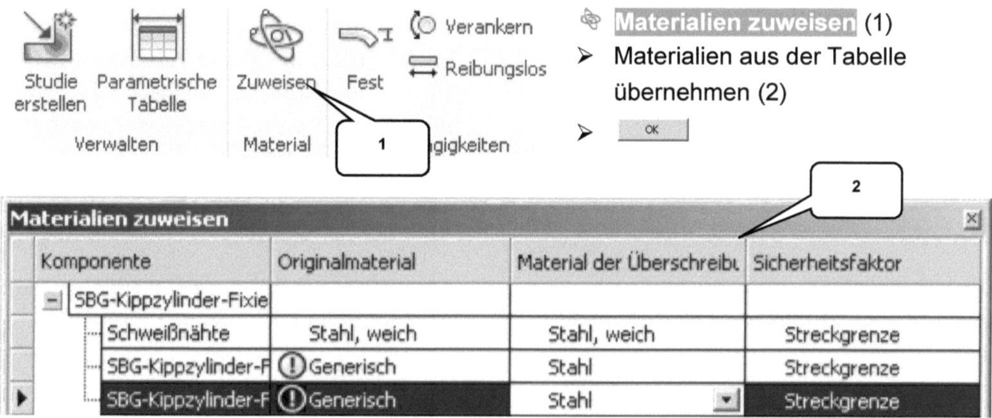

Komponente	Originalmaterial	Material der Überschreibu	Sicherheitsfaktor
– SBG-Kippzylinder-Fixie			
Schweißnähte	Stahl, weich	Stahl, weich	Streckgrenze
SBG-Kippzylinder-F (!) Generisch		Stahl	Streckgrenze
SBG-Kippzylinder-F (!) Generisch		Stahl	Streckgrenze

12.2.3 Randbedingungen analysieren

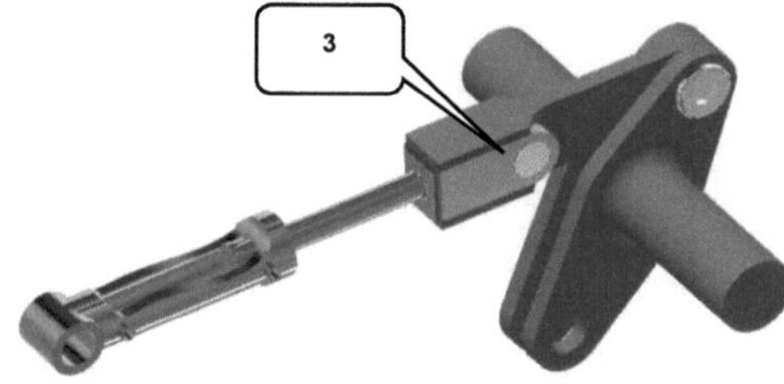

Die **Einbausituation** der Schweißbaugruppe könnte wie folgt beschrieben werden: Durch zwei Bohrungen ist sie auf der einen Seite axial mit dem Kolben des Kippzylinders verbunden (1). Auf der anderen Seite ist sie axial am Kipphebel (2) befestigt und auf beiden Seiten gibt es weitere reibungslose Abhängigkeiten zu den jeweils angrenzenden Komponenten.

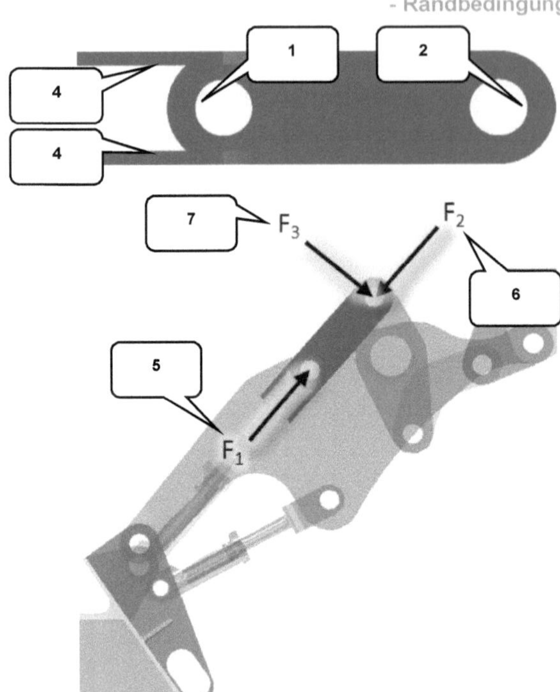

Die beiden Laschen (4) verhindern eine Rotation der Schweißbaugruppe um das Verbindungsgelenk zum Kolben (3).

Die **Belastungssituation** kann wie folgt beschrieben werden: Der Kolben des Kippzylinders drückt in axialer Richtung mit der Kraft $F_1 = 100\ N$ (5) in die angegebene Richtung, der Kipphebel drückt mit der Kraft $F_2 = 100\ N$ (6) in die entgegengesetzte Richtung.

Weiterhin soll angenommen werden, dass eine zusätzliche Kraft $F_3 = 100\ N$ (7) als radiale Lagerkraft in dargestellter Richtung auf die Verbindungsstelle zwischen Schweißbaugruppe und Kipphebel wirkt. Diese dritte Kraft soll lediglich dazu dienen, die späteren Ergebnisse aussagekräftiger zu gestalten.

12.2.4 Reibungslose Abhängigkeiten platzieren

Analog der Einbausituation der Schweißbaugruppe, sind insgesamt 6 Kontaktflächen mit *reibungslosen Abhängigkeiten* zu versehen (die Oberflächen wurden bereits präzisiert).

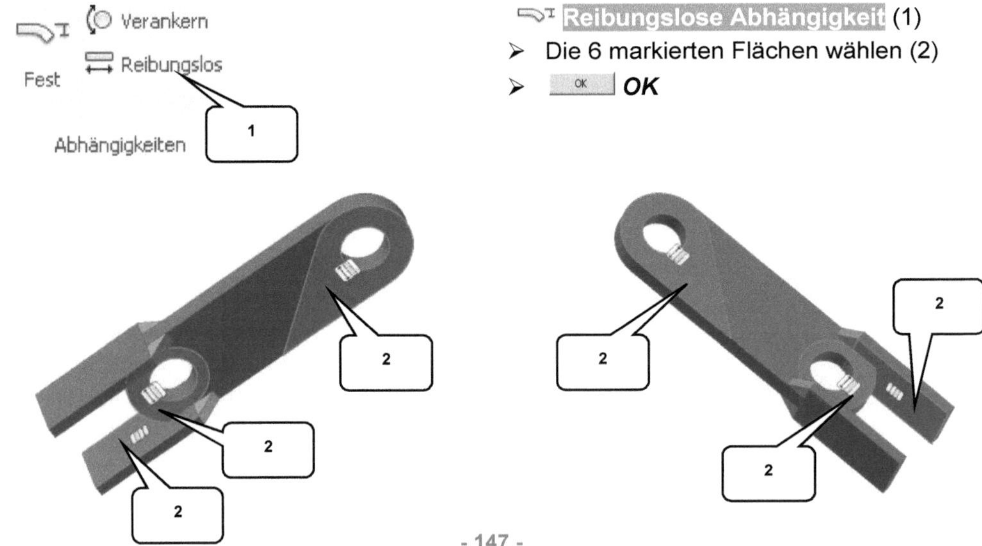

Reibungslose Abhängigkeit (1)
> Die 6 markierten Flächen wählen (2)
> OK **OK**

12.2.5 Kräfte platzieren

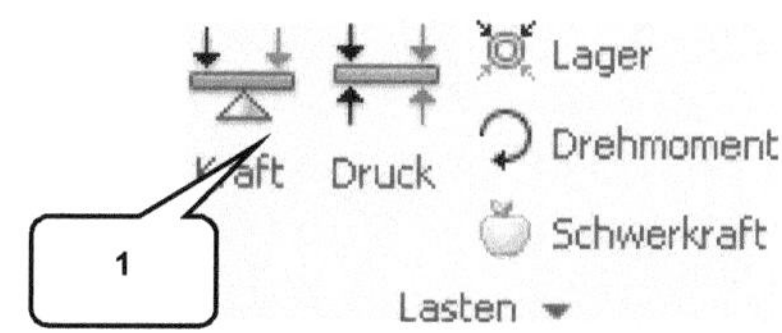

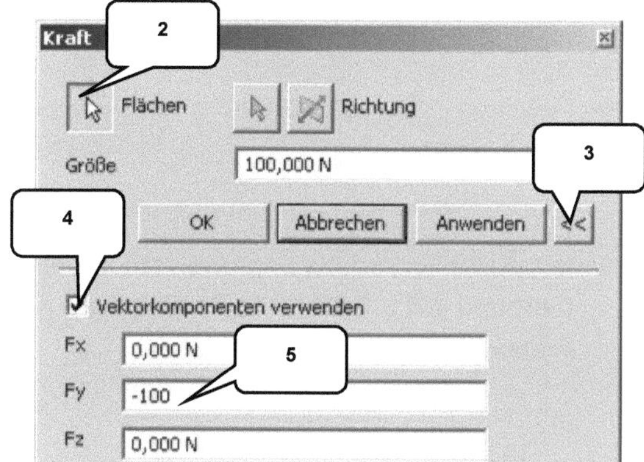

Die **Kraft F_1** wirkt an der Verbindungsstelle zum Kolben des Kippzylinders. Sie wird mit **100 N** angenommen und wirkt entgegengesetzt zur Y-Achse des Koordinatensystems.

Die **Kraft F_2** wirkt an der Verbindungsstelle zum Kipphebel. Sie wird ebenfalls mit **100 N** angenommen und wirkt in Richtung der Y-Achse, also genau entgegengesetzt zu **F_1**.

Kraft (1)

➢ Flächen: Markierte zylindrische Bohrungsfläche wählen (2)

➢ Befehlsfenster erweitern (3)

➢ Aktivieren: Vektorkomponenten verwenden (4)

➢ F_y: -100 N (5)

➢ Anwenden **Anwenden**

➢ Flächen: Markierte zylindrische Bohrungsfläche wählen (6)

➢ F_y: 100 N (7)

➢ OK **OK**

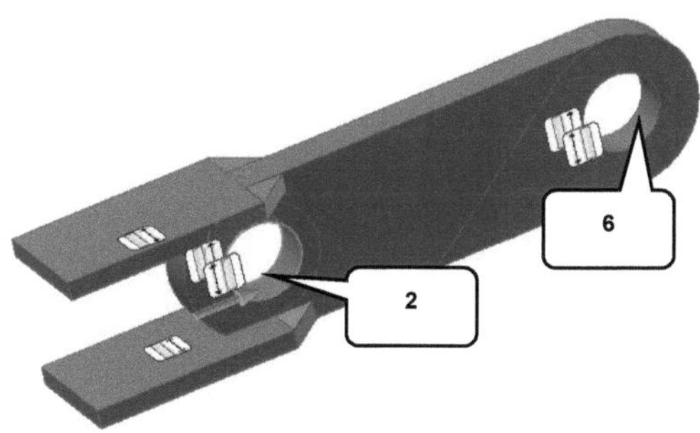

12.2.6 Lagerbelastung platzieren

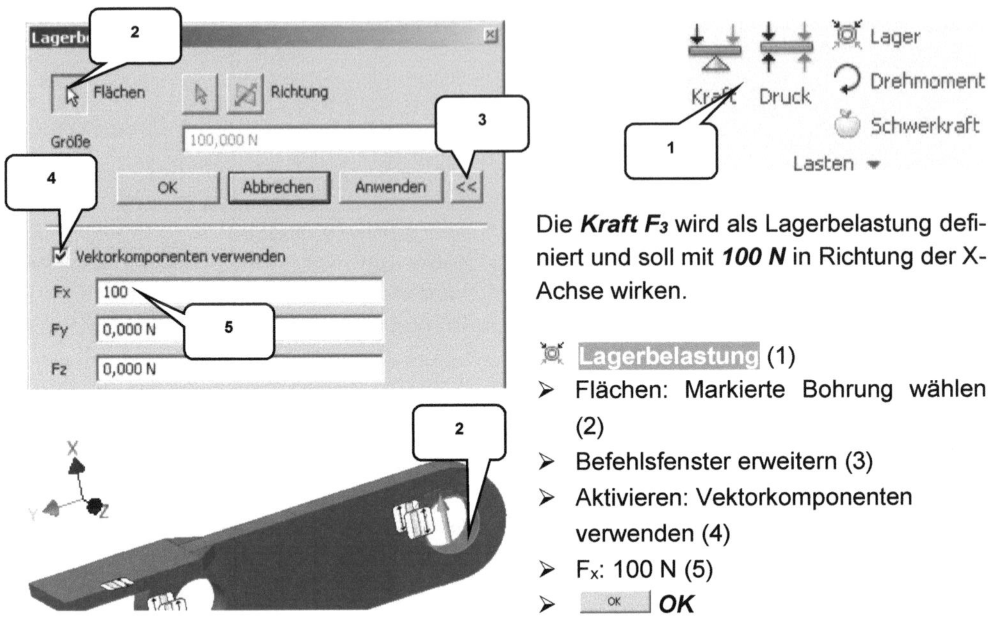

Die **Kraft F₃** wird als Lagerbelastung definiert und soll mit **100 N** in Richtung der X-Achse wirken.

Lagerbelastung (1)

> Flächen: Markierte Bohrung wählen (2)
> Befehlsfenster erweitern (3)
> Aktivieren: Vektorkomponenten verwenden (4)
> F_x: 100 N (5)
> OK **OK**

12.2.7 Grundlagen: Automatische Kontakte und manuelle Kontakte

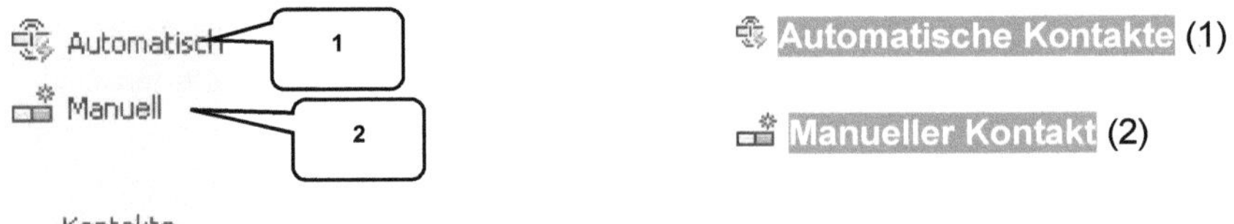

Automatische Kontakte (1)

Manueller Kontakt (2)

Mit dem Befehl **Automatische Kontakte** können Baugruppen und die Kontaktflächen der darin enthaltenen und aneinander angrenzenden Bauteile analysiert werden. Je nach Grundeinstellung (entweder im Befehl **Belastungsanalyse-Einstellungen** oder in den **Studieneigenschaften**), werden Kontaktflächen (in Abhängigkeit der Bauteilabstände) entweder als miteinander **verbunden**, voneinander **getrennt**, **gleitend**, als **Schrumpfverbindung** oder als **Federelement** deklariert. Die Einstellungen können natürlich auch nachträglich noch verändert werden. Wird der Befehl **Automatische Kontakte** nicht vor einer Simulation aktiviert, so führt das Programm während der Simulation den Befehl selbstständig durch.

Der Befehl **Manueller Kontakt** bearbeitet bereits vorhandene Kontakte und weist ihnen neue Eigenschaften zu. Der Befehl **Automatische Kontakte** muss dafür allerdings vorher durchgeführt worden sein!

12.2.8 Kontaktbedingungen berechnen und auswerten

Die **Kontaktbedingungen** sollen jetzt automatisch ermittelt werden.

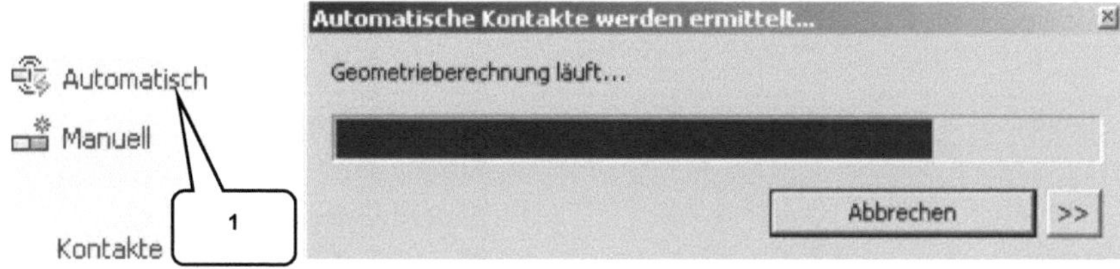

Automatische Kontakte (1)

Nach der Kontaktermittlung können im Browser die Ordner **Kontakte** (2) und **Verbunden** (3) geöffnet werden, worin man die neu erstellten Kontaktverbindungen findet. Jede Kontaktfläche mit einem Abstand von weniger als **0,1 mm** zueinander wurde als **miteinander fest verbunden** definiert[25].

12.3 Simulation der fehlerhaften Kontaktsituation
12.3.1 Simulation ausführen und aufzeichnen

In einer ersten **Simulation** soll geprüft werden, wie die Auswirkungen der aktuellen Kontaktsituation auf die Berechnungen der Belastungsanalyse sind.

---

[25] Bei einer Simulation würden diese Bauteile dann als ein einziges, zusammenhängendes Bauteil berechnet werden.

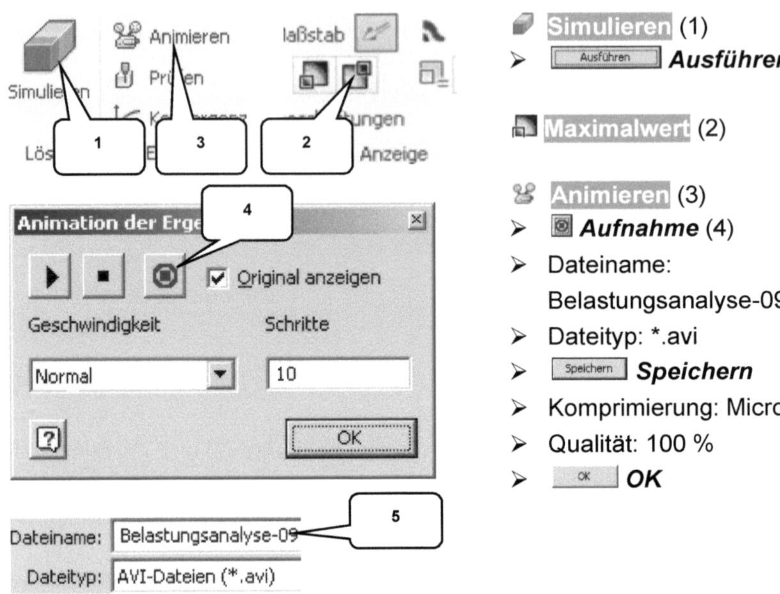

Simulieren (1)
> Ausführen **Ausführen**

Maximalwert (2)

Animieren (3)
> **Aufnahme** (4)
> Dateiname:
> Belastungsanalyse-09 (5)
> Dateityp: *.avi
> Speichern **Speichern**
> Komprimierung: Microsoft Video 1
> Qualität: 100 %
> OK **OK**

12.3.2 Ergebnisinterpretation

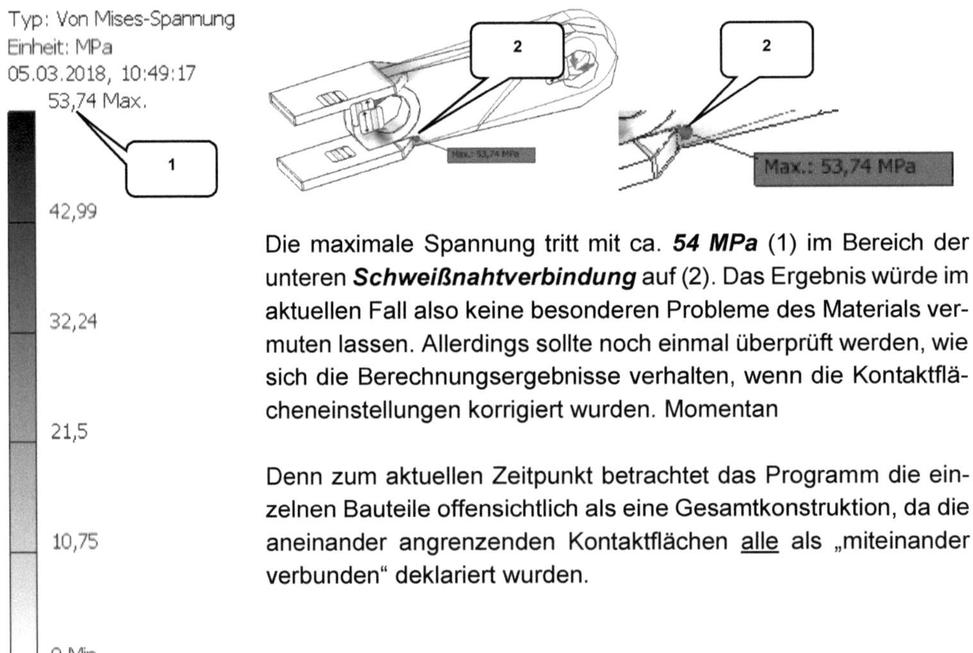

Die maximale Spannung tritt mit ca. **54 MPa** (1) im Bereich der unteren **Schweißnahtverbindung** auf (2). Das Ergebnis würde im aktuellen Fall also keine besonderen Probleme des Materials vermuten lassen. Allerdings sollte noch einmal überprüft werden, wie sich die Berechnungsergebnisse verhalten, wenn die Kontaktflächeneinstellungen korrigiert wurden. Momentan

Denn zum aktuellen Zeitpunkt betrachtet das Programm die einzelnen Bauteile offensichtlich als eine Gesamtkonstruktion, da die aneinander angrenzenden Kontaktflächen alle als „miteinander verbunden" deklariert wurden.

12.4 Kontaktbedingungen korrigieren
12.4.1 Kontaktflächen bearbeiten

Im nächsten Schritt soll die Kontaktsituation korrigiert werden, d.h. dass die einzelnen Flächenverbunde zu kontrollieren sind. Bei einer Schweißbaugruppe sind es lediglich die Schweißnähte, die einen festen Kontakt zu den angrenzenden Bauteiloberflächen haben. Die Oberflächen der Bauteile selbst liegen nur (gleitend) aufeinander, sind aber nicht fest miteinander verbunden. Betrachtet man die als verbunden definierten Flächen im Browser etwas genauer, so kann man feststellen, dass die ersten vier Verbindungen (1) keine Schweißnähte enthalten[26] und daher falsch zugeordnet wurden. Diese vier Kontakte müssen also markiert und bearbeitet werden.

> Kontakte **Verbunden 1..4** im Browser markieren (1)
> **Rechte Maustaste** darauf
> **Kontakt bearbeiten** (2)

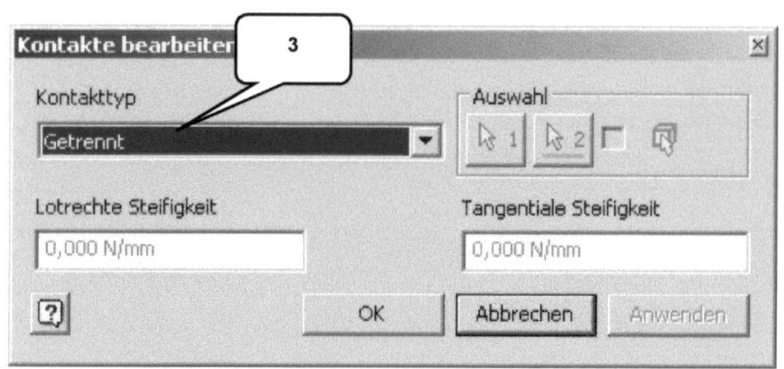

Im Bearbeitungsbereich dieser Kontakte muss der Kontakttyp von **Verbunden** auf **Getrennt** geändert werden.

> Kontakttyp: Getrennt (3)
> OK **OK**

---

[26] Die zur Verbindung verwendeten Komponenten können in der Klammer im Browser abgelesen werden.

Sobald das Fenster **Kontakte bearbeiten** wieder geschlossen wurde, müsste der neue Ordner **Getrennt** (4) erstellt worden sein. Öffnet man ihn, so findet man darin die vier geänderten Kontaktverbindungen.

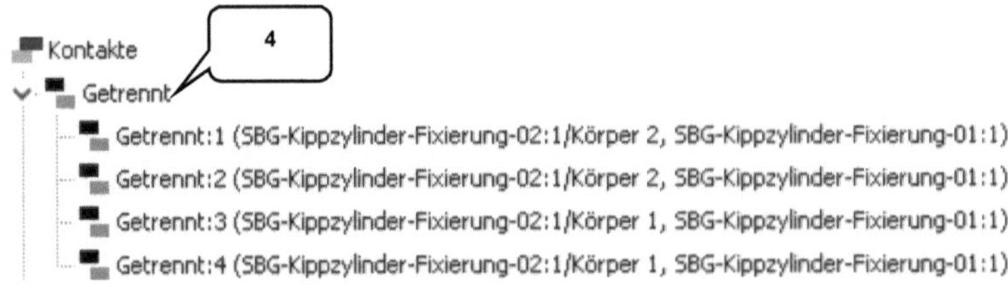

12.4.2 Simulation ausführen und aufzeichnen

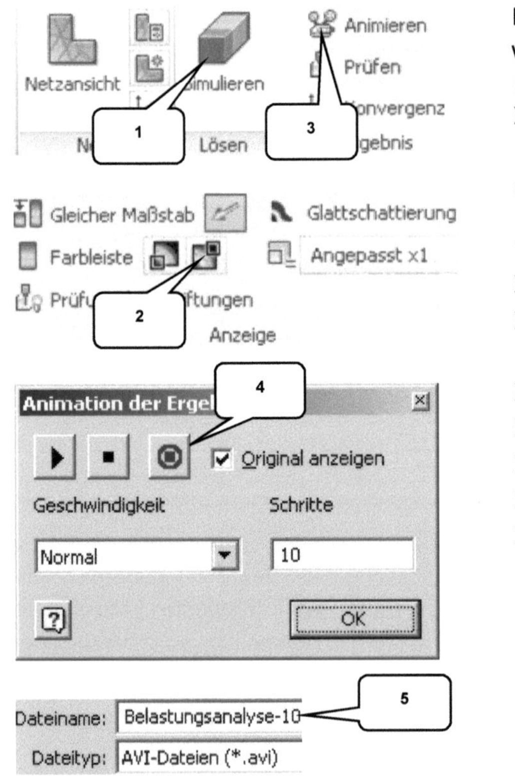

In einer neuen Simulation soll überprüft werden, ob die

Simulieren (1)
- > Ausführen **Ausführen**

Maximalwert (2)

Animieren (3)
- > 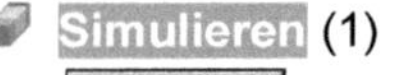 **Aufnahme** (4)
- > Dateiname:
  Belastungsanalyse-10 (5)
- > Dateityp: *.avi
- > Speichern **Speichern**
- > Komprimierung: Microsoft Video 1
- > Qualität: 100 %
- > OK **OK**

12.4.3 Ergebnisinterpretation

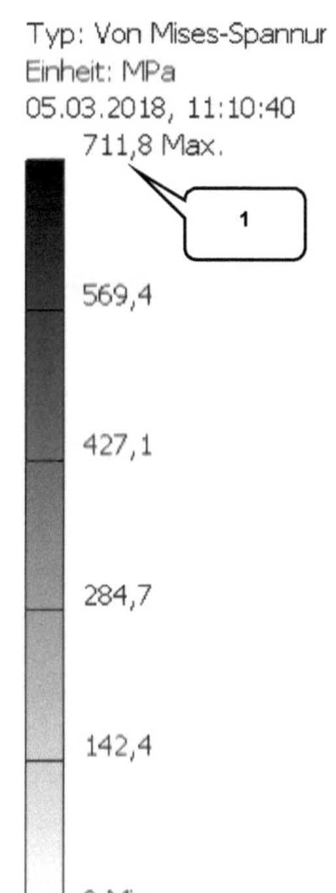

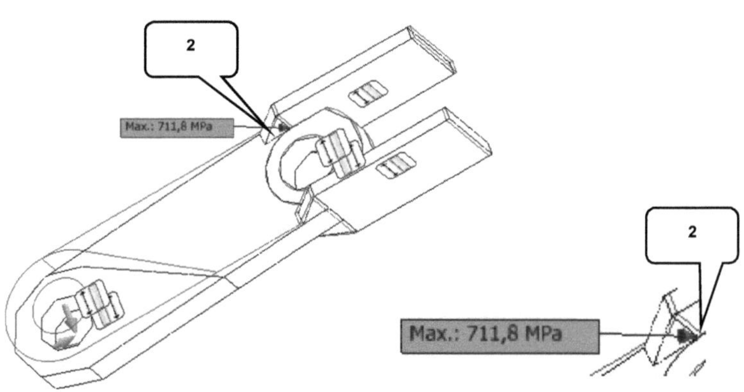

Sobald die Simulation durchgeführt wurde sollte die maximale Von Mises-Spannung erneut betrachtet werden: Ihr Wert hat sich deutlich erhöht (von ca. **54 MPa** auf ca. **712 MPa** (1)) und liegt damit bereits in einem Bereich, wo das Material den Belastungen gegebenenfalls nicht mehr standhalten könnte. Auch die lokale Position der maximalen Spannung hat sich etwas verschoben (2).

Die Übung soll zeigen, dass Baugruppen und auch Schweißbaugruppe generell auf ihre Kontaktsituation hin überprüft werden sollten um aussagefähige Ergebnisse in einer Simulation zu erhalten, denn falsch definierte Kontaktflächen könnten schwerwiegende Berechnungsfehler zur Folge haben.

Die Schweißbaugruppe kann *gespeichert* und *geschlossen* werden.

 Speichern (Bauteil)
Schließen (Bauteil)

13 Topologieoptimierung mit dem Formengenerator

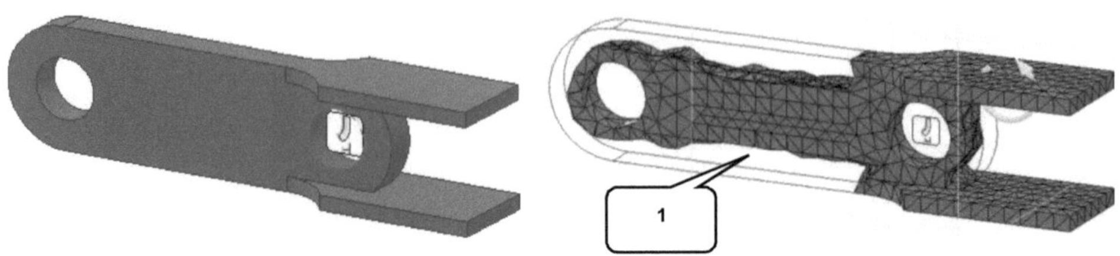

Bei einer **Topologieoptimierung** berechnet das Computerprogramm anhand aller vorliegenden Lasten und Auflager eine vereinfachte Bauteilgeometrie (1), bei der versucht wird, Material am Bauteil zu entfernen und dadurch das Volumen zu minimieren, ohne die Stabilität des Bauteils zu gefährden und seine Funktion dadurch einzuschränken. Es entsteht ein Bauteil mit geringerer Masse und mit einer optimierten Materialverteilung.

13.1 Formen-Generator-Studie erstellen
13.1.1 Bauteil KIPPZYLINDER_FIXIERUNG öffnen

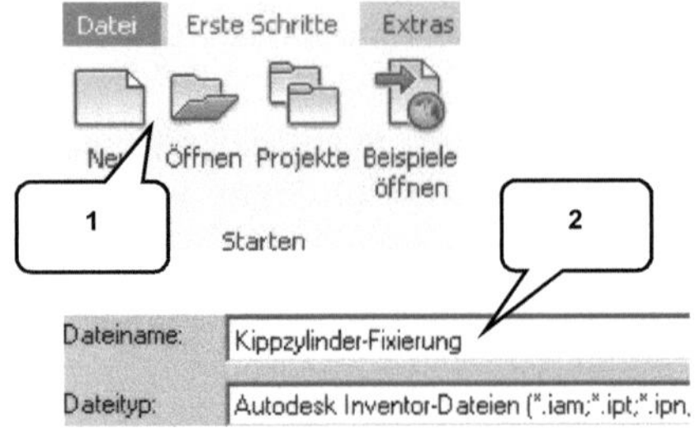

Als Übungsobjekt soll das Bauteil **Kippzylinder-Fixierung** geöffnet werden (diesmal das Bauteil und nicht die Baugruppe!

 **Öffnen** (1)

> Order: Projektordner wählen
> Dateiname: Kippzylinder_Fixierung (2)
> Dateityp: *.ipt
> Öffnen **Öffnen**

13.1.2 Formen-Generator-Studie erstellen

Arbeitsbereich:
Belastungsanalyse

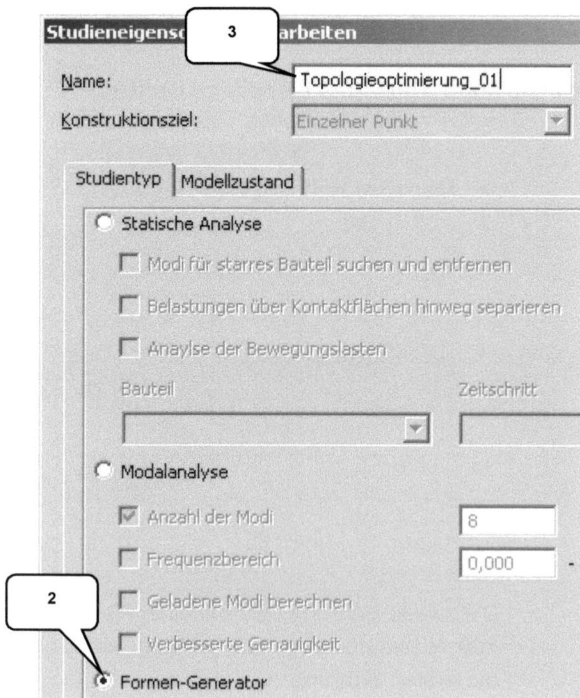

> Register **Umgebungen** (1)

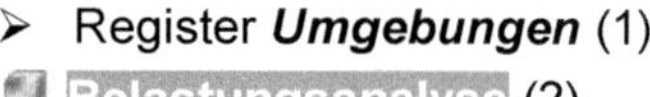

Im Bereich der Belastungsanalyse ist eine neue **Studie** zu erstellen. Wir verwenden diesmal den Typ **Formen-Generator**[27].

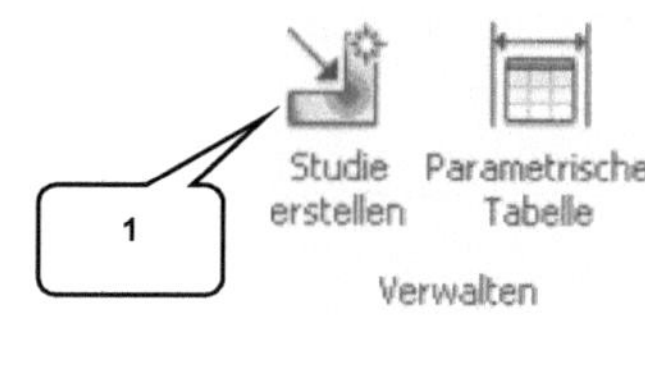

Neue Studie erstellen (1)
> Typ: Formen-Generator (2)
> Name:
  Topologieoptimierung_01 (3)
> ⊓ OK ⊔ **OK**
> ⊓ OK ⊔ **OK** (Befehlsfenster
Formen-Generator ...)

13.2 Randbedingungen definieren
13.2.1 Material zuweisen

Als **Material** soll dem Bauteil **Stahl** zugewiesen werden.

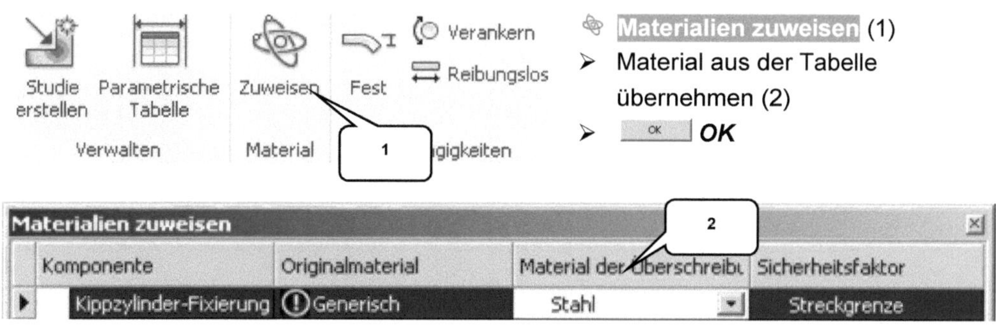

> **Materialien zuweisen** (1)
> Material aus der Tabelle übernehmen (2)
> ⊓ OK ⊔ **OK**

---

[27] Wurde bereits eine Studie (z. B. eine statische Analyse) an einem Bauteil vorgenommenen, so können die Randbedingungen durch das Kopieren dieser Studie in den Formen-Generator übertragen werden, um sich die Arbeit etwas zu erleichtern. Im aktuellen Übungsbeispiel sind leider noch keine Studien vorhanden.

13.2.2 Festgelegte Abhängigkeit platzieren

Zur Befestigung des Bauteils soll eine einfache *feste Abhängigkeit* platziert werden.

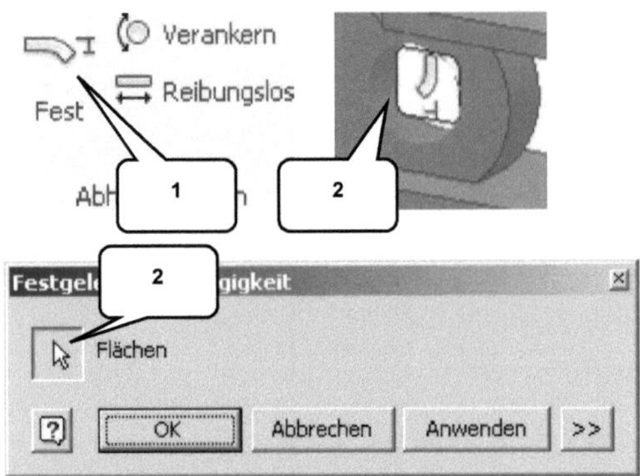

Festgelegte Abhängigkeit (1)

> Markierte Bohrung wählen (2)
> OK **OK**

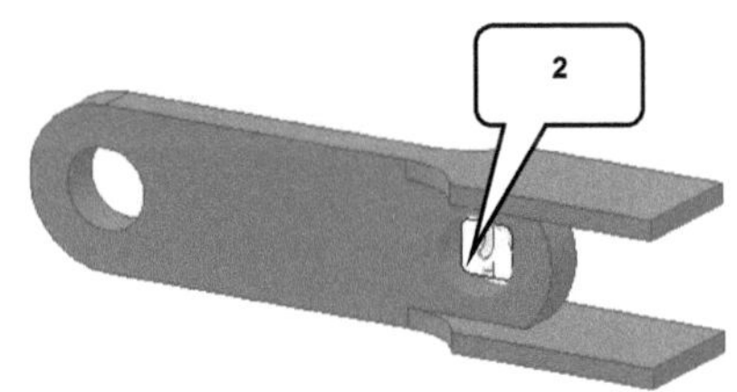

13.2.3 Kraft platzieren

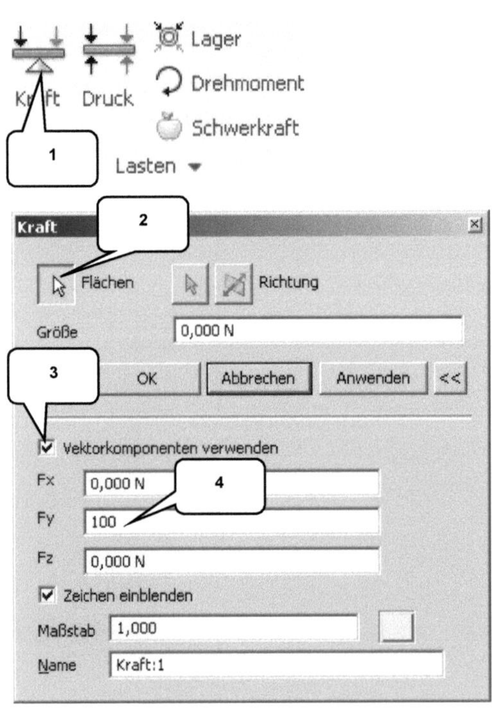

Die zweite Bohrung wird mit einer *Kraft* von *100 N* beaufschlagt. Sie wirkt in Richtung der ersten Bohrung.

Kraft (1)

> Fläche: Markierte Zylinderfläche (2)
> Befehlsfenster erweitern
> Aktivieren: Vektorkomponenten (3)
> F_y: 100 N (4)
> OK **OK**

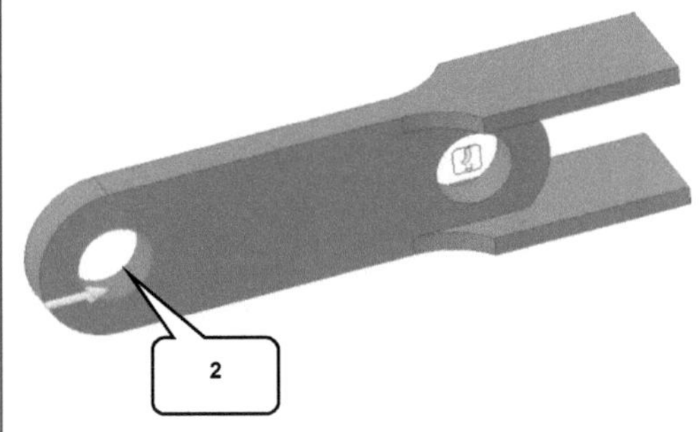

13.3 Optimierungskriterien auswählen

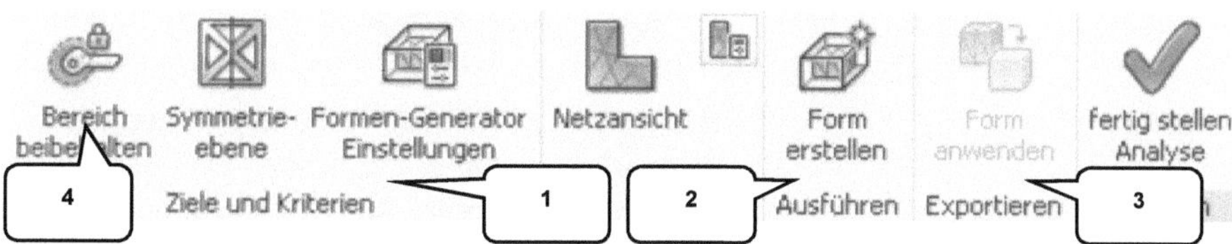

Studien, die mit dem Formen-Generator durchgeführt werden, eröffnen die neuen Befehls-gruppen *Ziele und Kriterien* (1), *Ausführen* (2) und *Exportieren* (3). Sie enthalten die folgenden Befehle:

13.3.1 Grundlagen: Bereich beibehalten

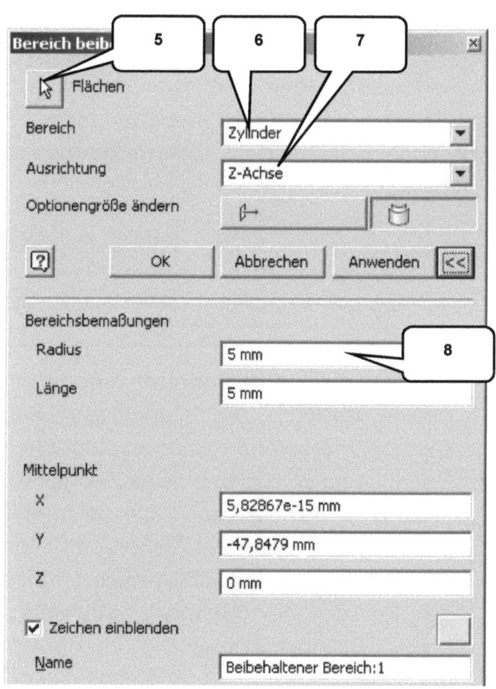

Bereich beibehalten (4)

Topologische Optimierungen haben das Ziel, die Masse eines Bauteils unter Beachtung der äußeren Randbedingungen (wie Kräfte, Drehmomente und Auflager) zu minimieren, ohne dabei die Stabilität des Bauteils zu beeinträchtigen.

Bereiche am Bauteil an denen Änderungen nicht zulässig sind (z. B. weil das Bauteil dort befestigt wird) müssen vorab definiert werden. Hierfür stellt das Programm den Befehl *Bereich beibehalten* zur Verfügung. Nach der Auswahl der beizubehaltenden *Oberflächen* (5) müssen u. a. die *Form* (6) (zylindrisches Objekt oder Quaderobjekt), die *Ausrichtung* (7) und die *Größe* (8) festgelegt werden.

13.3.2 Grundlagen: Symmetrieebene

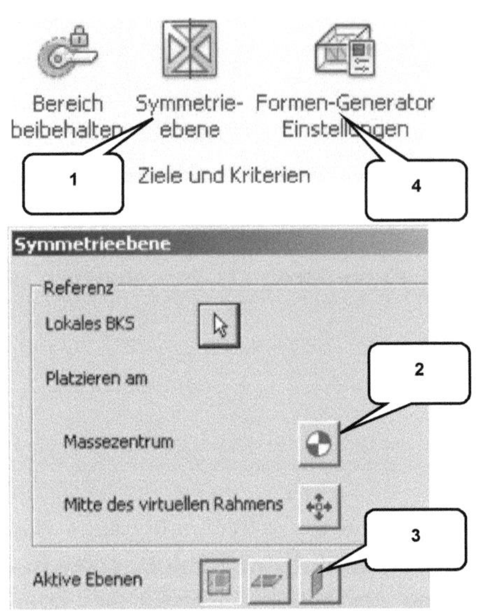

▧ Symmetrieebene (1)

Symmetrie an Bauteilen ist aus fertigungstechnischer Sicht ein wichtiges Konstruktionsprinzip. Auch bei topologischen Optimierungen sollte daher darauf geachtet werden, die Resultate aus dem Formengenerator möglichst symmetrisch zu erzeugen. Derartige Vorgaben sind durch den Befehl *Symmetrieebene* möglich. Das Programm platziert standardmäßig ein Koordinatensystem am *Massezentrum* (2) des Bauteils, dessen Ausrichtung sich am globalen Koordinatensystem orientiert. Hierdurch werden die 3 Hauptebenen aufgespannt, welche entweder einzeln oder kombiniert als *Symmetrieebenen* (3) definiert werden können.

13.3.3 Grundlagen: Formengenerator-Einstellungen

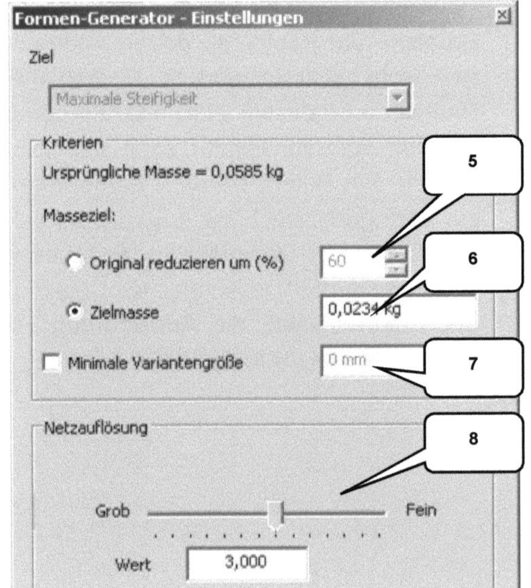

▦ Formen-Generator-Einstellungen (4)

In den *Formen-Generator-Einstellungen* werden die grundsätzlichen Berechnungskriterien einer topologischen Optimierung vorgegeben. Das Ziel der Minimierung der Masse kann entweder *prozentual* (5) oder als *Zielwert* definiert (6). Außerdem kann eine untere Grenze der Berechnung (*Minimale Variantengröße*) definiert werden (7). Im Bereich der Netzauflösung kann mittels Schieberegler oder durch eine Werteeingabe die *Feinheit des Netzes* festgelegt werden (8). Je feiner das Netz, desto genauer die Berechnungsergebnisse (desto größer allerdings auch der Rechenaufwand).

13.3.4 Überarbeiten der Grundeinstellungen

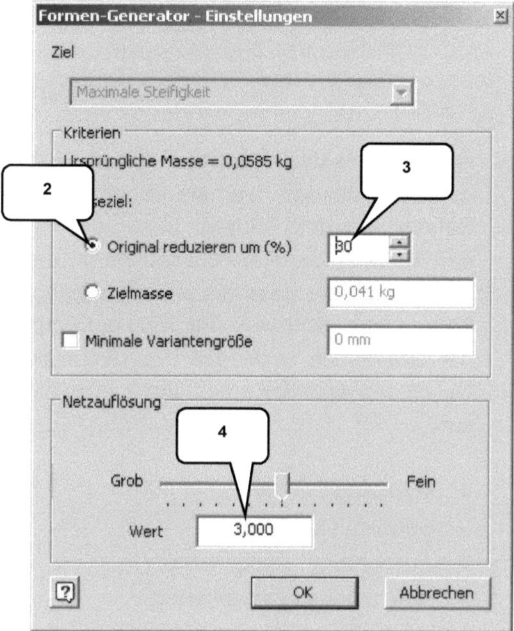

Zuerst sollten die grundlegenden *Einstellungen* vorgenommen werden. Das Ziel der *Reduzierung* der Masse ist dabei mit *30%* zu definieren, wobei die *Netzauflösung* im Mittelwert liegen soll.

Formen-Generator-Einstellungen (1)
- ➢ Aktivieren: Original reduzieren um (2)
- ➢ Wert der Reduzierung: 30% (3)
- ➢ Netzauflösung: 3,0 (4)
- ➢ OK *OK*

13.3.5 Unveränderbare Bereiche festlegen

Im nächsten Schritt muss definiert werden, welche geometrischen *Bereiche* des Bauteils *nicht verändert* werden dürfen, weil sie z. B. zur Befestigung des Bauteils an den angrenzenden Bauteilen benötigt werden, wozu u. a. die beiden Bohrungen zählen. Entsprechend ihrer geometrischen Form muss hier natürlich auch ein zylindrischer Bereich gewählt werden. Die Ausrichtung des Zylinders ermittelt das Programm automatisch anhand der Bohrungsachse (Z-Achse) und eine Vergrößerung des beizubehaltenden Bereiches ist im aktuellen Beispiel nicht erforderlich.

Bereich beibehalten (1)
- ➢ Markierte Zylinderbohrung wählen (2)
- ➢ Bereich: Zylinder (3)
- ➢ Anwenden *ANWENDEN*

- ➢ Markierte Zylinderbohrung wählen (4)
- ➢ Bereich: Zylinder (3)
- ➢ Anwenden *ANWENDEN*

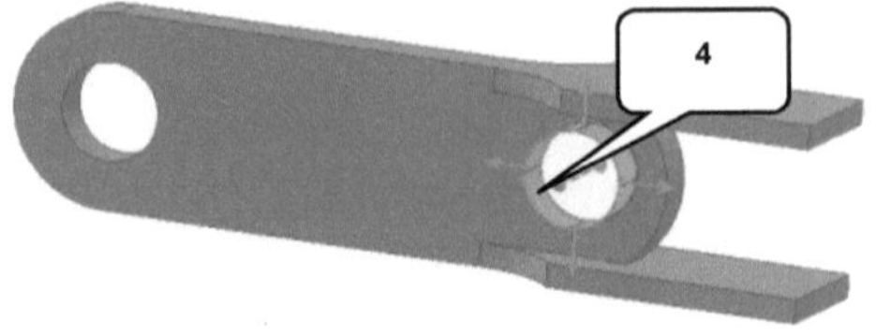

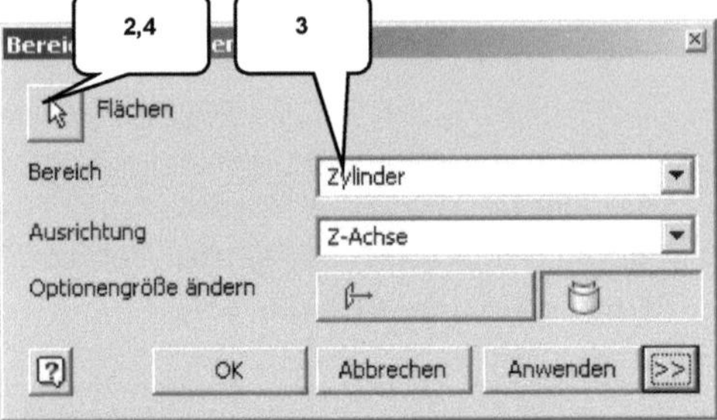

Auch die beiden *Laschen* dürfen nicht verändert werden, weil sie ebenfalls zur Befestigung des Bauteils beitragen. Bei der Auswahl der Referenzflächen ist darauf zu achten, dass die jeweilige <u>innere Seite</u> ausgewählt wird. Aufgrund der Form der Oberfläche sollte das Programm die Grundform *Quader* automatisch auswählen.

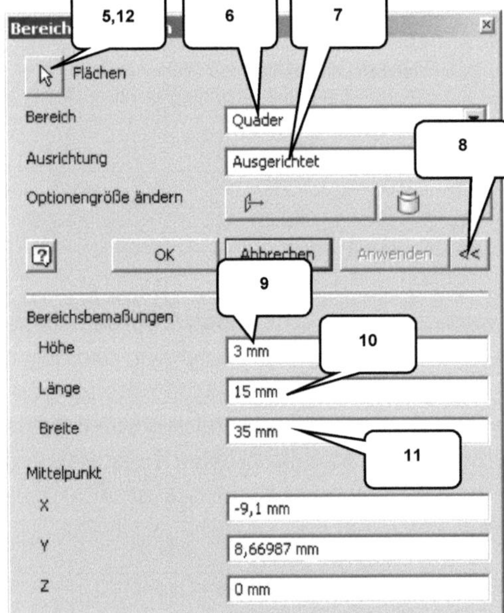

- ➢ Markierte Fläche wählen (5)
- ➢ Bereich: Quader (6)
- ➢ Ausrichtung: Ausgerichtet (7)
- ➢ Befehlsfenster erweitern (8)
- ➢ Höhe: 3 mm (9)
- ➢ Länge: 15 mm (10)
- ➢ Breite: 35 mm (11)
- ➢ *ANWENDEN*

- ➢ Markierte Fläche wählen (12)
- ➢ Bereich: Quader (6)
- ➢ Ausrichtung: Ausgerichtet (7)
- ➢ Höhe: 3 mm (9)
- ➢ Länge: 15 mm (10)
- ➢ Breite: 35 mm (11)
- ➢ *OK*

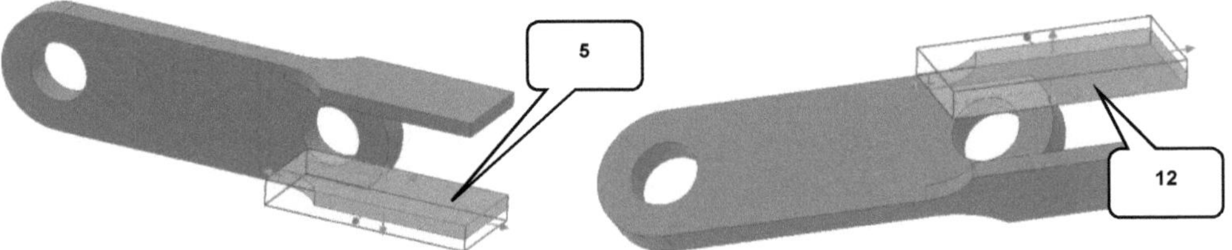

13.3.6 Symmetrieebene festlegen

Auch **Symmetrieebenen** sind zu definieren: das Bauteil soll symmetrisch zur **XY-Ebene** sowie symmetrisch zur **XZ-Ebene** optimiert werden.

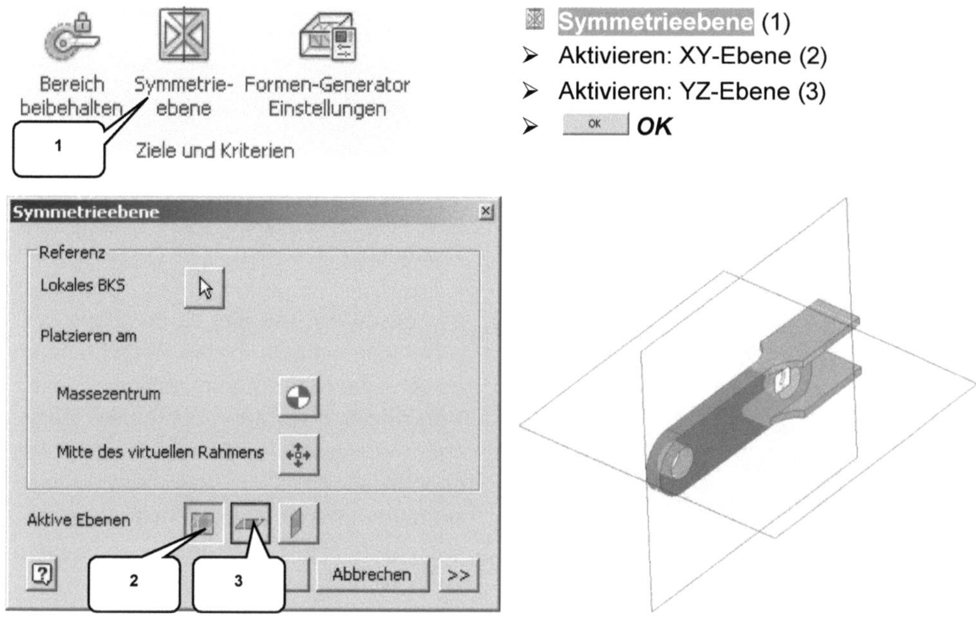

Symmetrieebene (1)
- ➤ Aktivieren: XY-Ebene (2)
- ➤ Aktivieren: YZ-Ebene (3)
- ➤ OK **OK**

13.4 Bauteil KIPPZYLINDER_FIXIERUNG optimieren
13.4.1 Grundlagen: Form erstellen

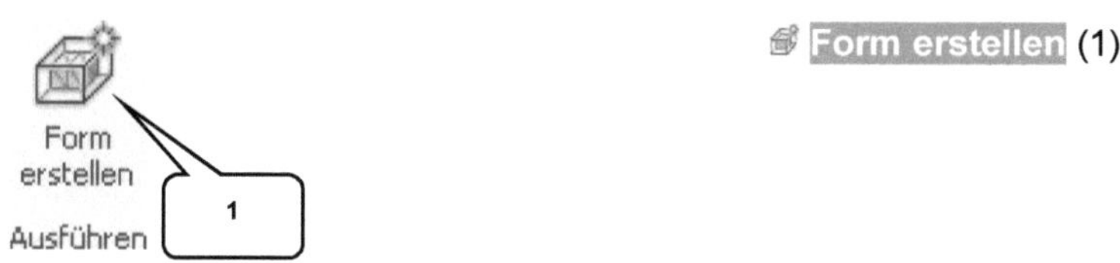

Form erstellen (1)

Wurden alle Randbedingungen (Material, Lasten und Abhängigkeiten) definiert, kann mit der Optimierung begonnen werden, wofür der Befehl **Form erstellen** zu starten ist. Das Programm versucht jetzt, so viel Material zu entfernen, wie in den Zielkriterien der Einstellungen vorgegeben wurde. Es wird bei diesem Arbeitsschritt natürlich nicht wirklich entfernt sondern lediglich eine „fiktive" optimierte Kontur berechnet.

13.4.2 Optimierte Kontur berechnen

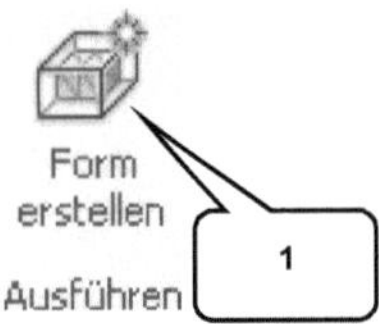

Die Berechnungen können jetzt gestartet werden, indem der Befehl *Form erstellen* geöffnet wird.

 **Form erstellen** (1)
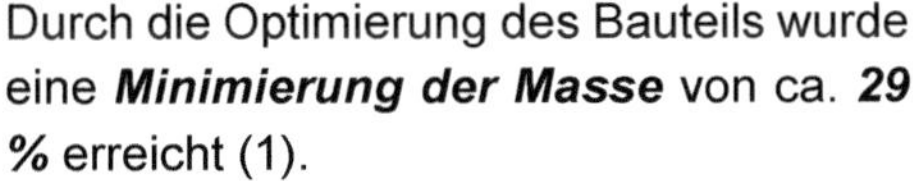 *Ausführen*[28]

13.4.3 Ergebnisinterpretation

Ursprüngliche Masse: 0,0585 kg
Neue Masse: 0,0415 kg
Massenreduzierung: 29% (1)

Durch die Optimierung des Bauteils wurde eine *Minimierung der Masse* von ca. *29 %* erreicht (1).

Interessanterweise gibt es durchaus optische Unterschiede in den Berechnungen verschiedener Programmversionen. In der Version 2018 wurden noch innere Bereiche des Bauteils entfernt (2) und in den nachfolgenden Programmversionen wurde dann eher Material im äußeren Bereich entfernt (3). Warum das so ist kann leider nicht genau nachvollzogen werden.

Das Bauteil sollte vor dem nächsten Arbeitsschritt dringend noch einmal gespeichert werden.

 **Speichern** (Bauteil)

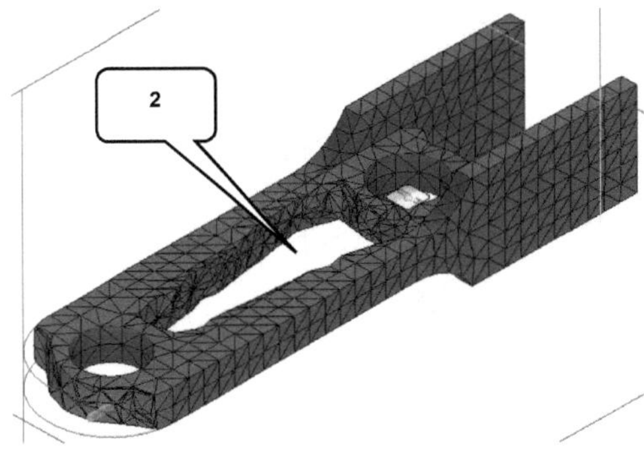

Berechnungsergebnisse der Version 2018

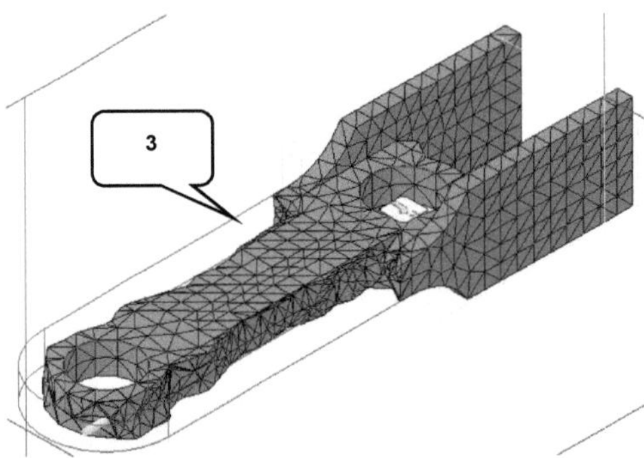

Berechnungsergebnisse der Version 2021

---

[28] In älteren Programmversionen tauchte bei diesem Befehl noch die Fehlermeldung *WARNING T2004: UN-RECOCNIZED BULK DATA ENTRY* auf, welche offensichtlich bereits behoben wurde. Sollte es beim späteren Versuch des Exportierens der optimierten Bauteilvariante vom Formen-Generator in den Bereich der Bauteilbearbeitung zu Problemen kommen, dann liegt das möglicherweise noch daran.

13.5 Berechnungsergebnisse verwerten
13.5.1 Grundlagen: Form anwenden

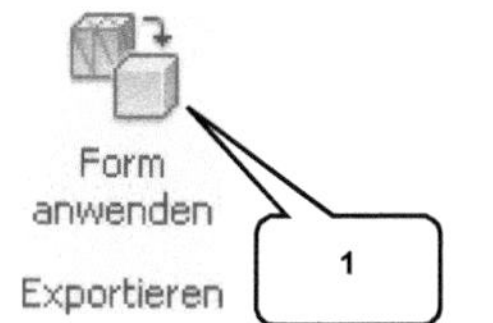

Form anwenden (1)

Der Befehl *Form anwenden* soll die optimierte Bauteilkontur aus dem Bereich der Belastungsanalyse auch außerhalb des Analysebereiches verfügbar machen.

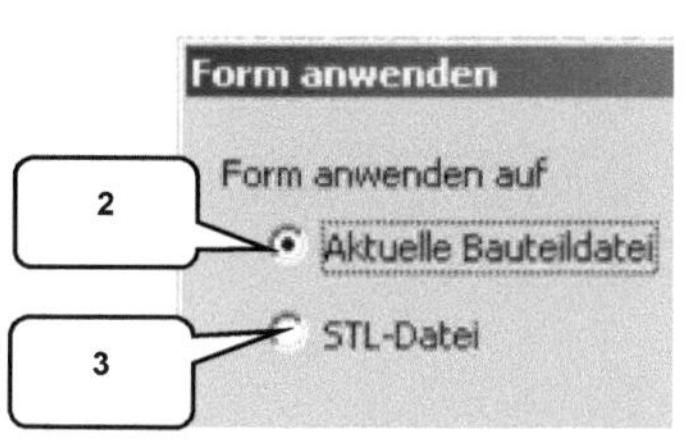

Dabei kann entschieden werden ob das optimierte Modell direkt in den Bauteilbereich übertragen wird (2), oder als separate STL-Datei zur Verfügung gestellt werden soll (3).

13.5.2 Optimierte Kontur in den Modellbereich übertragen

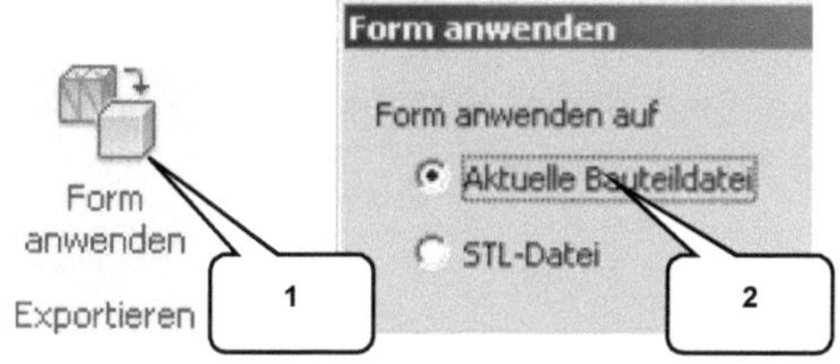

Um das optimierte Ergebnis auch auf das Bauteil übertragen zu können, muss der Befehl *Form anwenden* gestartet werden.

Form anwenden (1)
> Aktivieren: Aktuelle Bauteilteildatei (2)
> `OK` *OK*

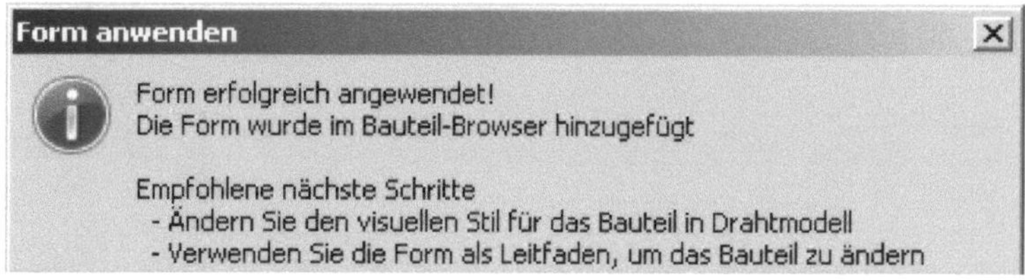

Das Programm verweist jetzt auf eine erfolgreich übertragene optimierte Kontur und wird anschließend automatisch in den **Modellbereich** des Bauteils wechseln. Betrachtet man das Bauteil, so ist zu erkennen, dass die optimierte Kontur (3) bereits in den Volumenkörper integriert wurde. Auch der Browser des Bauteils enthält jetzt einen neuen Ordner ***Kippzylinder-Fixierung*** (4) und die vom Programm vorgeschlagene Kontur ***MeshFeature*** (5).

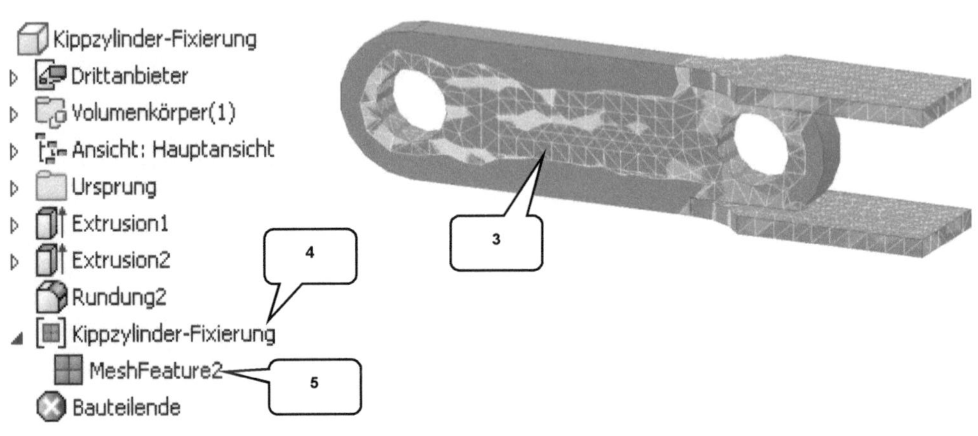

13.5.3 Überschüssiges Material entfernen

Um das überschüssige Material vom Bauteil entfernen zu können, muss eine neue **2D-Skizze** erzeugt und die Kontur in etwa nachgezeichnet werden (die optimierte MeshFeature-Variante des Bauteils kann leider <u>nicht</u> in die Skizze projiziert werden, lediglich die Außenkontur des Bauteils kann projiziert werden). Sie kann entlang der vom Programm vorgegebenen optimierten Struktur gezeichnet werden, kann diese begradigen, sollte sie möglichst nicht schneiden und muss zwingend eine geschlossene Kontur ergeben.

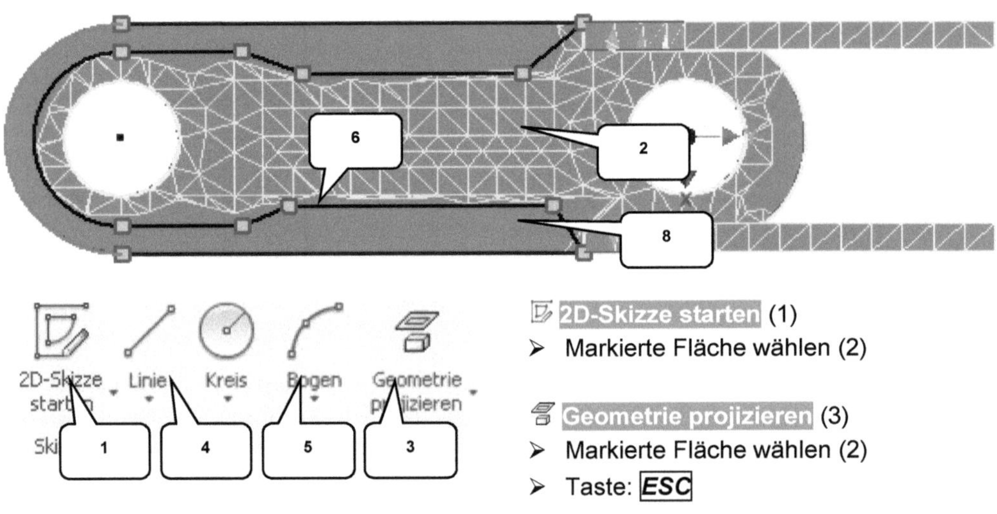

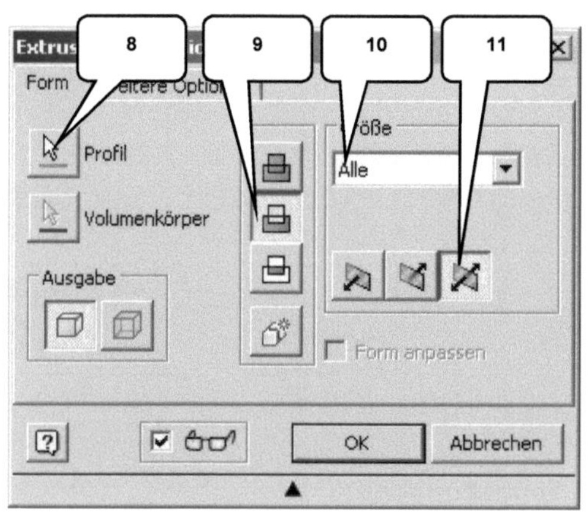

/ **Linie** (4) und (**Bogen** (5)
> Dargestellte (geschlossene)
  Subtraktionskontur zeichnen (6)
> Taste: $\boxed{ESC}$

✓ **Fertigstellen**

Die Kontur ist jetzt vom vorhandenen Volumenkörper durch eine **Extrusion** zu subtrahieren.

Extrusion (7)
> Profil: Markierte Fläche (8)
> Option: Differenz (9)
> Größe: Alle (10)
> Richtung: Symmetrisch (11)
> ⊡ **OK**

Speichern (Bauteil)

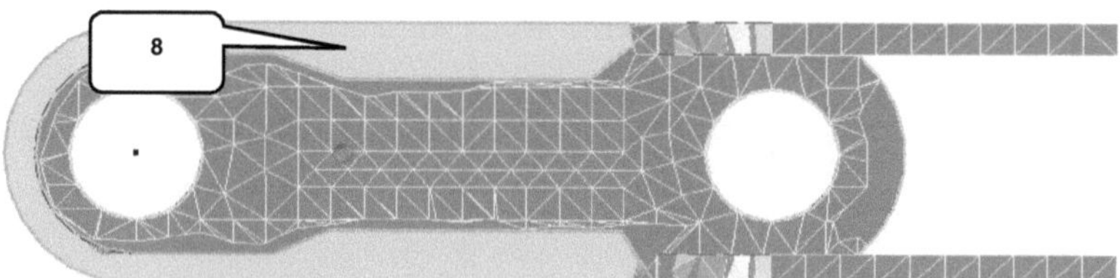

Im Ergebnis sollte in etwa die folgende **Form** (12) neu entstanden sein. Sie könnte jetzt z. B. durch zusätzliche Rundungen verfeinert werden.

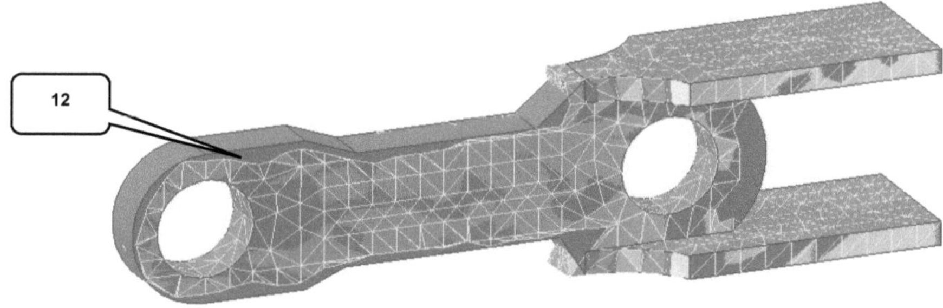

13.6 Optimierte Bauteilgeometrie erneut berechnen
13.6.1 Studie kopieren

Arbeitsbereich:
Belastungsanalyse 

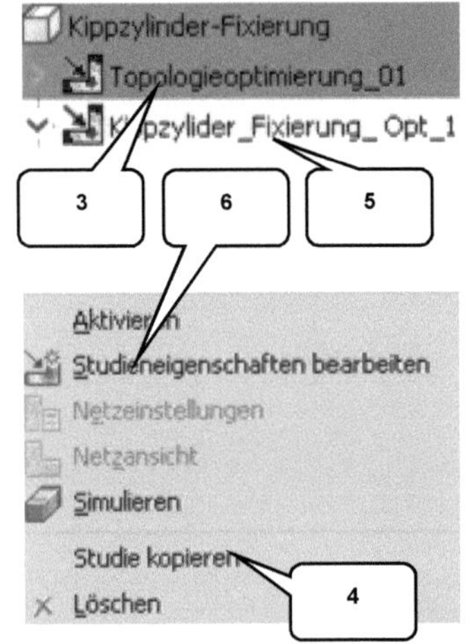

> Register **Umgebungen** (1)
>
> **Belastungsanalyse** (2)

Um sich die Arbeit etwas zu erleichtern, soll die bereits vorhandene Formen-Generator-Studie *kopiert* werden, um sie anschließend in eine *statische Einzelpunkt-Studie* zu konvertieren. Alle Vorgaben (Lasten, Auflager und Material) können dabei übernommen werden.

> **Rechte Maustaste** auf markierte **Studie** (3)
> **Studie kopieren** (4)
> **Rechte Maustaste** auf markierte **Studie** (5)
> **Studieneigenschaften bearbeiten** (6)

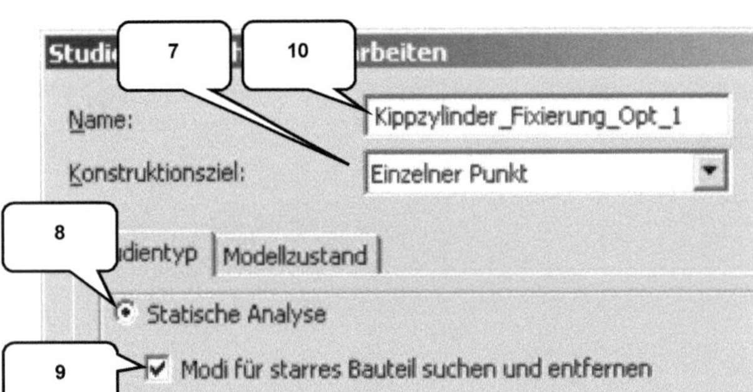

> Konstruktionsziel:
> Einzelner Punkt (7)
> Studientyp:
> Statische Analyse (8)
> Aktivieren: Modi für ... (9)
> Name: Kippzylider_Fixie-
> rung_ Opt_1 (10)
> OK **OK**

13.6.2 Simulation ausführen und aufzeichnen

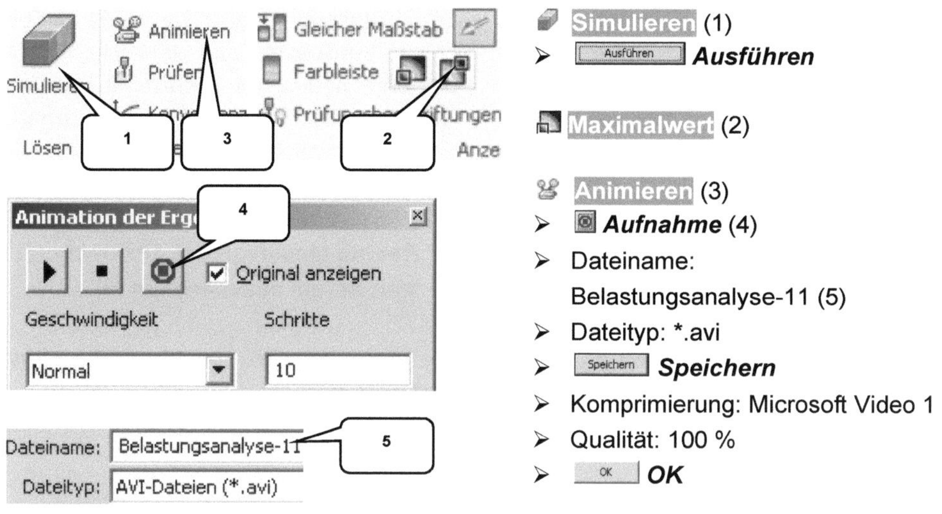

Simulieren (1)
> **Ausführen** Ausführen

Maximalwert (2)

Animieren (3)
> **Aufnahme** (4)
> Dateiname:
>   Belastungsanalyse-11 (5)
> Dateityp: *.avi
> **Speichern** Speichern
> Komprimierung: Microsoft Video 1
> Qualität: 100 %
> **OK** OK

13.7 Vergleichsstudie erstellen
13.7.1 Studie kopieren

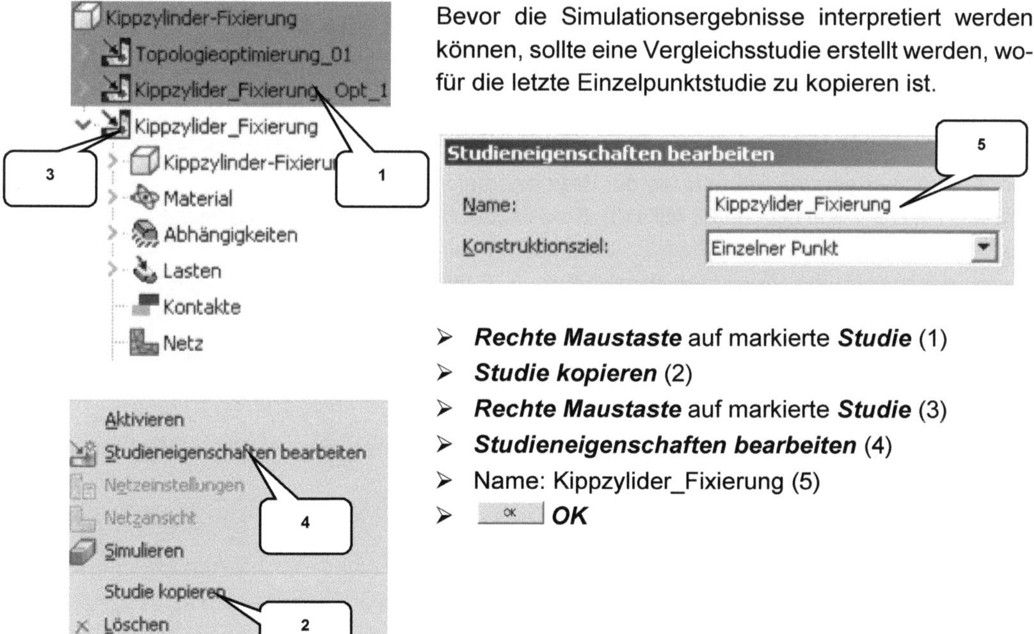

Bevor die Simulationsergebnisse interpretiert werden können, sollte eine Vergleichsstudie erstellt werden, wofür die letzte Einzelpunktstudie zu kopieren ist.

> **Rechte Maustaste** auf markierte **Studie** (1)
> **Studie kopieren** (2)
> **Rechte Maustaste** auf markierte **Studie** (3)
> **Studieneigenschaften bearbeiten** (4)
> Name: Kippzylider_Fixierung (5)
> **OK** OK

13.7.2 Subtraktionsgeometrie von der Studie ausschließen

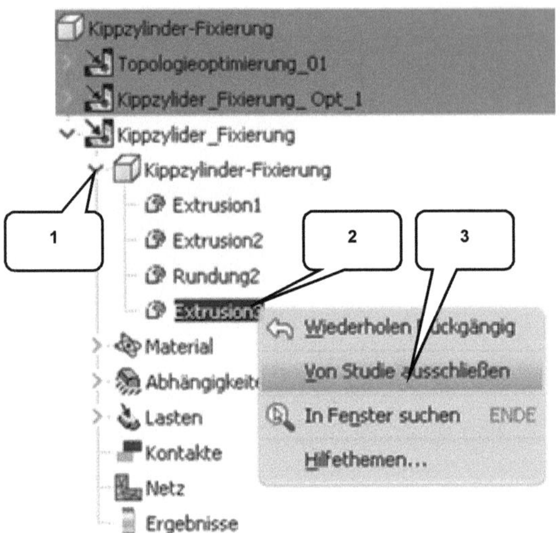

Die zuletzt subtrahierte Geometrie darf bei dieser Vergleichsstudie natürlich nicht in die Berechnung mit einbezogen werden. Deshalb muss sie von der Studie *ausgeschlossen* werden.

> *Kippzylinder* im Browser erweitern (1)
> *Rechte Maustaste* auf *Extrusion3* (2)
> *Von Studie ausschließen* (3)

Die Studie kann jetzt bereits wieder *simuliert* werden.

13.7.3 Simulation und Ergebnisinterpretation

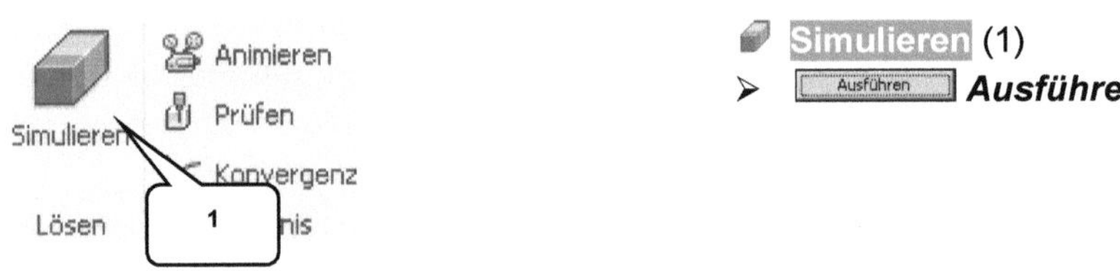

Simulieren (1)
> Ausführen *Ausführen*

Vor der Optimierung des Bauteils lag der Wert der maximalen *Von Mises-Spannung* bei ca. *3 MPa* (2) und danach bei ca. *5,3 MPa* (3). Eine Erhöhung der Spannung ist also zu erkennen, liegt allerdings noch immer deutlich im akzeptablen Bereich. Ähnlich verhält es sich mit den Werten der maximalen *Verschiebung* (vorher ca. *0,003 mm* (4), danach ca. *0,006 mm* (5)) oder denen des *Sicherheitsfaktors* (6) und (7). Unter den gegebenen Umständen könnte das Bauteil also noch weiter optimiert und Material entfernt werden: es würde den geforderten Ansprüchen mit ausreichender Sicherheit standhalten können.

Damit wurde auch diese letzte Übung zum Thema Topologieoptimierung abgeschlossen und das Bauteil kann *gespeichert* und *geschlossen* werden.

Speichern (Bauteil)
Schließen (Bauteil)

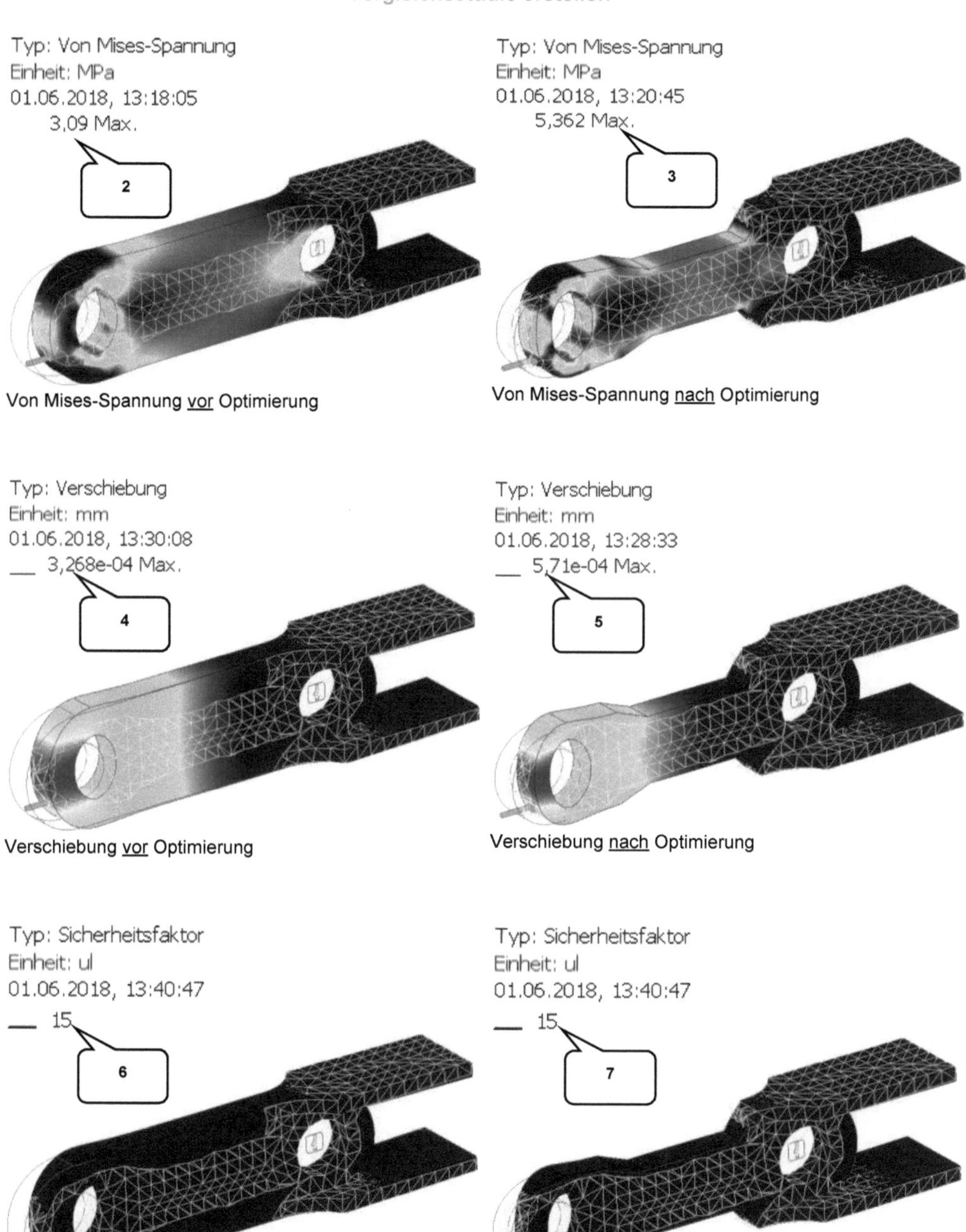

Von Mises-Spannung <u>vor</u> Optimierung

Von Mises-Spannung <u>nach</u> Optimierung

Verschiebung <u>vor</u> Optimierung

Verschiebung <u>nach</u> Optimierung

Der Autor des Buches hofft, dass Sie bei der Arbeit mit dem Programm und dem Übungsprojekt viel Spaß hatten. Der Inhalt des Buches wurde sorgfältig geprüft. Leider können Fehler nicht ausgeschlossen werden.

Wenn Ihnen während der Arbeit mit dem Buch Fehler auffallen sollten, oder wenn Sie Ideen zur Verbesserung des Inhaltes haben, ist Ihnen der Autor für jeden Hinweis per E-Mail dankbar. Konstruktive Anmerkungen können jederzeit an:

> ***schlieder@cad-trainings.de***

gesendet werden.

Vielen Dank.

Auszug aus dem Buch DYNAMISCHE SIMULATION

Die folgenden Seiten zeigen Auszüge aus dem Buch:

➤ *Autodesk® Inventor® - DYNAMISCHE SIMULATION*

Inventor® verfügt über einen Bereich der **Dynamischen Simulation**, in dem komplexe Baugruppen unter Einfluss äußerer Randbedingungen, wie Kräften und Drehmomenten, berechnet und simuliert werden können. Die Ergebnisse können dann zur weiteren Bearbeitung in den Bereich der Finiten-Elemente-Methode übertragen werden. In einem komplexen Übungsbeispiel wird der Leser theoretische Grundlagen der Befehle aus dem Bereich der Dynamischen Simulation erlernen und praktisch umsetzen.

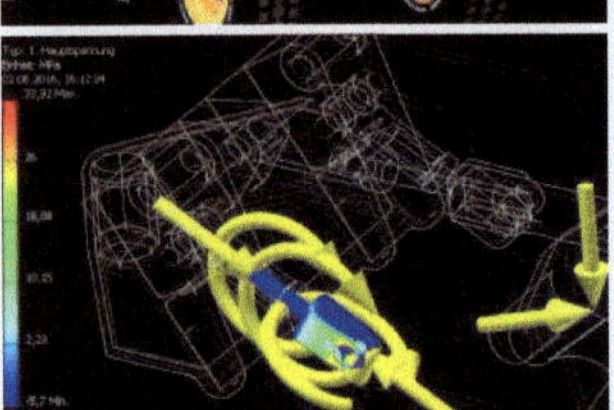
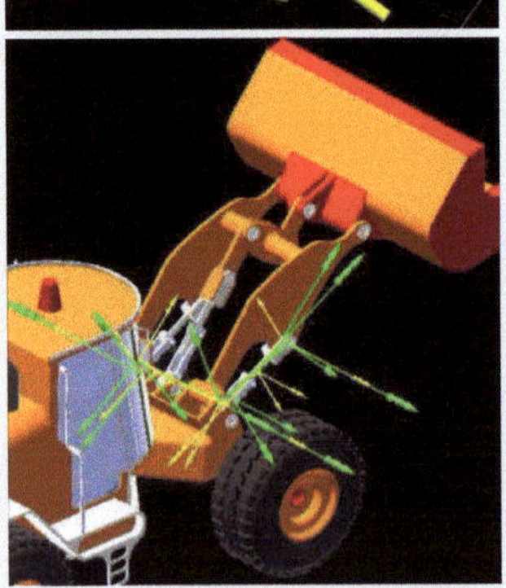

Im Buch werden die folgenden Bereiche behandelt:

➤ *Gelenkverbindungen einfügen*
➤ *Abhängigkeiten in Gelenke konvertieren*
➤ *Status des Mechanismus überprüfen*
➤ *Kräfte und Drehmomente einfügen*
➤ *Dynamische Bewegungen*
➤ *Unbekannte Kräfte ermitteln*
➤ *Spuren darstellen*
➤ *Filme publizieren*
➤ *Simulationseinstellungen bearbeiten*
➤ *Das Eingabediagramm*
➤ *Das Ausgabediagramm*

Weitere Informationen zu diesem und anderen Büchern erhalten Sie auf der Website:

➤ *http://www.cad-trainings.de/*

Christian Schlieder

Autodesk® Inventor® 2021

DYNAMISCHE SIMULATION

6. Auflage

Viele praktische Übungen am Konstruktionsobjekt RADLADER

Mechanismen analysieren, Gelenke erstellen und ableiten, Kräfte und Drehmomente platzieren, unbekannte Kräfte ermitteln, Spurverläufe ableiten, manuelles und automatisches Simulieren, Interpretation der Berechnungsergebnisse, Bauteilverformungen animieren und publizieren, Datenexport in den FEM-Bereich

6   Die Baugruppe im Überblick

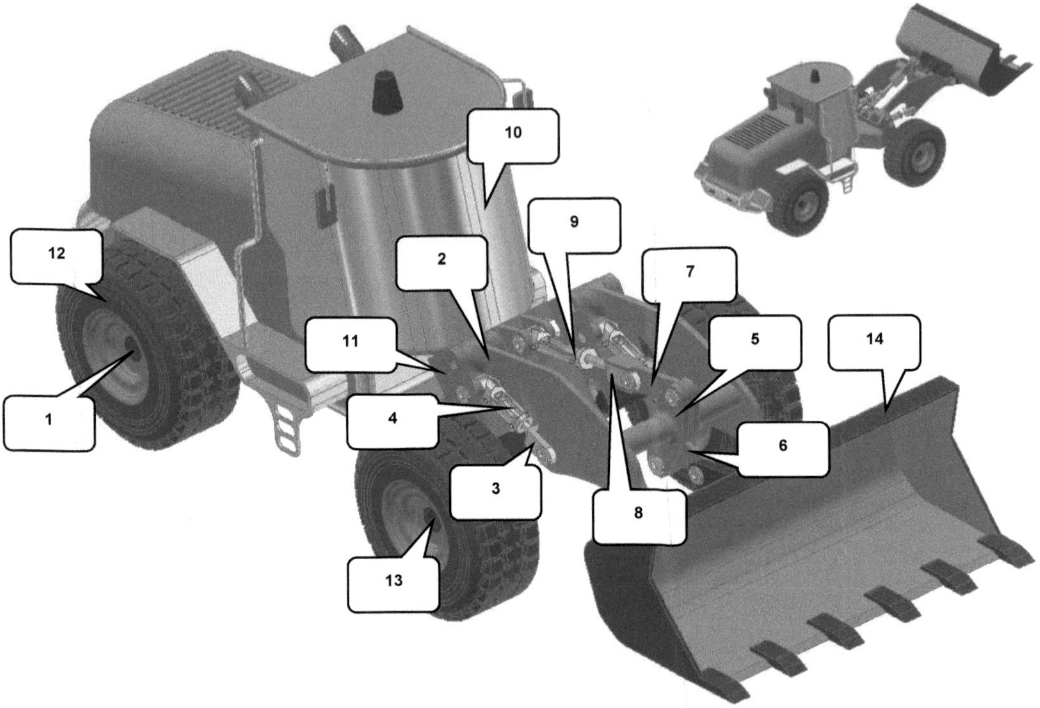

1) Hinterradachse
2) Hubrahmen
3) Hubzylinder-Kolben
4) Hubzylinder-Zylinder
5) Kipphebel

6) Kippschwinge
7) Kippzylinder-Fixierung
8) Kippzylinder-Kolben
9) Kippzylinder-Zylinder
10) Maschinengehäuse

11) Maschinenrahmen
12) Rad
13) Radbolzen
14) Schaufel

7 Die Umgebung der Dynamischen Simulation

7.1 Öffnen der Unterbaugruppe UBG_1

Öffnen Sie zuerst die Unterbaugruppe **UBG_1** welche sich bereits im Projektordner befindet:

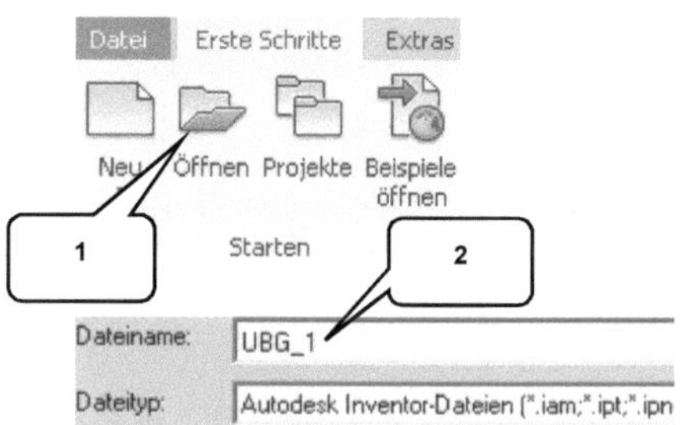

📂 **Öffnen** (1)
- ➢ Order: Projektordner wählen
- ➢ Dateiname: UBG_1 (2)
- ➢ Dateityp: *.iam
- ➢ Öffnen **Öffnen**

Die Baugruppe besteht aus der Hinterradachse und den beiden Hinterrädern, wobei die Hinterradachse bereits am Koordinatenursprung der Unterbaugruppe ausgerichtet und fixiert wurde (3).

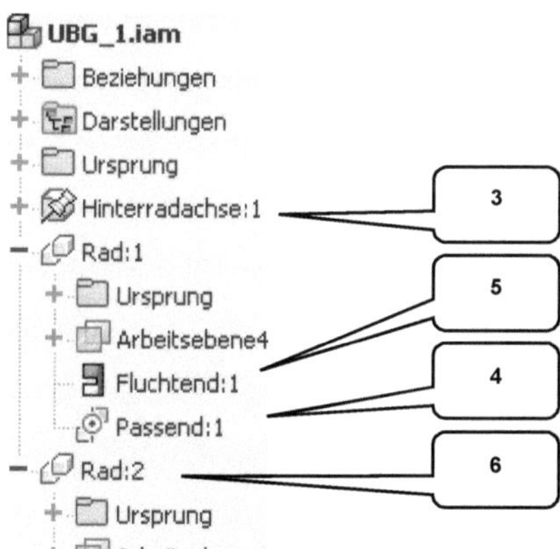

Eines der beiden Räder wurde ebenfalls bereits befestigt: Es wurde mit einer axialen Abhängigkeit zur Achse (4) und einer Flächenabhängigkeit dazu positioniert (5).

Das zweite Rad besitzt noch alle sechs Freiheitsgrade: es wird später ausgerichtet (6).

Die aktuelle Konstellation an vorhandenen Abhängigkeiten und Freiheitsgraden soll jetzt im Bereich der **Dynamischen Simulation** genauer betrachtet werden.

Freiheitsgrad-Analyse		✕
Freiheitsgrade		Liste aktualisieren
Komponenten	Translation	Drehung
Hinterradachse:1	0	0
Rad:1	0	1
Rad:2	3	3

7.2 In den Bereich der Dynamischen Simulation wechseln

Arbeitsbereich:
Dynamische Simulation

Um in den Bereich der Dynamischen Simulation wechseln zu können, muss das Register *Umgebungen* aktiviert und der Befehl *Dynamische Simulation* gestartet werden.

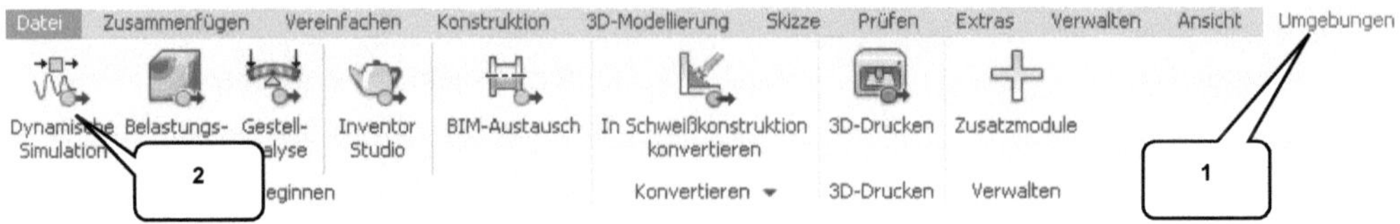

> Register *Umgebungen* (1)
> *Dynamische Simulation* (2)

7.3 Grundlegender Aufbau des Simulationsbereiches
7.3.1 Die Befehlsgruppen

Zuerst sollten die *Befehlsgruppen* auf Vollständigkeit kontrolliert und ggf. aktiviert werden:

> *Rechte Maustaste* auf einen beliebigen Bereich in der Multifunktionsleiste (1)
> *Gruppen anzeigen* erweitern (2)
> Alle Befehlsgruppen sollten aktiviert sein (3)

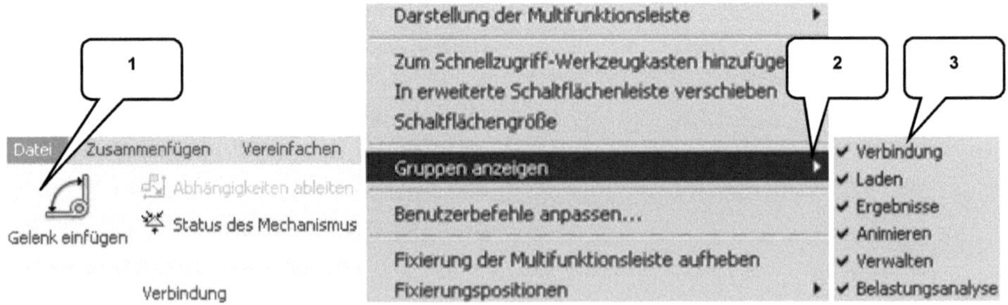

Die folgenden *Befehlsgruppen* finden Sie im Bereich der Dynamischen Simulation:

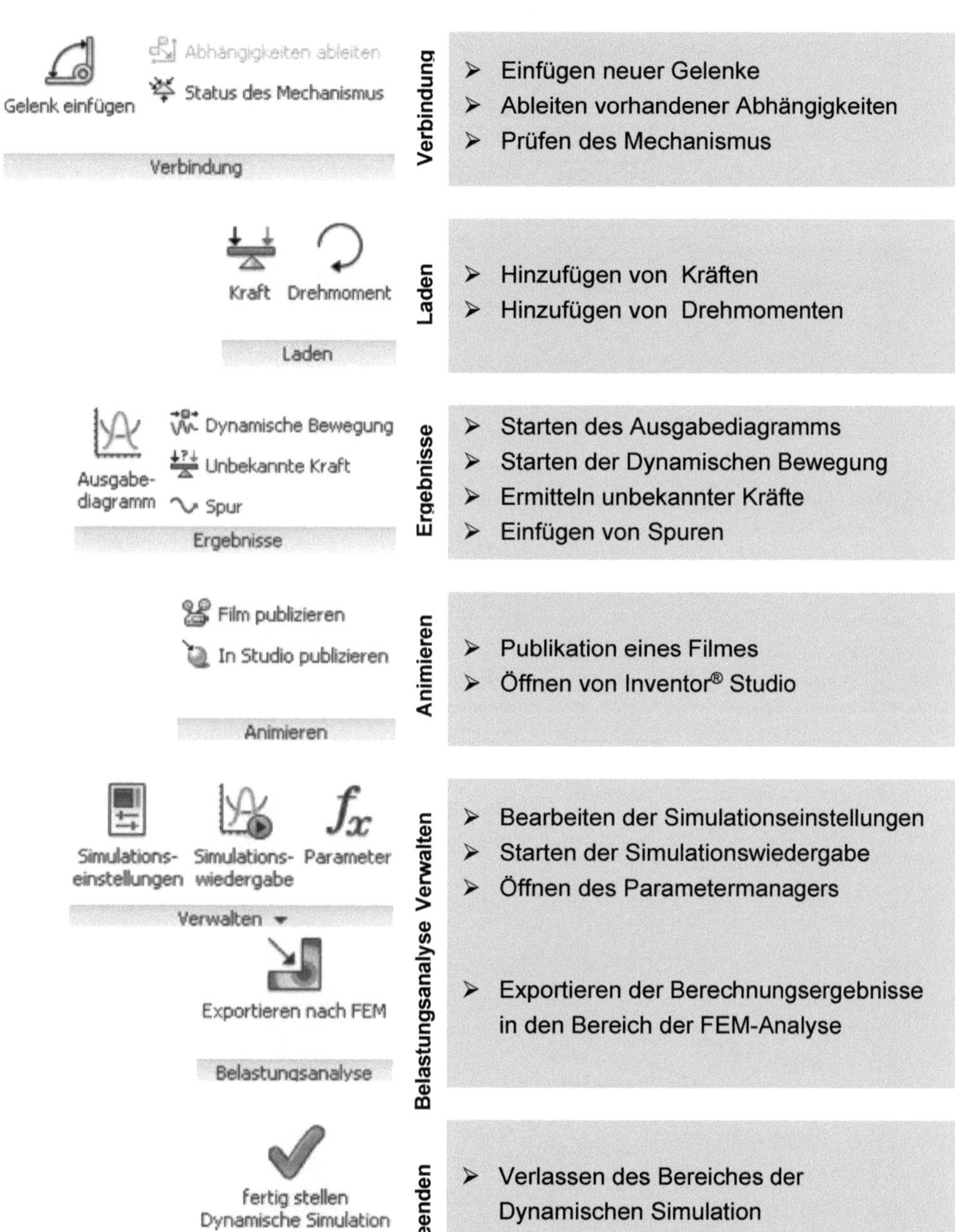
Gelenk einfügen
Abhängigkeiten ableiten
Status des Mechanismus
Verbindung
Verbindung
➢ Einfügen neuer Gelenke
➢ Ableiten vorhandener Abhängigkeiten
➢ Prüfen des Mechanismus
Kraft   Drehmoment
Laden
Laden
➢ Hinzufügen von Kräften
➢ Hinzufügen von Drehmomenten
Dynamische Bewegung
Unbekannte Kraft
Ausgabe-
diagramm   Spur
Ergebnisse
Ergebnisse
➢ Starten des Ausgabediagramms
➢ Starten der Dynamischen Bewegung
➢ Ermitteln unbekannter Kräfte
➢ Einfügen von Spuren
Film publizieren
In Studio publizieren
Animieren
Animieren
➢ Publikation eines Filmes
➢ Öffnen von Inventor® Studio
Simulations-   Simulations- Parameter
einstellungen wiedergabe
Verwalten
Exportieren nach FEM
Belastungsanalyse
Verwalten
Belastungsanalyse
➢ Bearbeiten der Simulationseinstellungen
➢ Starten der Simulationswiedergabe
➢ Öffnen des Parametermanagers
➢ Exportieren der Berechnungsergebnisse
in den Bereich der FEM-Analyse
fertig stellen
Dynamische Simulation
Beenden
Beenden
➢ Verlassen des Bereiches der
Dynamischen Simulation

7.3.2 Der Browser und seine Ordner

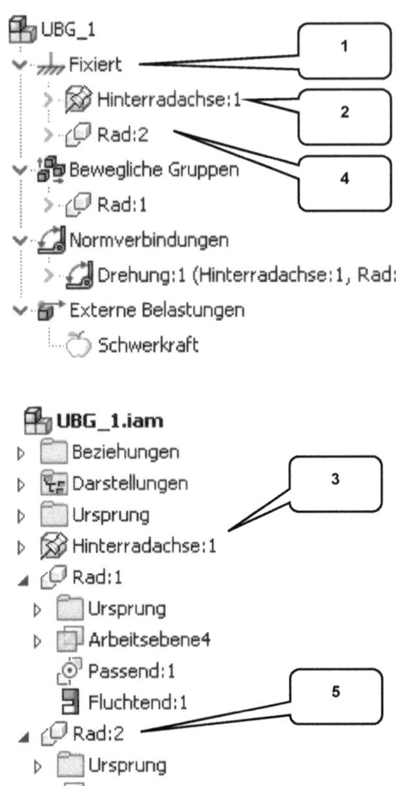

Der **Browser** der Dynamischen Simulation spiegelt den Mechanismus einer Baugruppe wider: Hier werden alle Komponenten, Gelenke und Lasten einer Baugruppe aufgelistet. Die folgenden Ordner sollten bereits darin vorhanden sein:

Ordner *Fixiert* (1)

Hier werden alle Komponenten aufgelistet, die entweder noch alle sechs Freiheitsgrade besitzen, oder gar keinen mehr. Sie waren im Baugruppenbereich also fixiert oder noch völlig frei beweglich.

Ordner	*Freiheitsgrade*
Fixiert	0 oder 6

Die **Hinterradachse** (2) der Baugruppe ist darin angeordnet, weil Sie bereits im Baugruppenbereich (3) fixiert wurde. Auch das **Rad:2** (4) liegt darin, denn es verfügte im Baugruppenbereich noch über alle sechs Freiheitsgrade (5), besitzt also noch keine Abhängigkeiten.

Ordner *Bewegliche Gruppen*

Im Ordner **Bewegliche Gruppen** (6) werden alle restlichen Komponenten aufgelistet, was in diesem Fall nur das **Rad:1** (7) ist. Sie besitzen zwischen einem und fünf Freiheitsgrade und wurden bereits im Baugruppenbereich - zumindest teilweise - mit Abhängigkeiten versehen. Das Rad z. B. kann noch eine Drehbewegung um die Achse vollführen, ist ansonsten aber fest mit dieser verbunden.

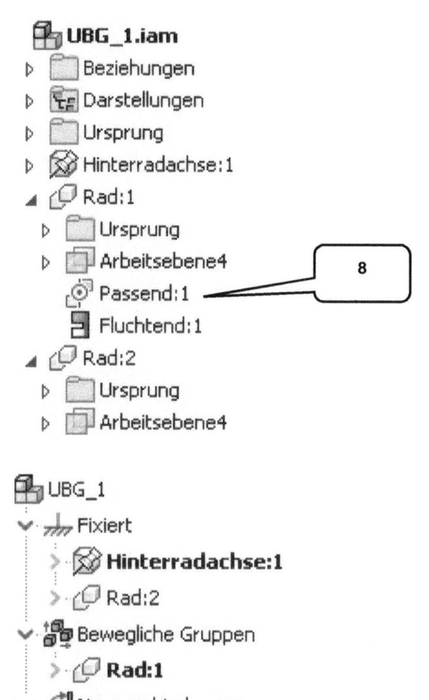

Ordner	Freiheitsgrade
Bewegliche Gruppen	1 bis 5

Ordner *Normverbindungen*

Der Ordner **Normverbindungen** (9) enthält alle in einer Baugruppe enthaltenen Gelenke. Darin befindet sich momentan nur ein einziges **Drehgelenk** (10). Es wurde vom Programm automatisch aus der Kombination der beiden Abhängigkeiten **Passend** und **Fluchtend** (8) erstellt.

Ordner *Externe Belastungen*

Der Ordner **Externe Belastungen** (11) beinhaltet alle Lasten (Kräfte, Drehmomente), die auf einen Mechanismus einwirken. Aktuell ist nur die Schwerkraft darin enthalten, die allerdings noch nicht aktiviert wurde.

Weitere Ordner im Browser der Dynamischen Simulation können sein:

> Ordner **Rollverbindungen**
> Ordner **Schiebeverbindungen**
> Ordner **Kontaktverbindungen**
> Ordner **Kraftverbindungen**

Folgende **Sonderbedingungen** können weiterhin auftreten:

> **Gelenke** mit internen Kräften, Drehmomenten oder Grenzen
> **Gelenke** mit Redundanzen
> **Objekte**, die deaktiviert oder unterdrückt wurden
> **Baugruppenabhängigkeiten**, die unterdrückt wurden

Die aktuelle Baugruppe ist sehr übersichtlich und die einzelnen Komponenten und ihre zugehörigen Normverbindungen könnten im Browser relativ schnell lokalisiert werden, bei größeren Baugruppen wird das dann schon schwieriger: Um in solchen Fällen im Browser eine Komponente schnell lokalisieren zu können, muss sie im Zeichenbereich einfach nur mit der linken Maustaste angeklickt, also markiert werden. Im Browser wird das entsprechende Bauteil danach hervorgehoben und auch die jeweils zugeordneten Normverbindungen werden durch das System markiert.

Betrachtet man den Browser genauer, so findet man im Ordner *Fixiert* zum einen die Hinterradachse und zum anderen das Bauteil Rad:2. Die Hinterradachse wurde bereits im Baugruppenbereich fixiert, das zweite Rad hingegen besitzt noch alle sechs Freiheitsgrade und wird daher ebenfalls in diesem Ordner aufgelistet. Bewegt man das Rad:2 bei gedrückter linker Maustaste im Zeichenbereich, so kann man feststellen, dass es keineswegs fixiert ist, sondern sich problemlos bewegen lässt. Das geht allerdings nur beim manuellen Bewegen des Rades per Hand. Bei einer Simulation würde sich das Rad (unter den gegebenen Umständen) nicht bewegen.

Im Ordner *Bewegliche Gruppen* wird das Bauteil Rad:1 aufgelistet, da es nur noch einen Freiheitsgrad (Rotation um die Hinterradachse) besitzt. Dreht man dieses Rad jetzt bei gedrückter linker Maustaste etwas, so signalisiert ein dynamischer schwarzer Kraftvektor das vorhandene Gelenk und symbolisiert damit eine manuelle Krafteinwirkung durch das Drehen des Rades.

Im Ordner *Normverbindungen* wird ein Drehgelenk angezeigt, welches das Programm automatisch aus den beiden Abhängigkeiten (Achse auf Achse und Fläche auf Fläche) zwischen der Hinterradachse und dem zweiten Rad generiert hat. Erweitert man das Drehgelenk, so findet man darin die ursprünglichen beiden Abhängigkeiten.

Im Ordner *Externe Belastungen* befindet sich derzeit nur die Schwerkraft, welche momentan allerdings noch grau hinterlegt, also nicht aktiviert ist.

7.4 Die Baugruppenumgebung und die Dynamische Simulation
7.4.1 Freiheitsgrade im Bereich der Baugruppenmodellierung

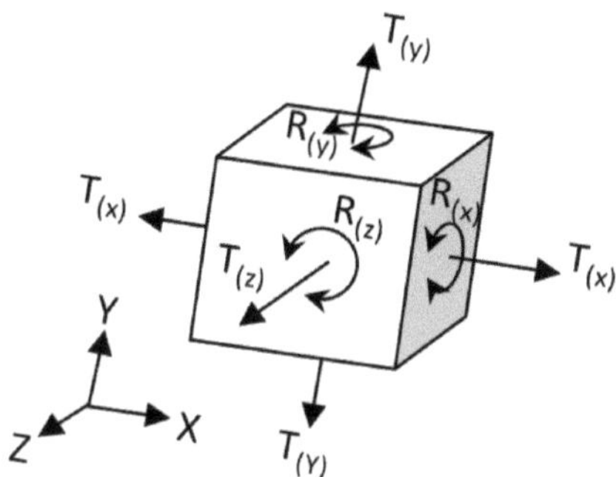

Gelenkverbindungen spielen im Bereich der Dynamischen Simulation eine sehr große Rolle, daher sollten einige wichtige Grundlagen dazu erläutert werden. Eine Komponente in der Inventor® Baugruppenumgebung kann grundsätzlich jede beliebige Position und Ausrichtung einnehmen, da sie dort frei beweglich ist. Sie verfügt darin über insgesamt sechs Freiheitsgrade und kann sich sowohl linear entlang der drei Achsen (*X*, *Y*, *Z*) verschieben (Translation entlang T_X, T_Y und T_Z), als auch um jede der drei Achsen rotieren (Rotation um R_X, R_Y und R_Z).

7.4.2 Freiheitsgrade im Bereich der Dynamischen Simulation

Anders ist es im Bereich der **Dynamischen Simulation**: Hier besitzt eine Komponente grundsätzlich keinen Freiheitsgrad (zumindest nicht während einer Simulation) wenn es nicht vorab definiert wurde. Soll ein Bauteil also eine bestimmte Bewegung während der Simulation ausführen, so muss es vorher mit dem entsprechenden Gelenk versehen werden. Solche Gelenke können entweder neu im Bereich der Dynamischen Simulation erzeugt werden, oder aus vorhandenen Abhängigkeiten des Baugruppenbereiches abgeleitet werden. Beide Möglichkeiten sollen in den folgenden Übungen genauer erläutert werden.

7.5 Die Simulationseinstellungen
7.5.1 Grundlagen: Simulationseinstellungen

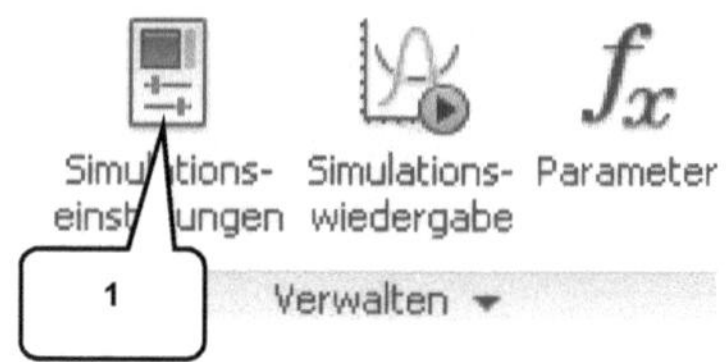

> Befehlsgruppe **Verwalten**
> Simulationseinstellungen (1)

In den **Simulationseinstellungen** wird festgelegt, ob Abhängigkeiten aus dem Baugruppenbereich beim Öffnen des Bereiches der Dynamischen Simulation automatisch in Normgelenke konvertiert werden sollen, ob das Programm beim Start auf Redundanzen hinweisen soll und ob ausschließlich bewegliche Bauteile farblich darzustellen sind oder nicht.

7.5.2 Abhängigkeiten in Gelenkverbindungen konvertieren

Inventor® kann Abhängigkeiten und Verbindungen aus dem Baugruppenbereich automatisch in Gelenke konvertieren, sofern diese Option in den Simulationseinstellungen aktiviert wurde. Bestimmte Gruppierungen verschiedener Abhängigkeiten bilden dabei Gelenkverbindungen, deren Zusammengehörigkeit in der folgenden Tabelle dargestellt wird.

Gelenkverbindung	Option	Abhängigkeiten-Kombination
Drehung	1.	*Einfügen*
	2.	*Passend* (Linie auf Linie) und *Passend* (Fläche auf Fläche)
Prismatisch	1.	Zweimal Passend (Fläche auf Fläche)
Zylindrisch	1.	*Passend* (Linie auf Linie)
	2.	*Passend* (zylindrische Fläche auf zylindrische Fläche)
Kugelförmig	1.	*Passend* (Punkt auf Punkt)
	2.	*Passend* (kugelförmige Fläche auf kugelförmige Fläche)
Eben	1.	*Passend* (Fläche auf Fläche)
Punkt-Linie	1.	*Passend* (Linie auf Punkt)
	2.	*Passend* (Linie auf kugelförmige Fläche)
Linie-Ebene	1.	*Passend* (Linie auf Fläche)
Punkt-Ebene	1.	*Passend* (Punkt auf Fläche)
	2.	*Passend* (Fläche (planar) auf Fläche (konkav))
Verschweißt	1.	*Fixiert* oder mehrere Abhängigkeiten *Passend*

7.5.3 Überprüfen der Simulationseinstellungen

Standardmäßig ist in den **Simulationseinstellungen** aktiviert, dass Abhängigkeiten aus dem Baugruppenbereich automatisch in Normgelenke konvertiert werden. Sollen Gelenkverbindungen aber direkt im Bereich der Dynamischen Simulation platziert werden, dann muss diese Option deaktiviert werden.

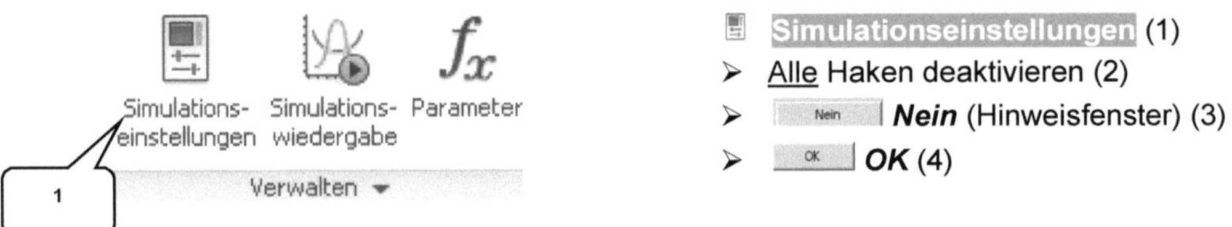

Die Änderungen in den Simulationseinstellungen können jetzt im **Browser** des Programms kontrolliert werden: Der Ordner **Bewegliche Gruppen** ist jetzt nicht mehr vorhanden und alle Bauteile befinden sich im Ordner **Fixiert**.

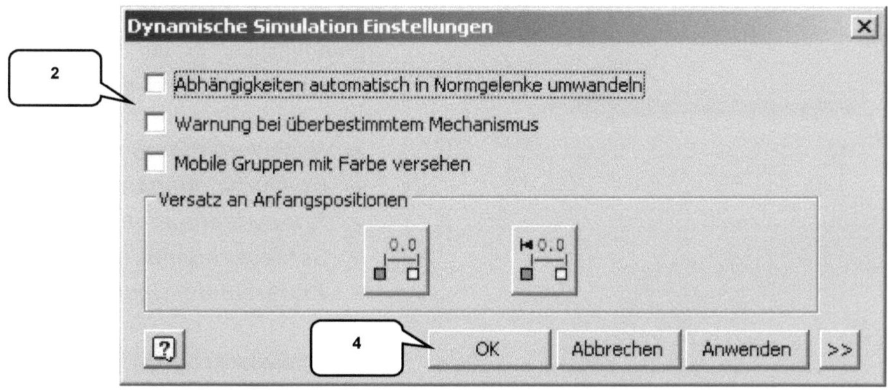

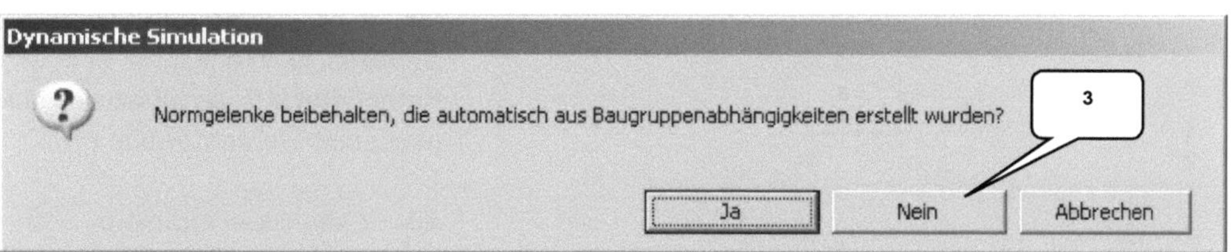

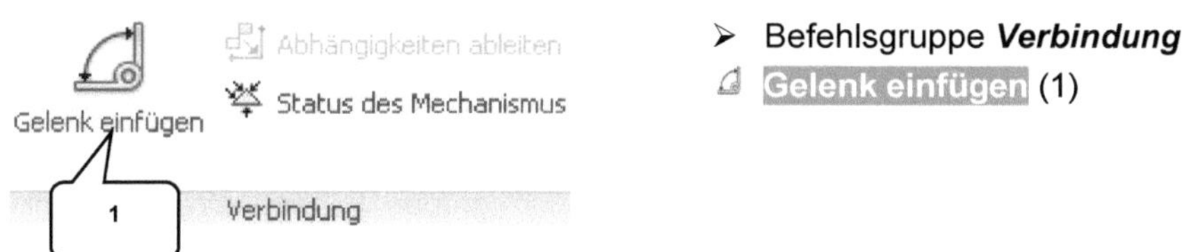

HINWEIS: Wenn die **_Einstellungen_** im Bereich der Dynamischen Simulation bearbeitet werden und die darin enthaltene Option **_Abhängigkeiten automatisch in Normgelenke umwandeln_** deaktiviert wird, so erscheint im Programm die oben dargestellte Hinweismeldung. Darin ist festzulegen ob die bereits automatisch konvertierten Gelenke weiterhin in der Baugruppe bleiben sollen, oder vollständig zu entfernen sind. Diese Option sollte mit Bedacht gewählt werden, da eine unbeabsichtigte Löschung aller Gelenke unter Umständen zu erheblichem Mehraufwand führen kann.

7.6　Gelenkverbindungen einfügen
7.6.1　Grundlagen: Gelenke in der Dynamischen Simulation

Vor den nächsten Übungen, sollten einige Grundlagen zu den **_Gelenkverbindungen_** erläutert werden.

> Befehlsgruppe **_Verbindung_**
> Gelenk einfügen (1)

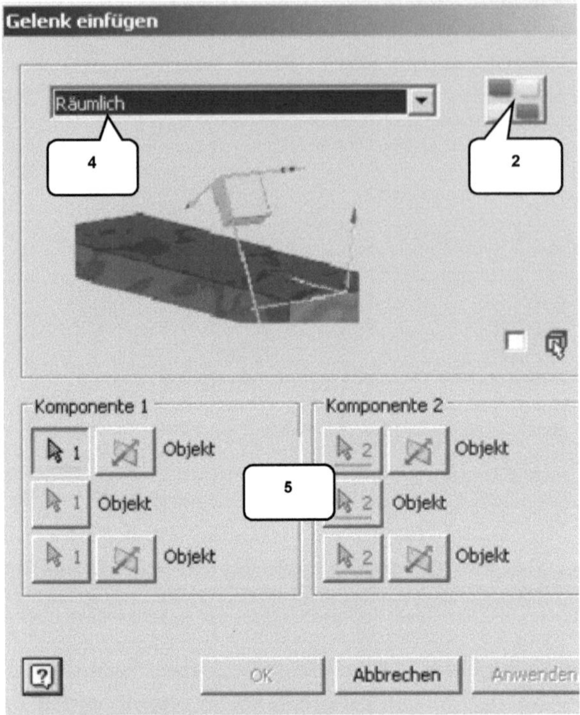

Gelenkverbindungen können grundsätzlich in die folgenden Kategorien eingeteilt werden:

> *Normverbindungen*
> *Rollverbindungen*
> *Kontaktverbindungen*
> *Schiebeverbindungen*
> *Kraftverbindungen*

Eine tabellarische Übersicht dieser Kategorien öffnet man mit einem Klick auf das zugehörige **Symbol** (2). Wählt man eine der Kategorien aus, so öffnet sich die passende *Gelenktabelle* (3).

Alle Gelenkverbindungen können auch direkt (ohne die vorherige Auswahl der Kategorie) aus einer *Liste* (4) heraus aktiviert werden.

Nach der Auswahl einer der Gelenkverbindungen müssen die Referenzen zur Positionierung definiert werden. Je nach Gelenktyp können dabei Achsen, Flächen, Punkte oder Körperkanten verwendet werden.

In der folgenden Übersicht werden die einzelnen Kategorien und die zugehörigen Gelenkverbindungen noch einmal aufgelistet. Je nach Anzahl der vorhandenen Freiheitsgrade in der Baugruppe können einige Gelenke allerdings auch fehlen.

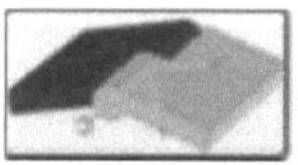 **Normverbindungen**

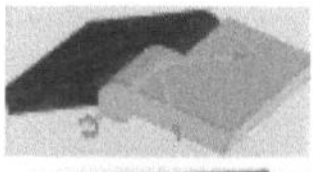 *Drehung*

 *Prismatisch*

 *Zylindrisch*

 *Kugelförmig*

 *Eben*

 *Punkt-Linie*

 *Linie-Ebene*

 *Punkt-Ebene*

 *Räumlich*

 *Verschweißt*

 **Rollverbindungen**

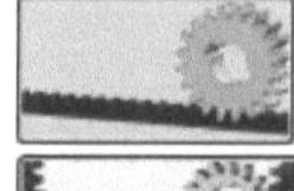 *Zylinder auf Ebene*

 *Zylinder auf Zylinder*

 *Zylinder in Zylinder*

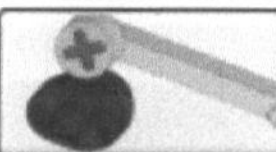 *Zylinder auf Kurve*

 *Riemen*

 *Kegel auf Ebene*

 *Kegel auf Kegel*

 *Kegel in Kegel*

 *Schraube*

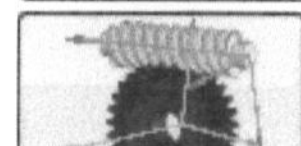 *Schneckenrad*

 **Kontaktverbindungen**

 *2D-Kontakt*

Gleitverbindungen

Zylinder auf Ebene

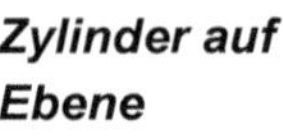

Zylinder auf Zylinder

Zylinder in Zylinder

Zylinder auf Kurve

Punkt auf Kurve

Kraftverbindungen

3D-Kontakt

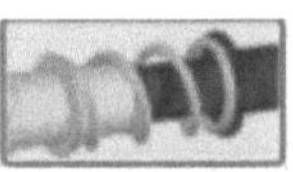

Feder/ Dämpfung/ Buchse

7.6.2 Erstellen eines Drehgelenkes

Das Bauteil **Rad:2** soll jetzt über ein **Drehgelenk** mit der Hinterradachse verbunden werden. Dafür starten wir den Befehl **Gelenk einfügen**. Begonnen wird bei der Auswahl der Objekte stets mit einem Bauteil, welches möglichst noch nicht anderweitig befestigt wurde, also in seiner Beweglichkeit noch nicht eingeschränkt ist.

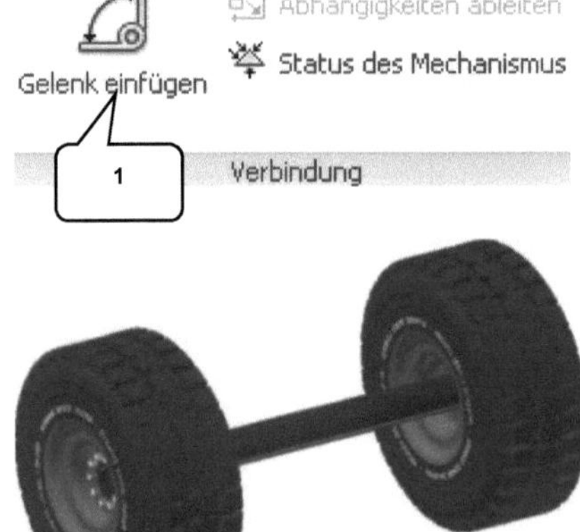

- ⌀ Gelenk einfügen (1)
- ➤ Auswahlmenü erweitern (2)
- ➤ Drehung (3)
- ➤ Komponente 1 (Z-Achse): Bohrungszylinder (Rad:2) (4)
- ➤ Komponente 1 (Ursprung): Bohrungskante (Rad:2) (5)
- ➤ Komponente 2 (Z-Achse): Zylinder (Hinterradachse:1) (6)
- ➤ Komponente 2 (Ursprung): Kreiskante (Hinterradachse:1) (7)
- ➤ OK **OK**

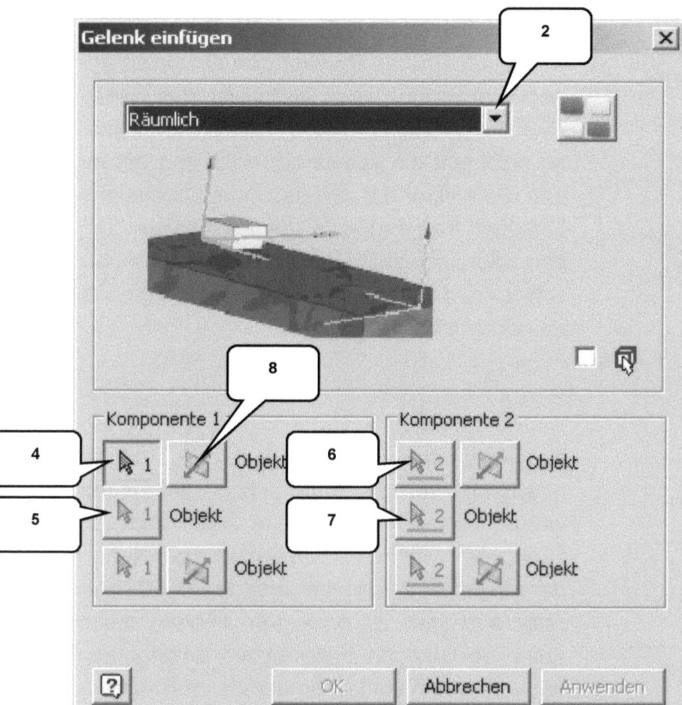

HINWEIS: Bei der Platzierung von Gelenkverbindungen sollte stets die noch unbefestigte Komponente ausgewählt werden. Vorhandene Abhängigkeiten könnten ansonsten unbeabsichtigt gelöscht werden. Sollte sich das Rad nicht vollständig auf die Achse geschoben haben (es sitzt dann neben der Achse), so muss zur Korrektur die Option ⧓ **Umschalten** (8) aktiviert werden. Hierfür muss das Drehgelenk bearbeitet werden, wofür im Browser mit der **rechten Maustaste** darauf geklickt wird (9). Im Kontextmenü kann anschließend die Option **Bearbeiten** ausgewählt werden.

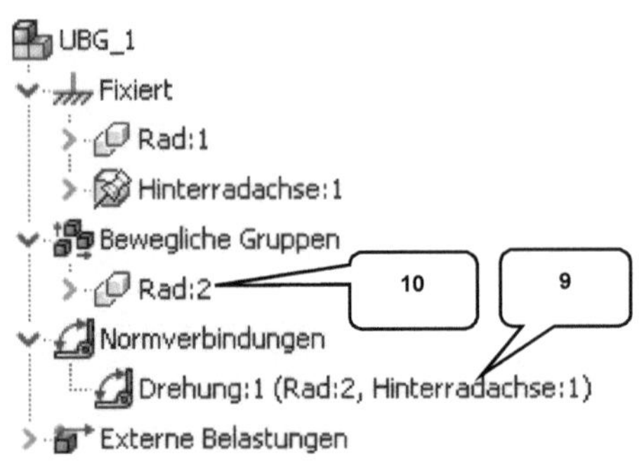

Das Bauteil **Rad:2** (10) sollte im Browser jetzt wieder im Ordner **Bewegliche Gruppen** angeordnet worden sein. Dreht man das zweite Rad bei gedrückter linker Maustaste darauf, so erscheint ein schwarzer Pfeil: er stellt einen Kraftvektor dar, der das neue Drehgelenk bestätigt. **Rad:1** müsste sich auch drehen lassen, allerdings sollte dieser Pfeil hier nicht erscheinen, denn ein wirkliches Gelenk gibt es da noch nicht.

7.6.3 Gelenke von vorhandenen Abhängigkeiten ableiten

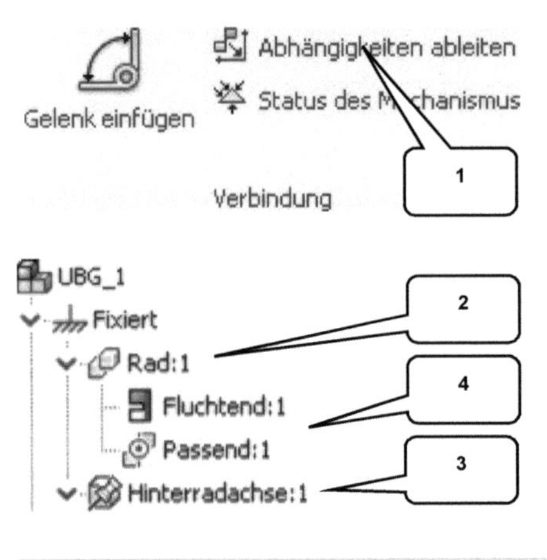

Nachdem eines der Räder durch ein Drehgelenk mit der Hinterradachse verbunden wurde, soll auch das zweite Rad durch ein Drehgelenk mit ihr verbunden werden. Neben der Möglichkeit Gelenke über den Befehl **Gelenk einfügen** zu erzeugen, können diese auch - sofern noch „unbenutzte" Abhängigkeiten vorhanden sind - von bereits im Baugruppenbereich definierten Abhängigkeiten abgeleitet werden.

Abhängigkeiten ableiten (1)

➢ Nacheinander im Browser auf die beiden Bauteile **Rad:1** (2) und **Hinterradachse:1** (3) klicken

Im Befehlsfenster werden jetzt die Passungen (Abhängigkeiten) **Fluchtend** und **Passend** (4) angezeigt: Sie stammen noch aus dem Baugruppenbereich. Das Programm schlägt jetzt vor, daraus ein **Drehgelenk** (5) zu generieren, was bestätigt werden kann.

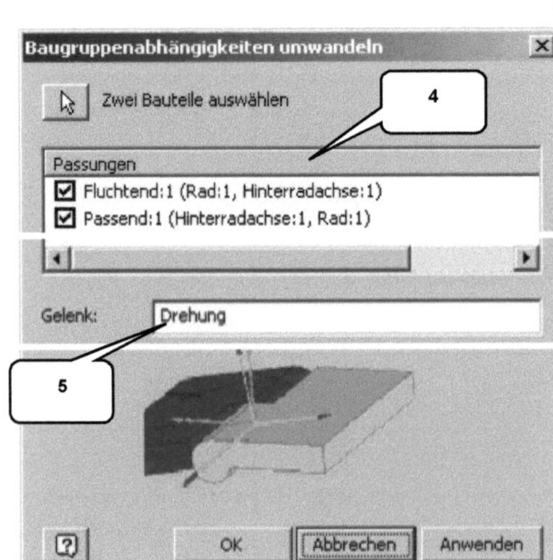

➢ **OK** (Befehlsfenster)

Die Unterbaugruppe **UBG_1.iam** kann jetzt **gespeichert** und **geschlossen** werden.

7.7 Montage der Hauptbaugruppe
7.7.1 Öffnen der Hauptbaugruppe

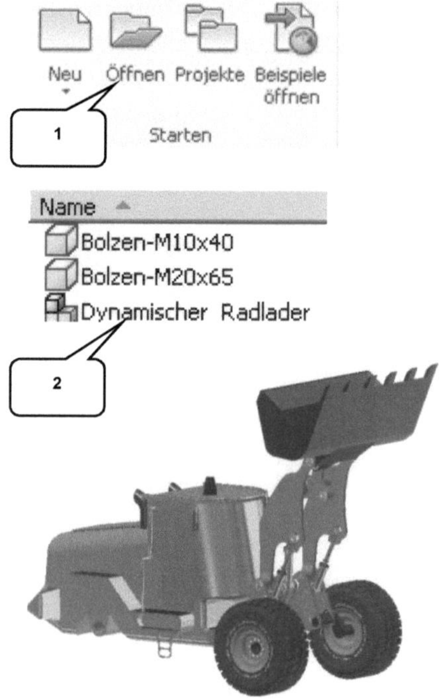

Öffnen Sie die Baugruppe *Dynamischer_Radlader.iam*.

 **Öffnen** (1)

> Order: Projektordner wählen
> Dateiname: Dynamischer_Radlader (2)
> Dateityp: *.iam
> Öffnen | **Öffnen**

Der enthaltene Radlader muss jetzt zuerst komplettiert werden, wofür die Hinterradachse und die beiden Hinterräder einzufügen sind.

Diese drei Bauteile können in einem Schritt in die Baugruppe importiert werden, denn sie wurden ja bereits in der Unterbaugruppe *UBG_1.iam* vormontiert.

7.7.2 Platzieren der Unterbaugruppe UBG_1

Arbeitsbereich:
Baugruppe (Zusammenfügen)

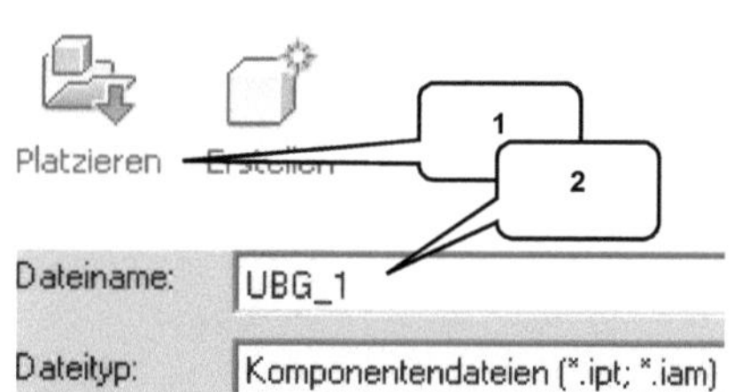

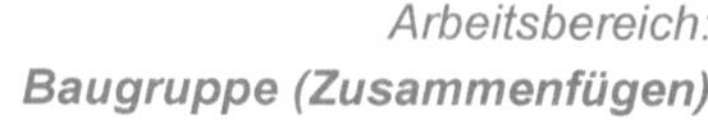 **Komponente platzieren** (1)

> UBG_1 (2)
> Dateityp: *.iam
> Öffnen | **Öffnen**
> Baugruppe 1x frei ablegen
> Taste: **ESC**

Nachdem die Unterbaugruppe *UBG_1.iam* in die Hauptbaugruppe eingefügt wurde, soll sie durch ein Drehgelenk mit dem Bauteil *Maschinengehäuse.ipt* verbunden werden. Anstelle einer Abhängigkeit ist bereits im Baugruppenbereich eine Gelenkverbindung zu setzen.

7.7.3 Unterbaugruppe UBG_1 drehbar lagern

Um Bauteile miteinander zu verbinden, können im Baugruppenbereich entweder **Abhängig-keiten** gesetzt oder Gelenkverbindungen platziert werden. Gelenkverbindungen stellen dabei eine Kombination verschiedener Abhängigkeiten dar, welche bei gezielter Platzierung sehr effizient sein können. Die im Bereich der Dynamischen Simulation gewünschten Gelenk-verbindungen können damit bereits im Bereich der Baugruppenmodellierung eindeutig defi-niert werden und Fehlinterpretationen des Programms beim Konvertieren von Abhängigkeiten in Gelenkverbindungen werden teilweise vermieden.

Um die Unterbaugruppe **UBG_1.iam** mit dem Maschinengehäuse verbinden zu können, soll jetzt ein **Drehgelenk** platziert werden.

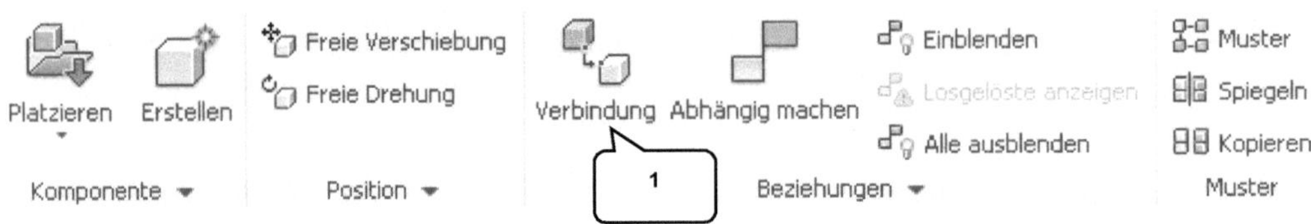

 Verbindung (1)
- ➢ Typ: Drehbar (2)
- ➢ Abstand: 0 mm (3)
- ➢ Verbinden 1: Mittleren Ursprungspunkt der Hinterachse wählen (4)
- ➢ Verbinden 2: Mittleren Ursprungspunkt der Zylinderbohrung am Gehäuse wählen (5)
- ➢ **OK**

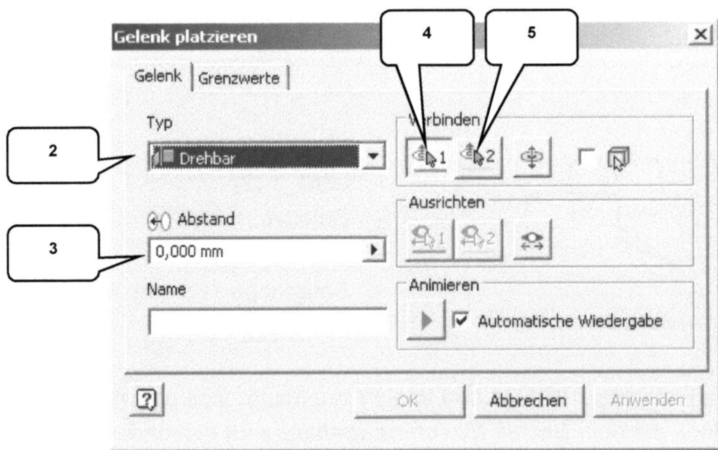

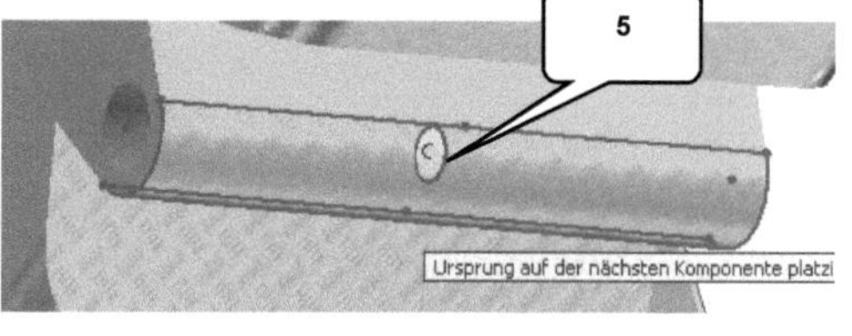

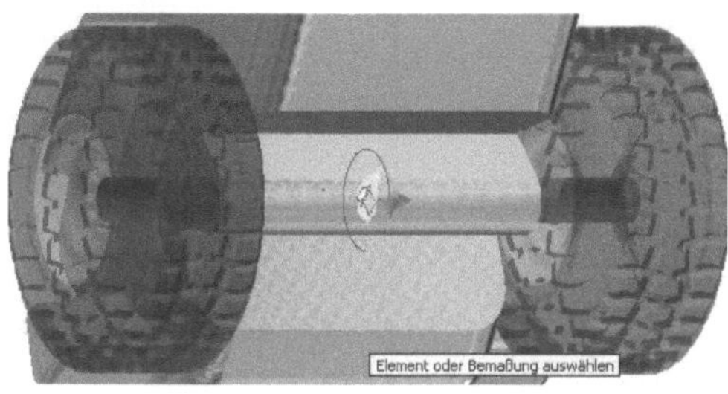

Wurden die beiden Referenzpunkte ausgewählt, so platziert das Programm die Unterbaugruppe *UBG_1.iam* in der Bohrung des
Maschinengehäuses.

Die Baugruppe sollte zu diesem Zeitpunkt
noch einmal *gespeichert* werden, wobei die
Hinweisfenster des Programms (geänder-
tes Datenformat...) mit *OK* zu bestätigen
sind.

7.8 Der Radlader im Bereich der Dynamischen Simulation
7.8.1 Überprüfen der Simulationseinstellungen

Arbeitsbereich:
Dynamische Simulation

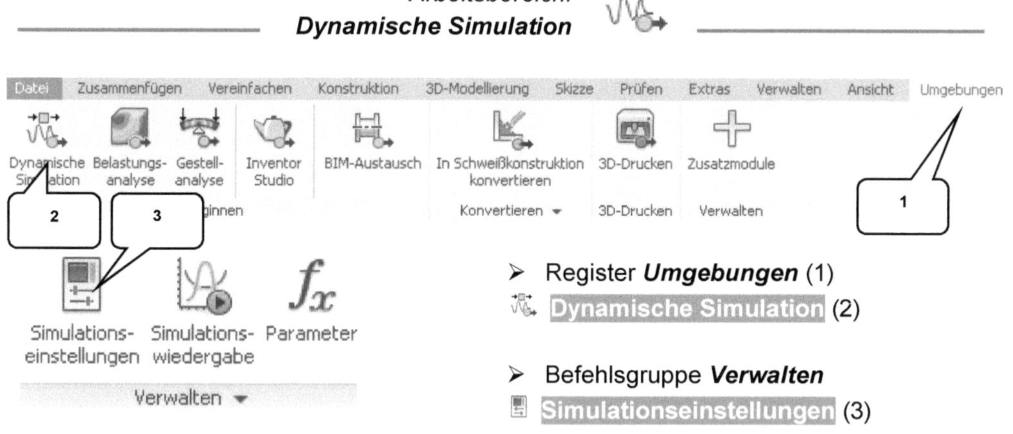

> Register *Umgebungen* (1)
> Dynamische Simulation (2)

> Befehlsgruppe *Verwalten*
> Simulationseinstellungen (3)

In den *Simulationseinstellungen* muss die Option *Abhängigkeiten automatisch in Normgelenke umwandeln* jetzt wieder aktiviert werden (4), denn die bereits vorhandenen Abhängigkeiten und Verbindungen sind automatisch in Gelenke zu konvertieren.

HINWEIS: Der Hinweis des Programms auf eine Überbestimmung des Mechanismus kann
mit *OK* bestätigt werden. Es weist dabei lediglich auf vorhandene Redundanzen hin.

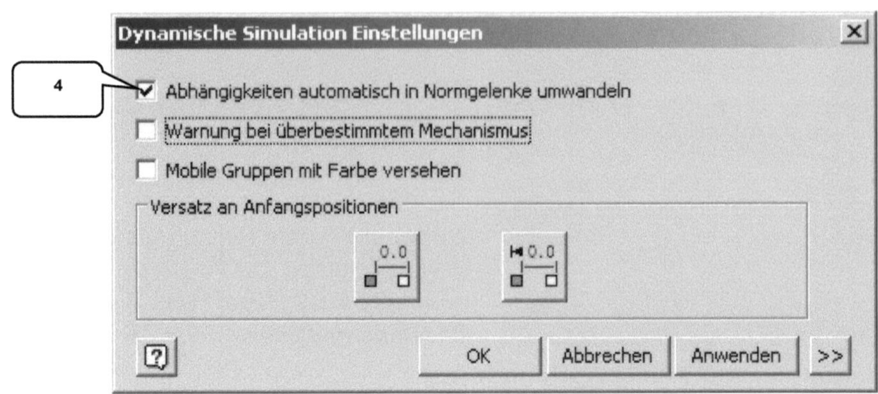

7.8.2 Betrachten der automatisch erstellten Normverbindungen

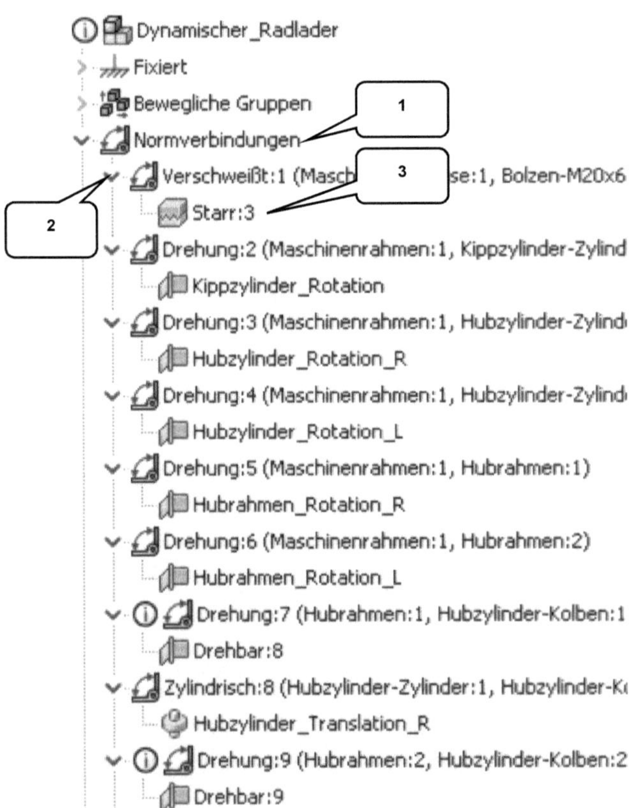

Das Programm wird jetzt alle Abhängigkeiten und Verbindungen automatisch in Normgelenke konvertieren, was kontrolliert werden sollte:

Erweitert man im **Browser** den Ordner **Normverbindungen** (1), so werden dort alle bereits vorhandenen Normgelenke aufgelistet. Erweitert man außerdem die einzelnen Gelenke (2), so findet man darin die jeweiligen Verbindungen oder Abhängigkeiten aus dem Baugruppenbereich, aus denen die neuen Gelenke erstellt wurden (3).

Ein Klick der rechten Maustaste darauf eröffnet das Kontextmenu. Hier können die Gelenke über die entsprechenden Befehle gelöscht bzw. unterdrückt werden.

7.9 Manuelle und automatische Simulation
7.9.1 Was ist eine Simulation

Eine Simulation kann grundsätzlich auf zwei verschiedene Arten durchgeführt werden: manuell oder auch automatisch.

Die manuelle Simulation (Befehl: *Dynamische Bewegung*) entspricht der einfachen Bewegung des Mechanismus bei gedrückter linker Maustaste darauf, wobei alle Kräfte und Gelenke in die Berechnung des Bewegungsablaufes mit einbezogen werden.

Bei der automatischen Simulation (Befehl: *Simulationswiedergabe*) wird der Mechanismus nicht per Hand bewegt, sondern das Programm berechnet den exakten Bewegungsablauf einer Baugruppe anhand der vorgegebenen Kräfte und Gelenke.

7.9.2 Grundlagen: Dynamische Bauteilbewegung (manuelle Simulation)

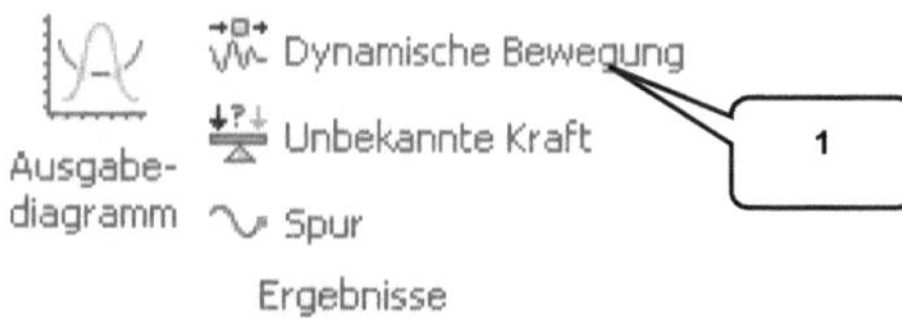

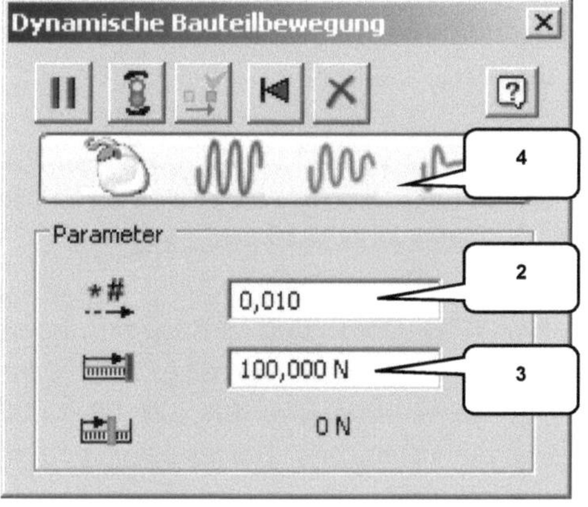

> Befehlsgruppe *Ergebnisse*
> Dynamische Bewegung (1)

Bei der *Dynamischen Bauteilbewegung* wird der Mechanismus durch die Bewegung der Maus bei gedrückter linker Maustaste auf ein Bauteil animiert. Die Mausbewegung simuliert hierbei eine äußere Krafteinwirkung deren Multiplikationsfaktor (2) und Maximalwert (3) zu definieren sind.

Optional kann bei dieser Simulation ohne eine Dämpfung, mit einer leichten Dämpfung oder stark gedämpft gearbeitet werden (4).

Leider reagiert das Programm auf diesen Befehl sehr sensibel, was dann häufig einen Programmabsturz zur Folge hat. Hier hilft dann oft nur ein Neustart. Zur Sicherheit arbeiten wir daher ausschließlich mit der automatischen Simulation.

7.9.3 Grundlagen: Simulationswiedergabe (automatische Simulation)

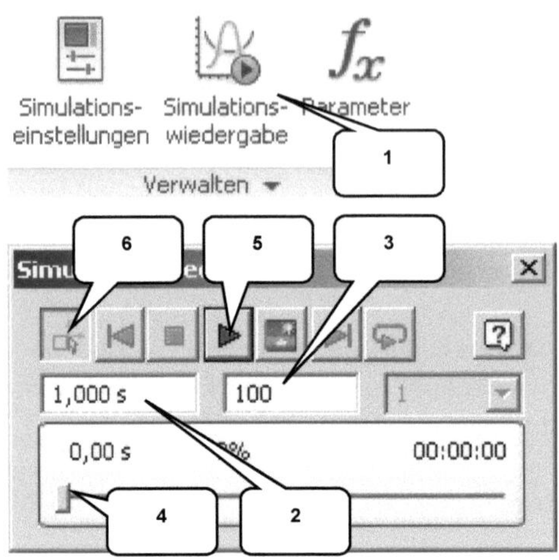

> Befehlsgruppe **Verwalten**
> **Simulationswiedergabe** (1)

In der **Simulationswiedergabe** wird der gesamte Mechanismus unter Beachtung der voreingestellten Parameter (wie z. B. Reibung und Dämpfung) und unter Einwirkung äußerer Kräfte und Drehmomente automatisch simuliert. Die Simulationsdauer (2) und die daraus resultierende Anzahl an Bildberechnungen (3) kann frei definiert werden und ein Schieberegler (4) signalisiert nach Simulationsstart (5) den zeitlichen Verlauf. Der Konstruktionsmodus (6) beendet die Simulation abschließend.

7.9.4 Starten der ersten Simulation

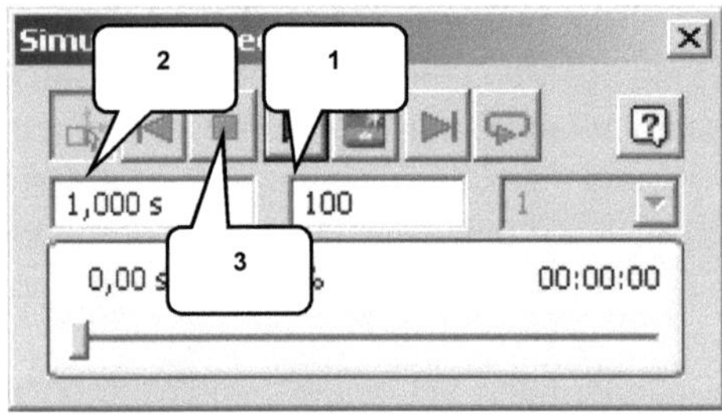

Um die erste Simulation durchführen zu können muss im Fenster **Simulationswiedergabe** die Wiedergabe gestartet werden.

> **Wiedergabe** (1)
> Simulation vollständig ablaufen lassen
> **Konstruktionsmodus** (2)

HINWEIS: Der Button **Stopp** (3) beendet eine Simulation vorzeitig. Der Button **Konstruktionsmodus** (2) lässt das Programm in den Konstruktionsbereich zurückkehren.

Leider war der Schieberegler (4) das Einzige, was sich während der Simulation bewegte: der Rest der Baugruppe **blieb starr!**

7.10 Definition der Schwerkraft
7.10.1 Die Normalfallbeschleunigung

Der Grund für die fehlende Animation der Baugruppe ist folgender: Eine Simulation erfordert neben einer Gelenkverbindung mindestens eine Kraft oder ein Drehmoment! Eine relativ einfache Möglichkeit den gesamten Mechanismus anzutreiben, ist die Aktivierung der Normalfallbeschleunigung. Dadurch wird dem Programm ermöglicht, die Schwerkraft zu berechnen. Hierfür muss zuerst im Browser der Ordner **externe Belastungen** erweitert und die darin enthaltene **Schwerkraft** bearbeitet werden.

Der Radlader wurde in der Baugruppe auf der XZ-Ebene positioniert, daher muss die Normalfallbeschleunigung in negativer Richtung der Y-Achse, also lotrecht zu XZ-Ebene wirken. Diese Einstellung kann im Eingabebereich in der Zeile g[Y] mit -9810 mm/s^2 vorgenommen werden.

HINWEIS: Sollte sich die Richtung der Schwerkraft nicht definieren lassen und der gesamte Browser noch immer grau dargestellt werden, so befinden Sie sich unter Umständen noch im Simulationsmodus. In diesem Fall muss im Fenster der Simulationswiedergabe vorab der Button ⊞ **Konstruktionsmodus** gewählt werden (siehe vorheriges Kapitel).

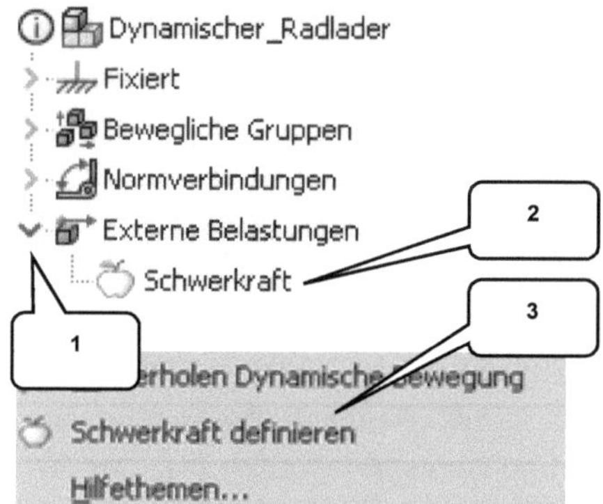

> **Externe Belastungen** erweitern (1)
> **Rechte Maustaste** auf **Schwerkraft** (2)
> **Schwerkraft definieren** (3)

> Deaktivieren: Unterdrücken (4)
> Aktivieren: Vektorkomponenten (5)
> g[Y]: -9810 mm/s^2 (6)
> ⊡ OK

🍎 **Newtons Apfel** sollte im Browser jetzt gelb dargestellt werden, was die aktive Schwerkraft symbolisiert. Ihr Richtungsvektor wird durch einen gelben Pfeil (6) dargestellt.

Die Baugruppe sollte vor dem nächsten Schritt noch einmal gespeichert werden.

🖫 Speichern (Ja für alle)

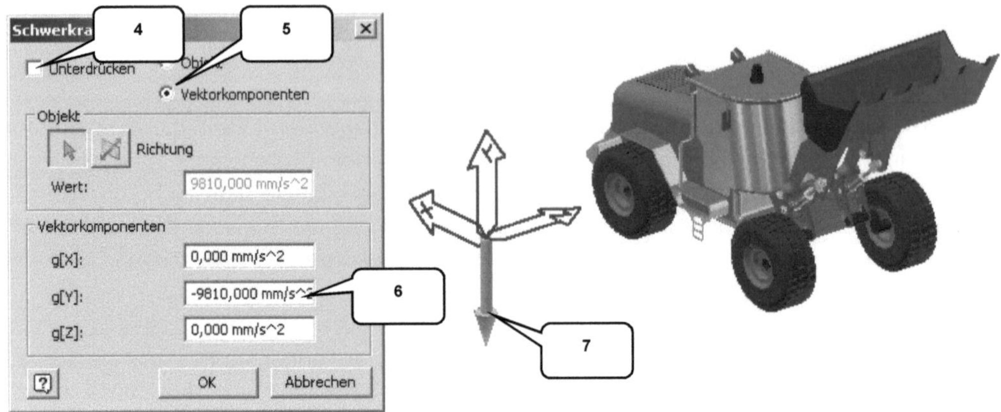

7.10.2 Ausführen und Aufzeichnen der Simulation

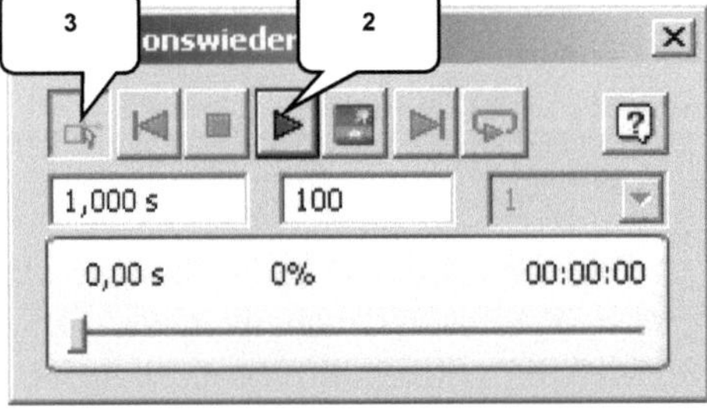

Bewegen Sie den Hubapparat des Radladers vor der nächsten Simulation bei gedrückter linker Maustaste leicht nach oben, um ein möglichst aussagekräftiges Ergebnis zu erreichen.

- ➢ Hubapparat nach oben bewegen (1)
- ➢ ▶ *Wiedergabe* (2)
- ➢ Simulation ablaufen lassen
- ➢ *Konstruktionsmodus* (3)

Die Schwerkraft müsste den Hubapparat während der Simulation nach unten bewegt haben, wobei allerdings alle anderen Bauteile durchschlagen wurden (4). Das Programm kann Kollisionen[1] im Bereich der Dynamischen Simulation erst vermeiden, wenn entsprechende Randbedingungen definiert wurden.

---

[1] Das Programm erkennt weder im Bereich der Baugruppenmodellierung noch im Bereich der Dynamischen Simulation automatisch **Kollisionen**, wenn die hierfür benötigten Kontrollmechanismen nicht vorab definiert wurden. Im Bereich der Baugruppenmodellierung können Bewegungen begrenzt oder Kontaktsätze definiert werden: Kollisionen werden dann automatisch erkannt und Bewegungen begrenzt. Solche Möglichkeiten gibt es natürlich auch im Bereich der Dynamischen Simulation.

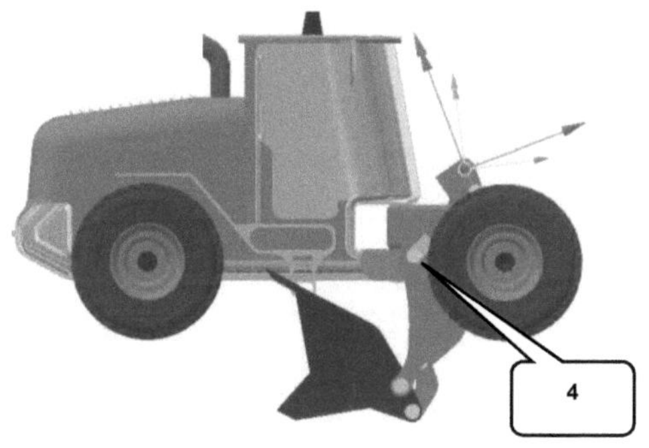

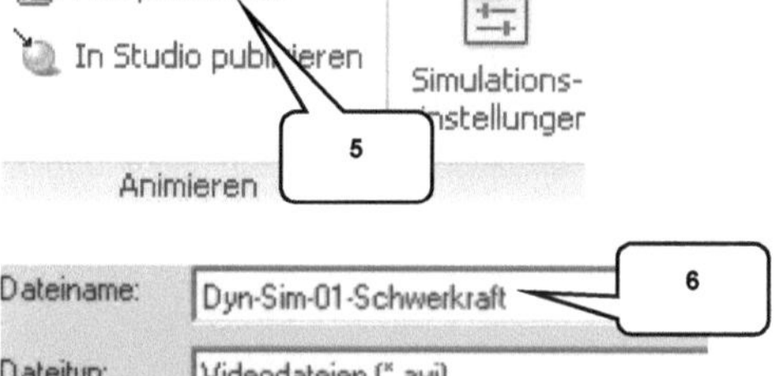

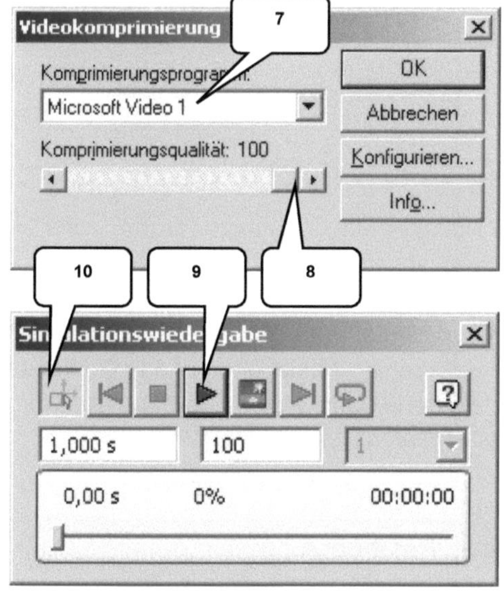

Die letzte Simulation soll noch einmal wiederholt werden um sie zusätzlich als Video zu speichern. Das ist möglich wenn vorher der Befehl *Film publizieren* gestartet wurde.

Film publizieren (5)
> Dateiname: Dyn-Sim-01-Schwerkraft (6)
> Dateityp: *.avi
> Speicherort: Projektordner
> Speichern *Speichern*

> Komprimierung: Microsoft Video 1 (7)
> Qualität: 100 % (8)
> OK *OK*

> *Wiedergabe* (9)
> Simulation ablaufen lassen
> *Konstruktionsmodus* (10)

Nach der erfolgten Simulation und dem anschließenden Wechsel in den Konstruktionsmodus muss der Befehl *Film publizieren* erneut angeklickt werden, denn erst damit wird die Videoaufnahme wieder beendet[2].

Film publizieren (5)

In den folgenden Arbeitsschritten soll die Baugruppe sukzessive überarbeitet werden, um die fehlerhaften Kollisionen zu korrigieren. Dafür muss der Bereich der Dynamischen Simulation kurzfristig verlassen werden.

---

[2] Das Video *Dyn-Sim-01-Schwer-kraft.avi* kann jetzt im Projektordner gestartet werden, wofür ein beliebiger Video-Player verwendet werden kann.

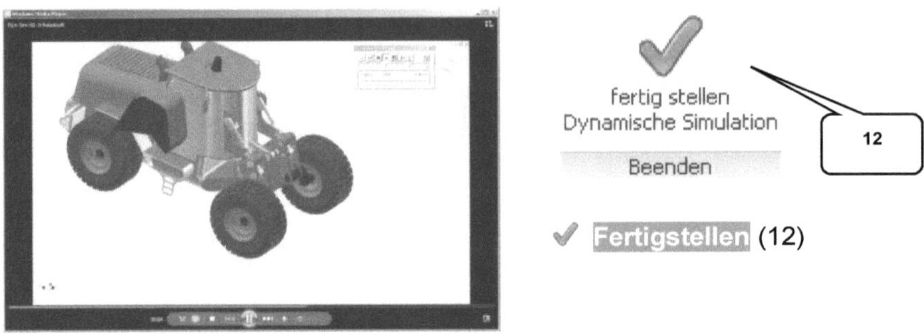

✔ **Fertigstellen** (12)

7.11 Begrenzen der Hubbewegung
7.11.1 Festlegen der Grenzwerte für die Hubbewegung

Arbeitsbereich:
Baugruppe (Zusammenfügen)

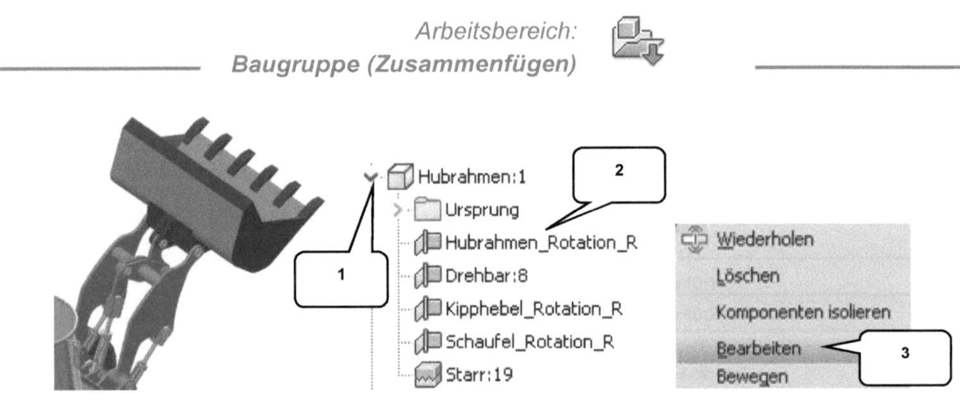

Zuerst soll der noch unkontrollierte, freie Fall des Hubapparates begrenzt werden, wofür eine der vorhandenen Gelenkverbindungen zu bearbeiten ist.

Wird im Browser das Bauteil *Hubrahmen:1* erweitert, findet man darin vier ⏮ Drehgelenke und eine starre 🟦 Verbindung. Beim Klicken mit der rechten Maustaste auf das Drehgelenk *Hubrahmen_Rotation_R*, so erscheint ein Kontextmenu. Und wählt man darin die Option *Bearbeiten* aus, dann öffnet sich das Befehlsfenster *Gelenk bearbeiten*.

➢ Bauteil *Hubrahmen:1* im Browser erweitern (1)
➢ *Rechte Maustaste* auf Drehgelenk *Hubrahmen_Rotation_R* (2)
➢ *Bearbeiten* (3)

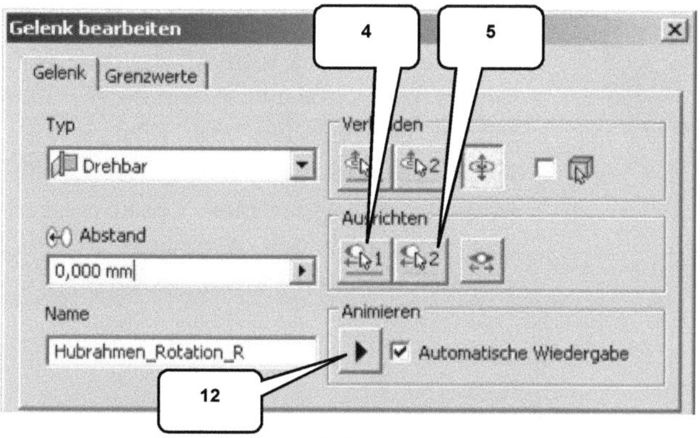

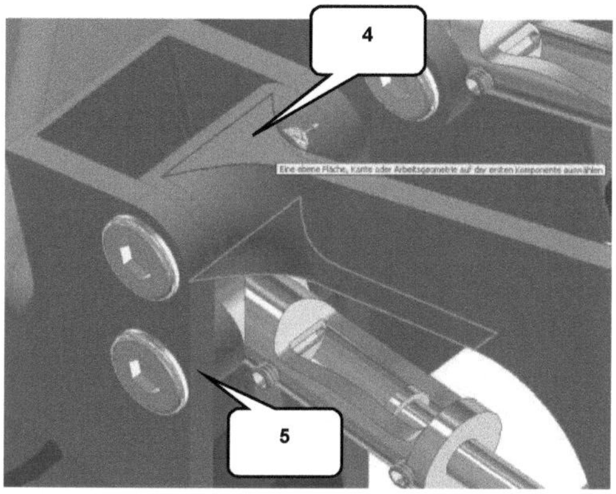

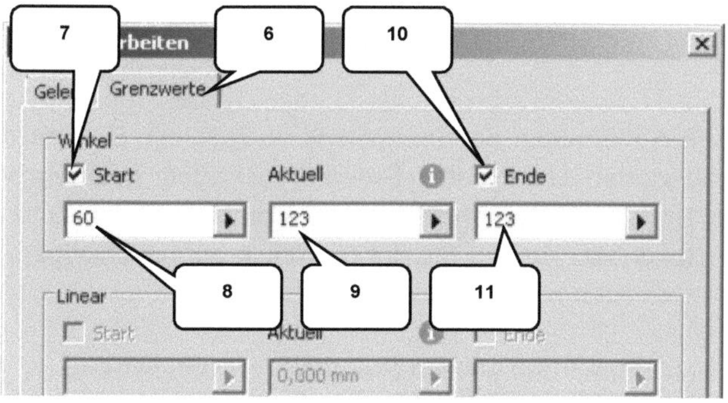

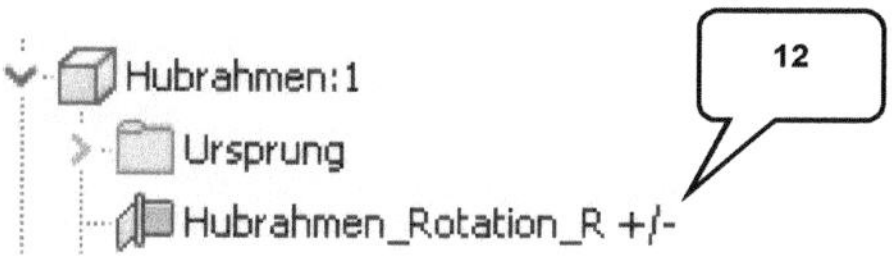

Durch die zusätzliche Winkelbegrenzung soll die Drehbewegung des Gelenkes jetzt eingeschränkt werden, was sich anschließend auch in den Bereich der Dynamischen Simulation übertragen wird.

➢ Ausrichten 1: Fläche Hubrahmen:1 (4)
➢ Ausrichten 2: Fläche Maschinenrahmen:1 (5)

In der Registerkarte *Grenzwerte* ist der gewünschte Winkel zu definieren:

➢ Register *Grenzwerte* (6)
➢ Aktivieren: Start (7)
➢ Startwinkel: 60 ° (8)
➢ Aktueller Winkel: 123 ° (9)
➢ Aktivieren: Ende (10)
➢ Endwinkel: 123 ° (11)
➢   OK   *OK*

Der neue Grenzwert wird im Browser durch ein *+/- Symbol* (12) gekennzeichnet und somit leicht zu erkennen.

Das Hubsystem kann jetzt bei gedrückter linker Maustaste nach oben gezogen werden, bis die in Abbildung (13) dargestellte Position erreicht wurde. Die Baugruppe ist erneut zu speichern.

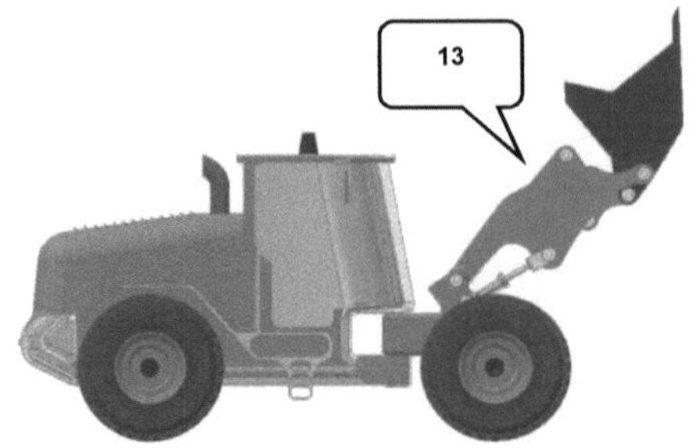

HINWEIS: Sollte das Programm die neue Winkelbegrenzung nicht akzeptieren wollen, so hilft es manchmal, den Befehl noch einmal zu beenden, die Position des Hubsystems etwas zu verändern und die Prozedur zu wiederholen. Leider reagiert das Programm bei derartigen Arbeitsschritten manchmal etwas sensibel.

7.11.2 Ausführen und Aufzeichnen der Simulation

Arbeitsbereich:
Dynamische Simulation

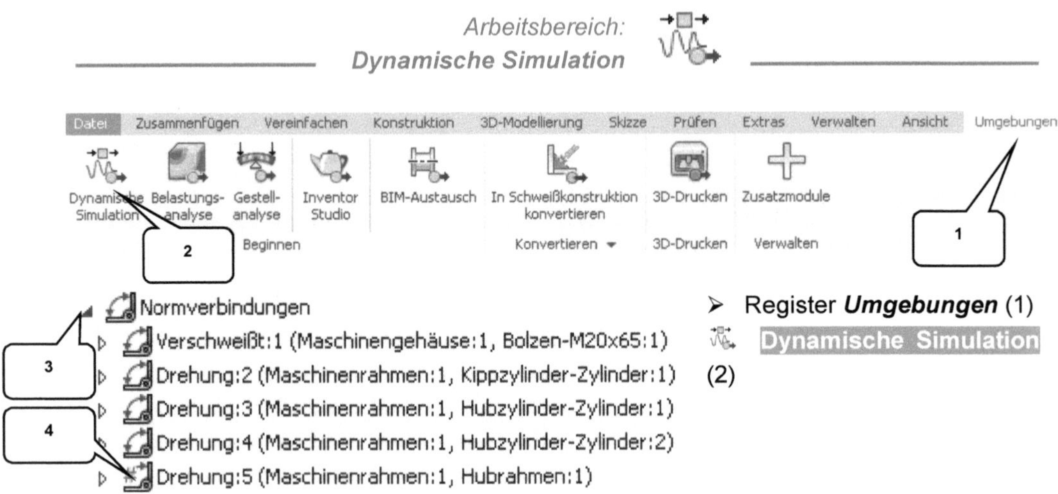

> Register **Umgebungen** (1)
>
> **Dynamische Simulation** (2)

Jetzt kann überprüft werden, ob die Änderungen am Drehgelenk auch in den Bereich der Dynamischen Simulation übertragen wurden. Hierfür ist im Browser der Ordner **Normverbindungen** zu erweitern, um darin das Drehgelenk zwischen den Bauteilen Maschinenrahmen:1 und Hubrahmen:1 (3) lokalisieren zu können. Achten Sie dabei einfach auf ein **Drehgelenk** mit einem # **Raute-Symbol**.

Klicken Sie mit der rechten Maustaste darauf und wählen Sie dann im Kontextmenu die **Eigenschaften**. Wechseln Sie darin ins Register **Freiheitsgrad** und kontrollieren Sie die Grenzwerte in den Anfangsbedingungen: der Winkel sollte hier bereits von 60° bis 123° voreingestellt worden sein. Schließen Sie das Befehlsfenster anschließend und überprüfen Sie die Auswirkungen der neuen Einstellungen auf den Mechanismus mit einer weiteren Simulation.

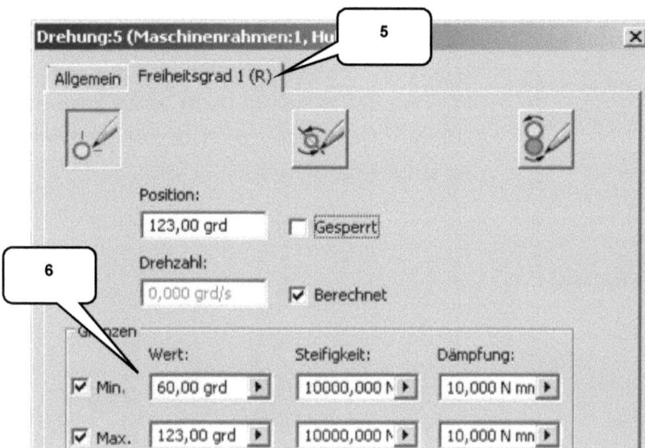

> Ordner **Normverbindun-
> gen** erweitern (3)
> **Rechte Maustaste** auf
> Drehgelenk der Bauteile
> Maschinenrahmen:1 und
> Hubrahmen:1 (4)
> Register: Eigenschaft. (5)
> Grenzwerte kontroll. (6)
> ␣OK␣ **OK**

Wenn die Grenzwerte über-
einstimmen (Min.: 60°, Max.:
123°) kann simuliert werden.

🎥 **Film publizieren**
> Dateiname:
> Dyn-Sim-02-Hubbegrenzung (3)
> Dateityp: *.avi
> ␣Speichern␣ **Speichern**

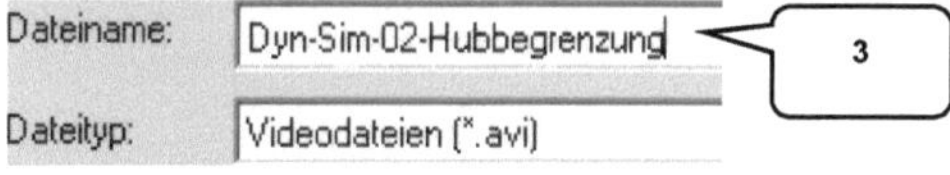

> Komprimierung: Microsoft Video 1 (4)
> Qualität: 100 % (5)
> ␣OK␣ **OK**

> ▶ **Wiedergabe** (6)
> Simulation ablaufen lassen
> ⬚ **Konstruktionsmodus** (7)
🎥 **Film publizieren**

Das Hubsystem fällt und schlägt hart auf,
sobald der Winkel begrenzt wird[3].

---

[3] In seltenen Fällen kann es dazu kommen, dass die Baugruppe (oder Teile davon) während der Simulation unkoordiniert und scheinbar unbefestigt durch die Gegend wandern. In diesem Fall sollte die Baugruppe gespeichert, geschlossen, erneut geöffnet und simuliert werden. Der Arbeitsspeicher des Computers ist in diesem Fall überlastet.

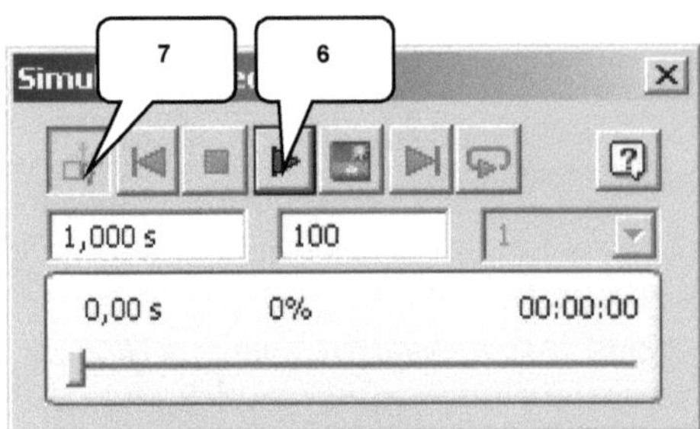

Die Kollision zwischen Hubrahmen und Maschinenrahmen wurde behoben, nur die Schaufel schwingt noch völlig frei und schlägt dabei noch durch die angrenzenden Bauteile hindurch.

Um auch die Bewegung der Schaufel begrenzen zu können und somit weitere Kollisionen zu vermeiden, kann auch hier entweder das Drehgelenk der Schaufel mit Grenzwerten versehen werden, oder man verwendet einen *3D-Kontakt*. Dafür sollten allerdings vorab einige Grundlagen zum Thema *Gelenkverbindungen* erläutert werden.

7.12 Begrenzen der Kippbewegung
7.12.1 Grundlagen: 3D-Kontakt

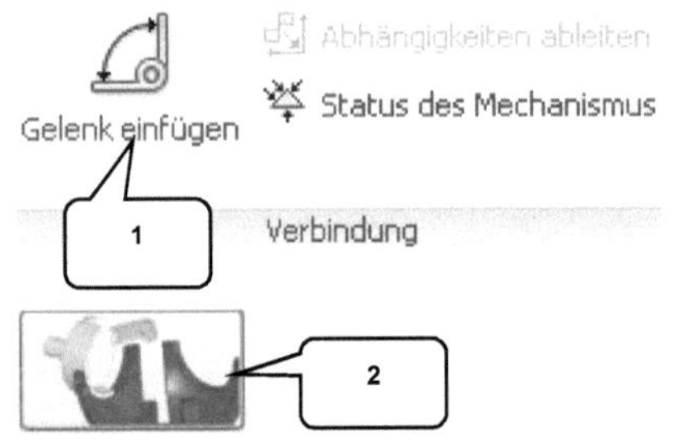

> Befehlsgruppe *Verbindung*
> Gelenk einfügen (1)
> Auswahl: 3D-Kontakt (2)

Der *3D-Kontakt* ermöglicht es Kollisionen zwischen zwei Bauteilen zu erkennen und den Bewegungsablauf bei Kontakt zu stoppen. Er gleicht damit dem Befehl *Kontaktsatz* im Baugruppenbereich.

7.12.2 Einfügen eines 3D-Kontaktes

Betrachtet man den Bewegungsapparat, so stellt man fest, dass die Schaufel über weitere Bauteile mit dem Kippzylinder verbunden ist. Die unkontrollierte Schwingung der Schaufel hat unter anderem zur Folge, dass der Kolben des Kippzylinders ungebremst in den Zylinder eintaucht. Würde man also diese beiden Bauteile bei Kontakt stoppen, so überträgt sich das letztendlich auch auf die Bewegung der Schaufel und eine Kollision könnte vermieden werden.

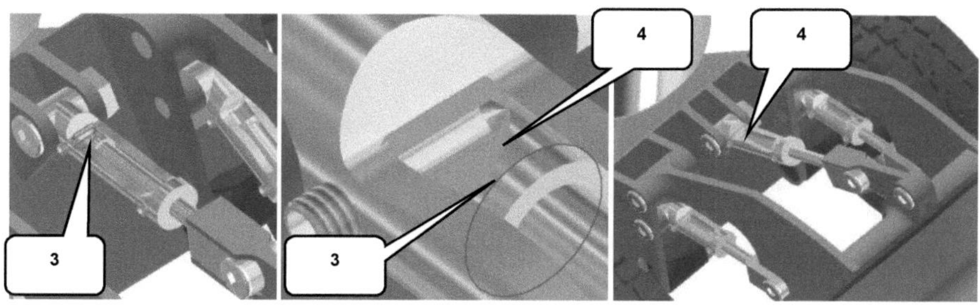

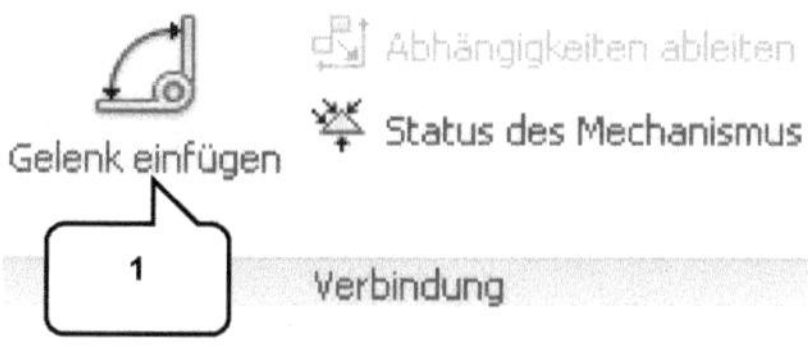

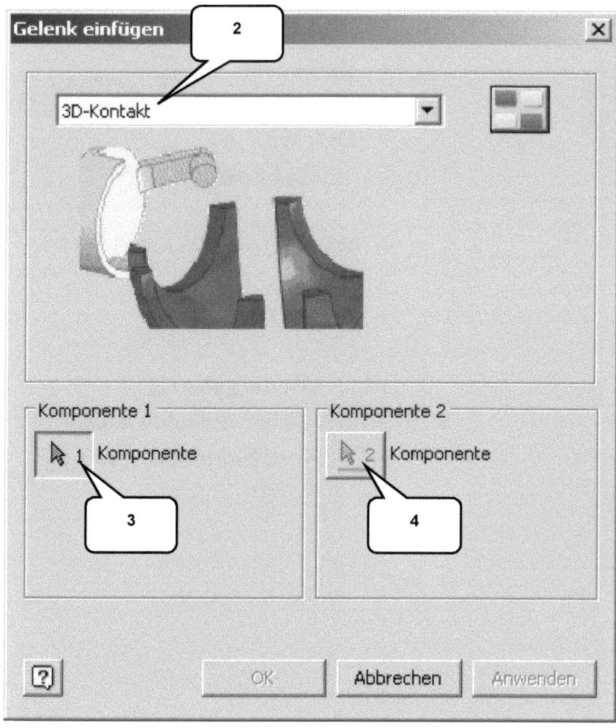

Kolben und Zylinder des Kipp-zylinders sollen jetzt also mit einer zusätzlichen Gelenkver-bindung - einem **3D-Kontakt** - versehen werden. Der Zylin-der wurde zu diesem Zweck an der oberen Seite präpa-riert, so dass der Blick in des-sen Innenbereich - und damit auch auf den Kolben darin - frei ist.

Als Referenzen auszuwählen sind die jeweiligen (runden) Kanten von Kolben und Zylin-der.

⬮ Gelenk einfügen (1)
➢ Auswahl: 3D-Kontakt (2)
➢ Komponente 1:
  Bohrungskante[4]
  Kippzylinder-Kolben:1 (3)
➢ Komponente 2:
  Zylinderkante
  Kippzylinder-Zylinder:1
  (4)
➢  **OK**

▣ Speichern

---

[4] Es sind die jeweiligen Zylinderkanten auszuwählen, nicht die Flächen von Kolben und Zylinder.

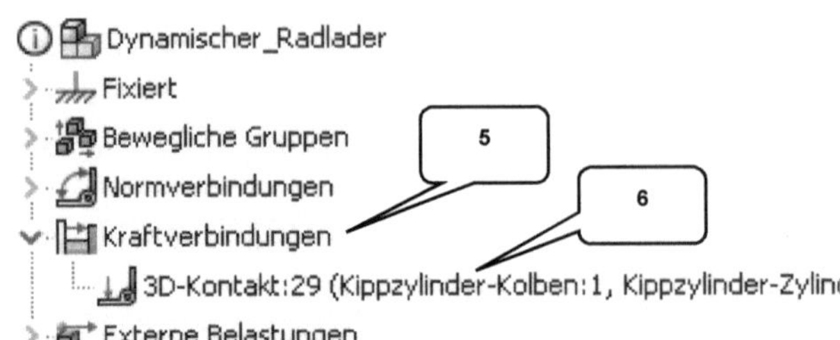

Der Browser erweitert sich jetzt um den neuen Ordner **Kraftverbindungen** (5). Darin enthalten ist der soeben erstellte **3D-Kontakt**[5] (6).

7.12.3 Ausführen und Aufzeichnen der Simulation

Eine neue Simulation soll zeigen, ob der 3D-Kontakt eine Durchdringung der Schaufel in angrenzende Bauteile verhindern kann.

Film publizieren
> Dateiname:
> Dyn-Sim-03-Kippbegrenzung (1)
> Dateityp: *.avi
> Speichern **Speichern**

> Komprimier.: Microsoft Video 1
> Qualität: 100 %
> OK **OK**

> ▶ **Wiedergabe** (2)
> Simulation ablaufen lassen
> **Konstruktionsmodus** (3)

Film publizieren

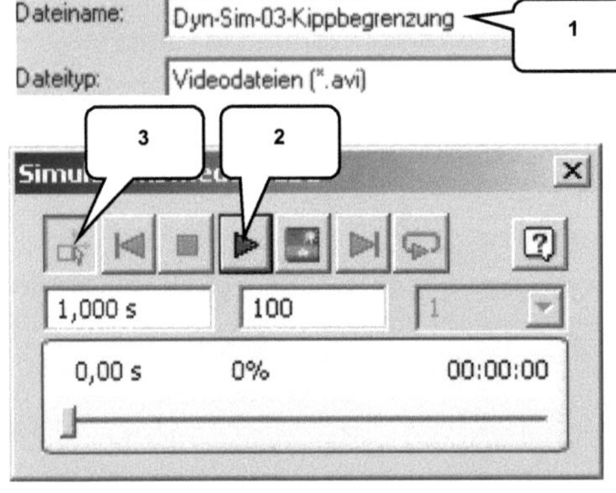

---

[5] Gelenkverbindungen werden automatisch nummeriert (z. B. 3D-Kontakt*:29*). Diese Nummerierung kann von den Abbildungen hier im Buch abweichen, was allerdings keine Rolle spielt. Wichtig ist nur die korrekte Bauteilkonstellation. Die Bauteile werden in Klammern hinter der Gelenkverbindung angegeben (z. B. Kippzylinder-Kolben:1, Kippzylinder-Zylinder:1). Ihre Reihenfolge spielt dabei ebenfalls keine Rolle.

Hubsystem und Schaufel fallen während der Simulation ungebremst nach unten, bis beide Hubrahmen den maximalen Winkel erreicht haben. Auch die Schaufel schwingt jetzt nicht mehr völlig frei, sondern wird in ihrer Bewegung begrenzt.

Weiterhin soll die Abwärtsbewegung verlangsamt werden, um das harte Aufschlagen des Hubapparates beim Erreichen des maximalen Winkels zu dämpfen. Das Programm bietet entsprechende Möglichkeiten in den *Eigenschaften* vorhandener Gelenkverbindungen.

7.13 Dämpfen der Hub- und Kippbewegungen
7.13.1 Dämpfen der Hubzylinder

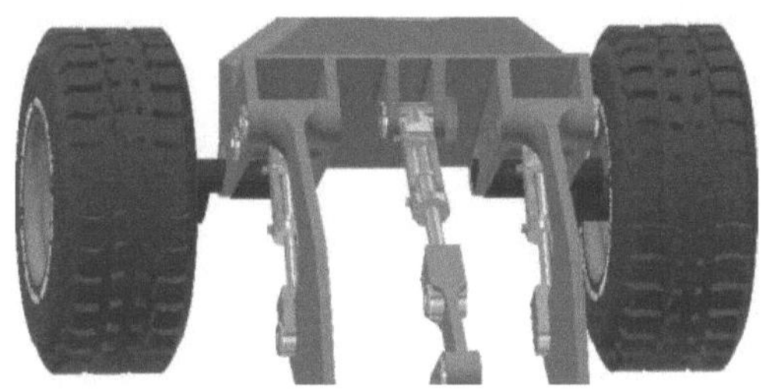

Die Dämpfung des Hubapparates soll über die Bearbeitung der zylindrischen Gelenkverbindungen beider Hubzylinder und des Kippzylinders erreicht werden.

Da sich die Suche nach der richtigen Gelenkverbindung als schwierig erweisen könnte (der Ordner Normverbindungen ist bereits gut gefüllt), soll das gesuchte Gelenk über eine *Suchoption* im Kontextmenü der rechten Maustaste lokalisiert werden.

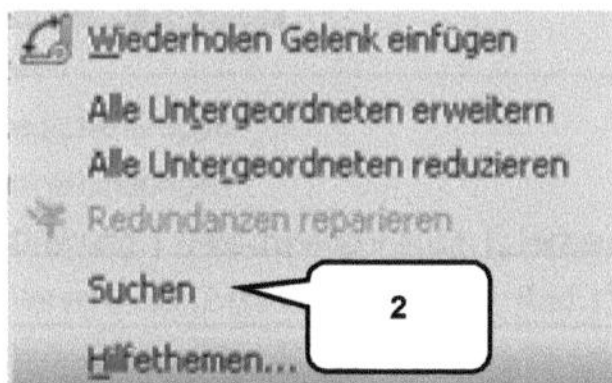

> *Rechte Maustaste* auf
>   *Dynamischer_Radlader* (1)
> *Suchen* (2)
> Objekttyp: Gelenke (3)
> Suchbegriff: Hubzylinder-Kolben:1 (4)
> [Weitersuchen] *Weitersuchen*

Auszug aus dem Aufbaukurs KONSTRUKTION

Die folgenden Seiten zeigen Auszüge aus dem Buch:

> *Autodesk® Inventor® - Aufbaukurs KONSTRUKTION*

Inventor® verfügt im Baugruppenbereich über einen Reiter *Konstruktion* welcher im Grundlagenbuch nicht enthalten ist.

Die Befehle hier wurden an die speziellen Bedürfnisse der Konstruktion im Maschinenbau angepasst. Sie sind teilweise sehr komplex und erfordern ein gewisses Grundwissen zum Programm.

Der *Aufbaukurs KONSTRUKTION* erweitert das Übungsbeispiel 4-Takt-Motor um viele neue Komponenten. Die folgenden Befehle werden in diesem Buch behandelt:

> *Druckfeder-Generator*
> *Gehrungen erzeugen*
> *Gestell-Generator*
> *Kegelräder-Generator*
> *Keilwellen-Generator*
> *Lager-Generator*
> *Rollenketten-Generator*
> *Schraubenverbindungs-Generator*
> *Stirnräder-Generator*
> *Wellen-Generator*
> *Zahnriemen-Generator*
> *Zugfeder-Generator*

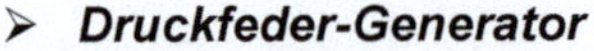

Weitere Informationen zu diesem und anderen Büchern erhalten Sie auf der Webseite:

> *http://www.cad-trainings.de/*

Christian Schlieder

Autodesk® Inventor® 2021

Aufbaukurs KONSTRUKTION

10. Auflage

Viele praktische Übungen am
Konstruktionsobjekt
GETRIEBE

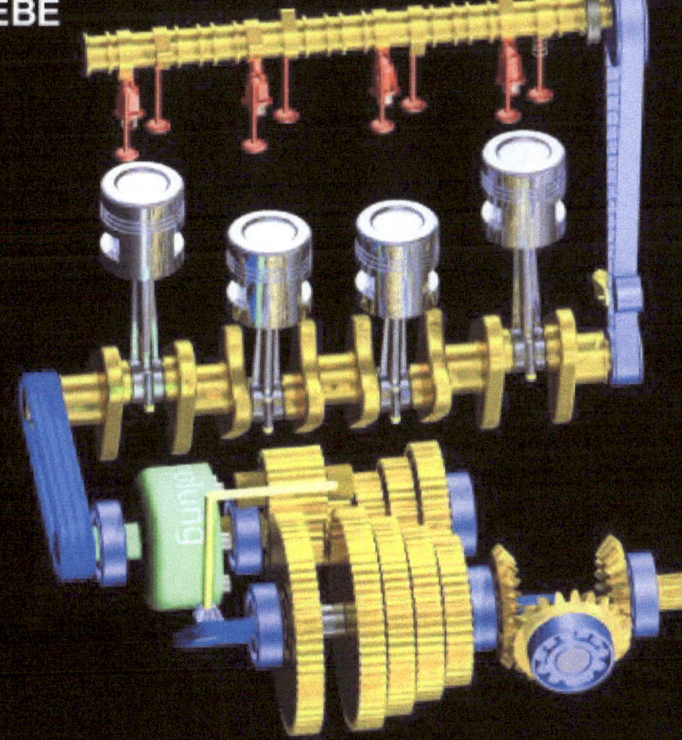

Konstruieren von Druckfedern, Gehrungen, Gestellen,
Kegelrädern, Keilwellen, Lagern, Rollenketten, Stirn-
rädern, Schraubenverbindungen, Wellen, Zahnriemen
und Zugfedern mit den Inventor® -Generatoren.

6 Komplettierung des Kurbeltriebs

6.1 Theoretische Grundlagen zum Zahnriemenantrieb

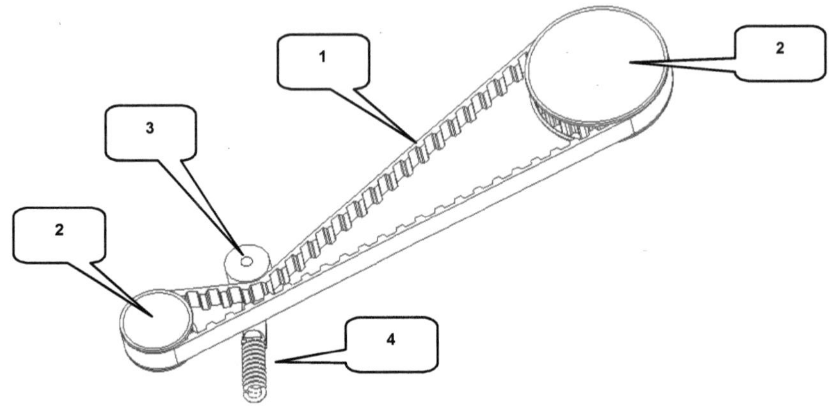

Um die Nockenwelle des 4-Takt-Motors antreiben zu können, sollen Nocken- und Kurbelwelle über einen **Zahnriemenantrieb** miteinander verbunden werden. Zahnriemenantriebe kommen sehr häufig zum Einsatz, weil sie bedingt durch ihren Aufbau besonders geräuscharm während des Betriebs sind. Der Riemen (1) verbindet die Zahnräder (2) der Wellen miteinander und wird zusätzlich durch eine Spannrolle (3) und eine Feder (4) gespannt.

6.2 Konstruktion eines Zahnriemenantriebes
6.2.1 Befehlsgrundlagen ZAHNRIEMEN-GENERATOR

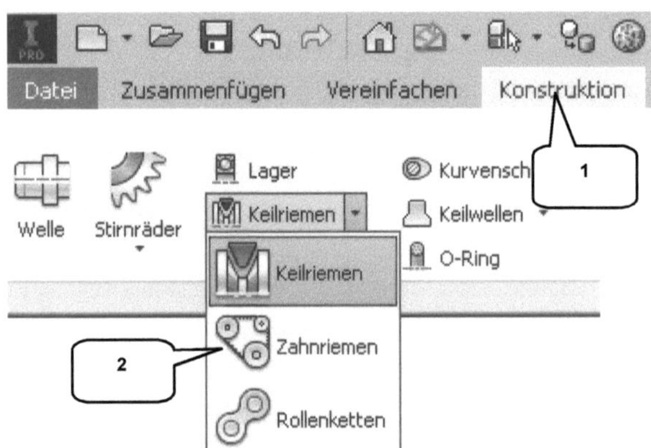

Zahnriemenantriebe können im Register **Konstruktion** (1) mit dem Befehl **Zahnriemen-Generator** (2) erstellt und berechnet werden.

Hier ist zuerst der gewünschte Zahnriementyp auszuwählen und es müssen dann die Referenzen zur Positionierung ausgewählt werden. Weiterhin können zusätzliche Riemenscheiben platziert werden.

6.2.1.1 Register KONSTRUKTION

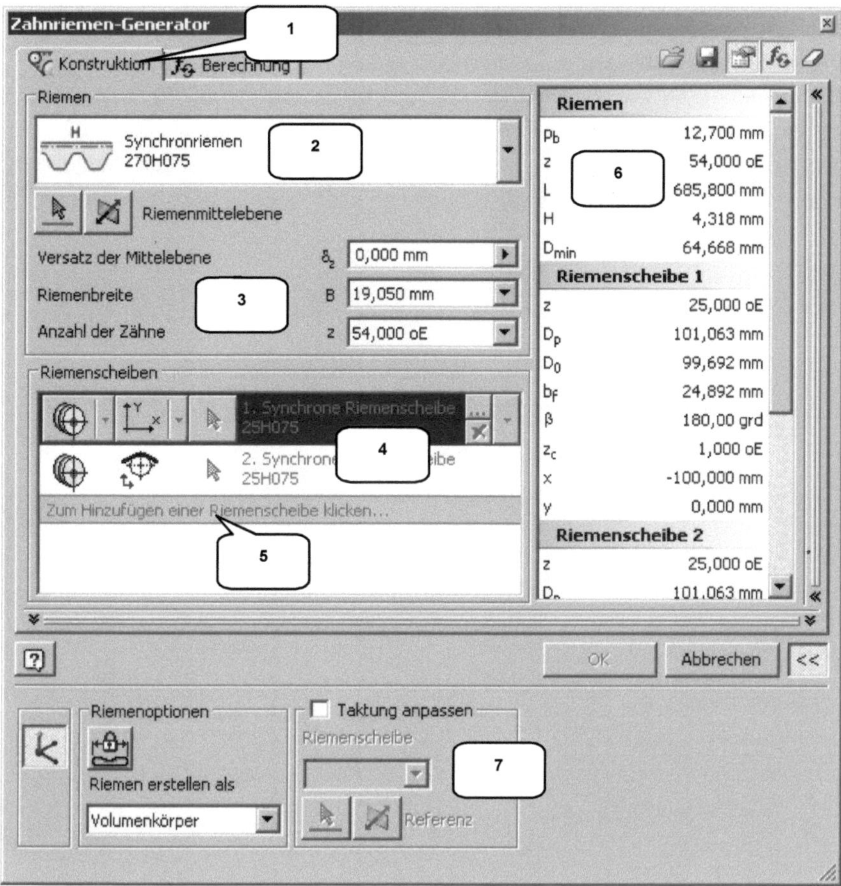

Im Register **Konstruktion** kann ein Zahnriementyp aus dem Inhaltscenter ausgewählt und anschließend bearbeitet werden. Riemenscheiben und Spannrollen können ergänzt und bearbeitet werden. Die Konstellation kann als Vorlage exportiert werden und vorhandene Vorlagen können importiert werden.

1) Register: Konstruktion/ Berechnung
2) Riementyp auswählen
3) Riemenmittelebene, Versatz der Mittelebene, Riemenbreite und Anzahl der Zähne
4) Riemenscheiben/ Spannrollen bearbeiten

5) Riemenscheiben/ Spannrollen hinzufügen
6) Berechnungsergebnisse
7) Riementrieb als Skizze, Volumenkörper oder detailliert darstellen

6.2.1.2 Register BERECHNUNG

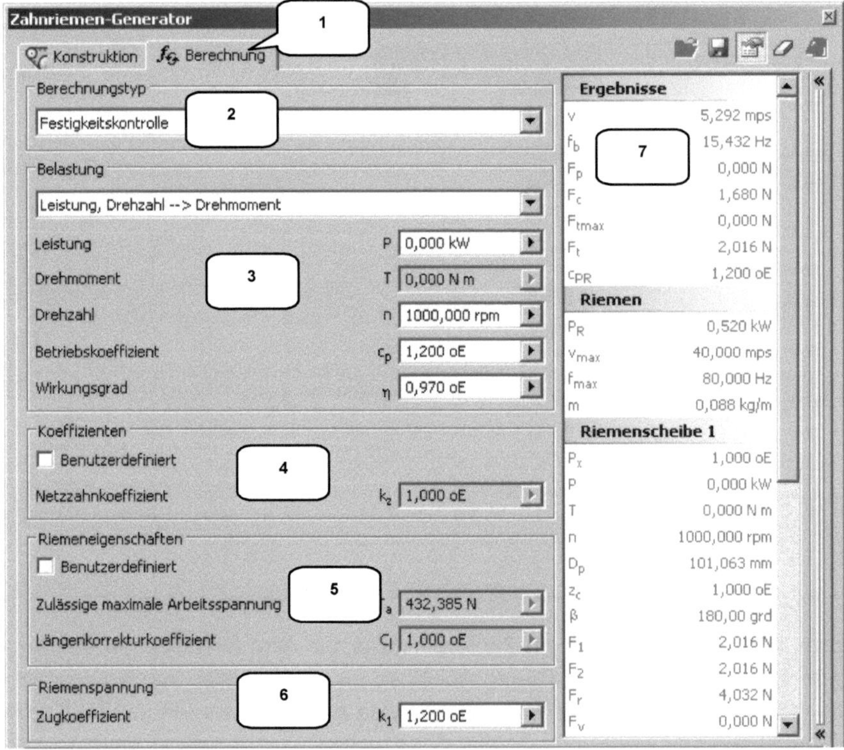

Im Register **Berechnung** kann der Riemenantrieb zur Dimensionierung oder zu Kontrollzwecken berechnet werden.

OPTIONEN

1) Register: Konstruktion/ Berechnung
2) Berechnungstyp
3) Belastung
4) Koeffizienten

5) Riemeneigenschaften
6) Riemenspannung
7) Berechnungsergebnisse

6.2.2 Zahnriemenantrieb zwischen Nocken-und Kurbelwelle erzeugen

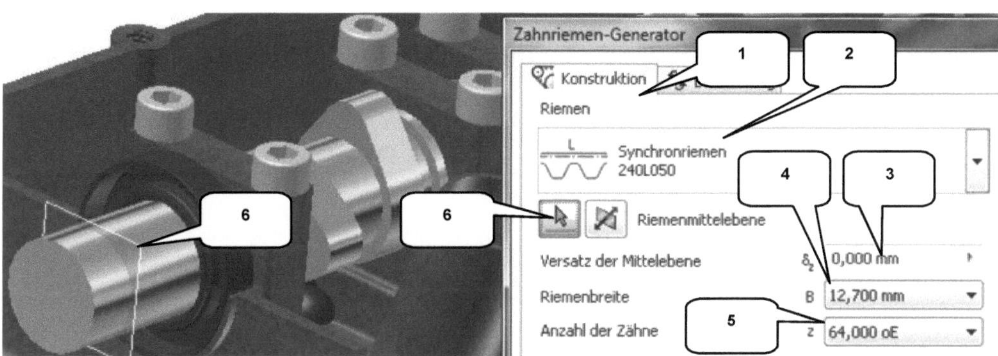

Wählen Sie im Register *Konstruktion* (1) per Klick auf das *Riemensymbol* (2) den Riementyp *Synchronriemen L*, wählen Sie einen Versatz von *0 mm* (3) eine Riemenbreite von *12,7 mm* (4) und definieren Sie die Anzahl der Zähne mit dem Wert *64* (5).

Die axiale Platzierung des Riemens muss natürlich direkt an Nocken- und Kurbelwelle erfolgen, wobei die jeweiligen zylindrischen Flächen als Referenzen zu wählen sind. Als radiale *Referenzebene* ist die markierte Ebene (6) zu verwenden: sie befindet sich auf der Nockenwelle.

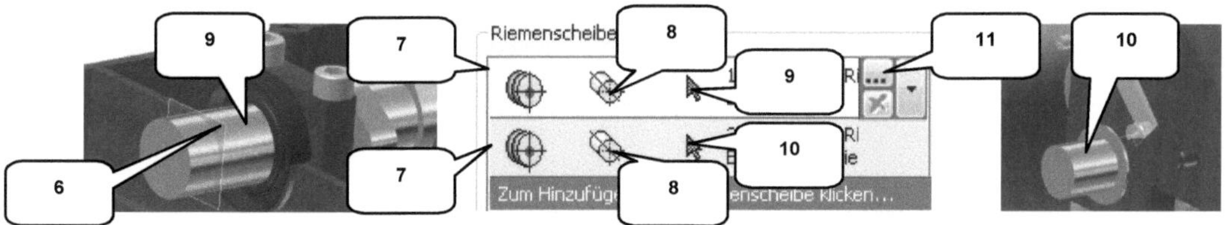

Im Auswahlfeld der *Riemenscheiben* müssten bereits zwei Riemenscheiben vordefiniert sein. Achten Sie darauf, dass in beiden Zeilen jeweils die Optionen *Komponente* (7) und *Feste Position über ausgewählte Geometrie* (8) aktiviert ist[2].

---

[2] Sollten andere als die geforderten Optionen aktiviert sein, müssen diese korrigiert werden.

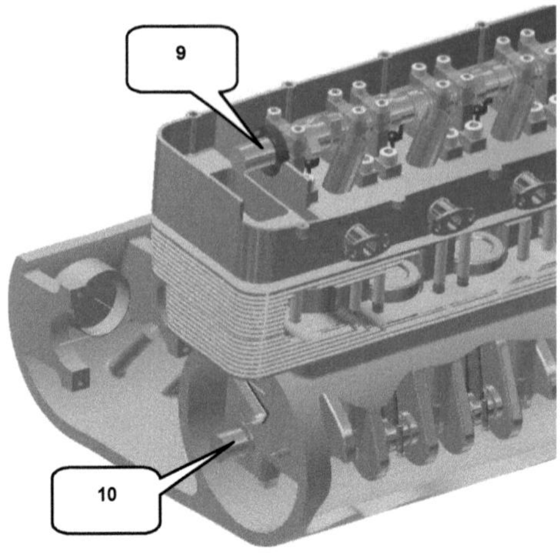

Weisen Sie der ersten Riemenscheibe die Zylinderfläche der Nockenwelle (9) zu und der zweiten Riemenscheibe die Zylinderfläche der Kurbelwelle (10)[3].

Klicken Sie auf die Zeile des ersten Riemenrades und öffnen Sie dort die [...] *Eigenschaften* (11). Aktivieren Sie dort die **Benutzerdefinierte Größe** (12) und übernehmen Sie alle Einstellungen und Werte der folgenden Abbildung.

Beenden Sie den Befehl abschließend mit OK *OK*.

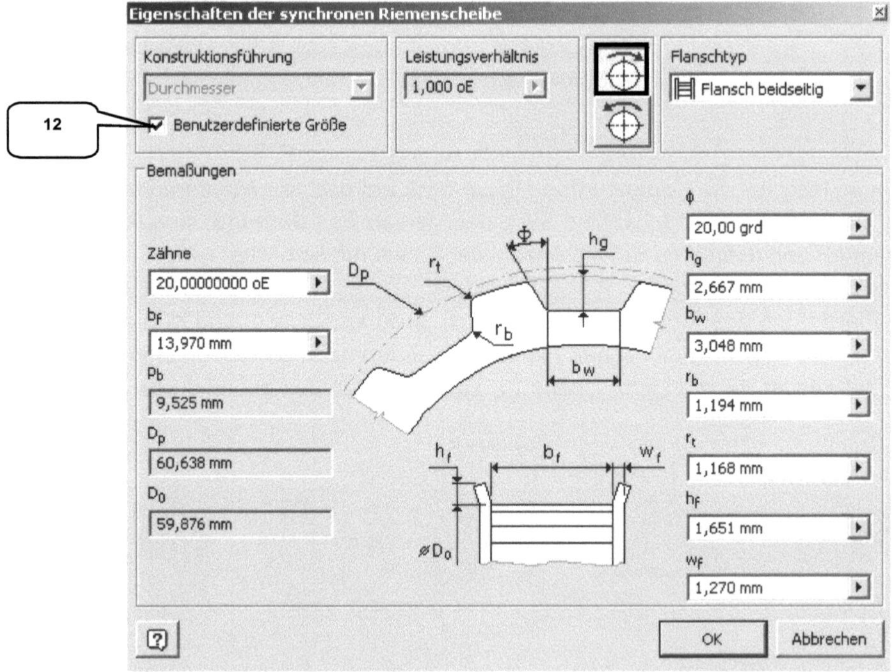

---

[3] Sollte die Auswahl der Riemenscheiben-Referenzen nicht möglich sein (der ▸ *Pfeil* würde dann grau hinterlegt sein und sich nicht aktivieren lassen), dann aktivieren Sie zuerst die Option *Vorhanden*, wählen danach die Referenzen aus und kehren anschließend wieder zur Option *Komponente* zurück.

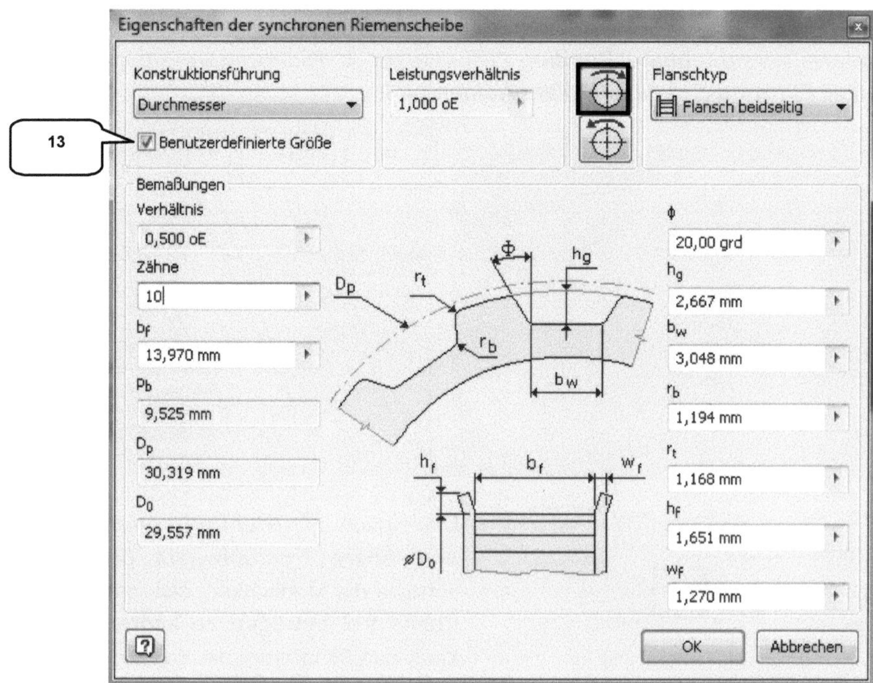

Im Anschluss daran sind die *Eigenschaften* der zweiten Riemenscheibe zu bearbeiten, wofür die zweite Zeile im Bereich *Riemenscheiben* des Zahnriemen-Generators aktiviert werden muss, um dort die ⋯ *Eigenschaften* zu öffnen. Aktivieren Sie die *Benutzerdefinierte Größe* (13) und übernehmen Sie die Einstellungen der oberen Abbildung.

Zum Spannen des Riemens sollte eine zusätzliche Spannrolle in Form einer flachen Riemenscheibe hinzugefügt werden. Dafür muss auf das Feld *Zum Hinzufügen einer Riemenscheibe ...* (14) geklickt werden, um eine *Flache Riemenscheibe (metrisch)* (15) auswählen zu können.

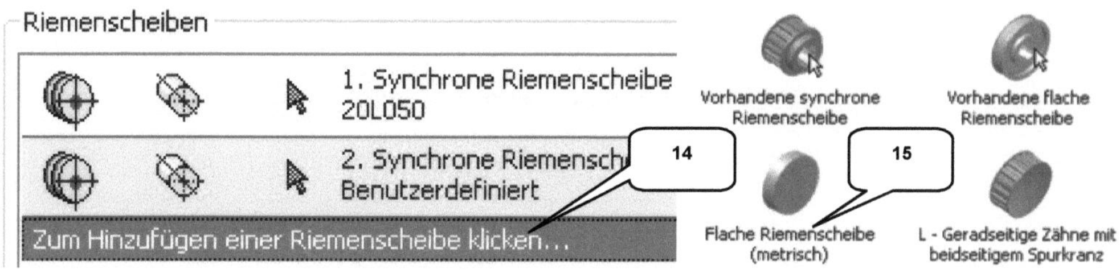

Aktivieren Sie in der neuen Zeile die Optionen 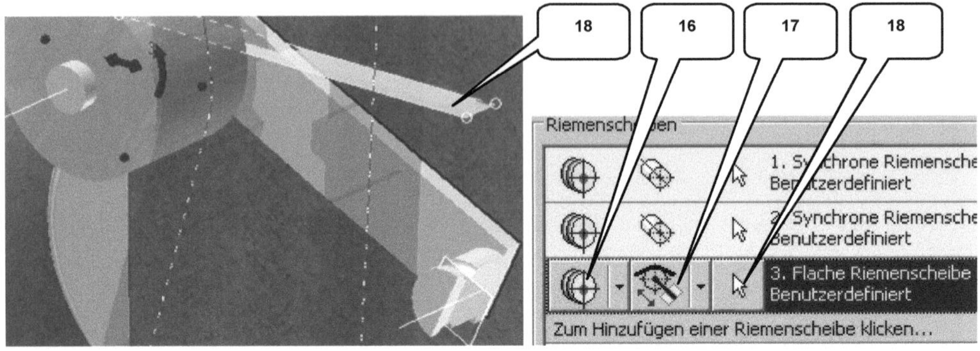 **Komponente** (16) sowie **Richtungsorientierte verschiebbare Position** (17) und als **Richtungsreferenz** die Ebene (18) am Bauteil **Führung-Spannrolle-Zahnriemen**.

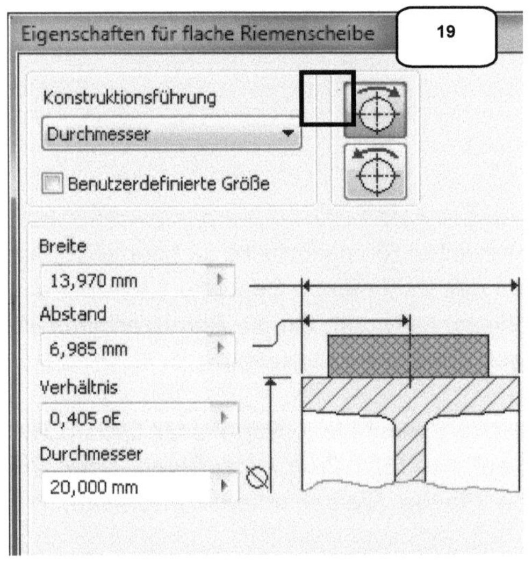

Die Option **Richtungsorientierte verschiebbare Position** gibt der Riemenscheibe die Möglichkeit, sich planar auf der Ebene frei bewegen zu können. Dadurch kann das Programm die Zahnriemenlänge - unter Beachtung der technischen Randbedingungen - berechnen[4].

Öffnen Sie dafür die **Eigenschaften** der flachen Riemenscheibe und übernehmen Sie die Vorgaben der nebenstehenden Abbildung (19).

Derzeit verläuft der Zahnriemen noch links neben der Spannrolle (20), was aufgrund der konstruktiven Eigenschaften des Zahnriemens (außen glatt, innen gezahnt) natürlich falsch wäre. Klicken Sie zur Korrektur auf den **gebogenen Pfeil** (21) der Spannrolle. Der Verlauf des Zahnriemens müsste jetzt korrigiert worden sein (22).

---

[4] Zahnriemenantriebe unterliegen festen Berechnungsvorschriften. Um dem Programm zu ermöglichen, die Riemenlänge unter Beachtung aller Parameter korrekt errechnen zu können, ist es notwendig, eine der drei Riemenscheiben mit einem zusätzlichen Freiheitsgrad zu versehen: Er ermöglicht eine Korrektur der Riemenlänge.

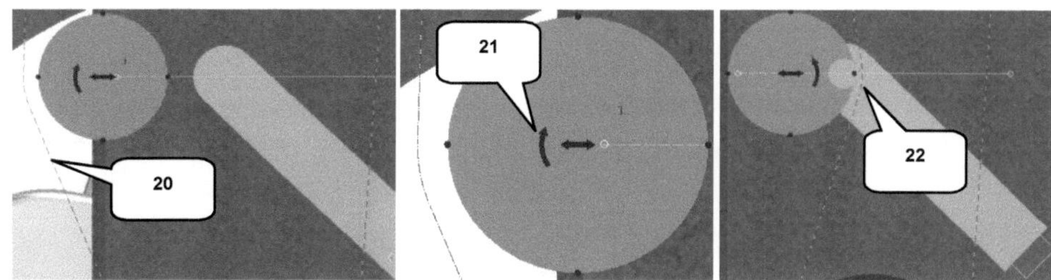

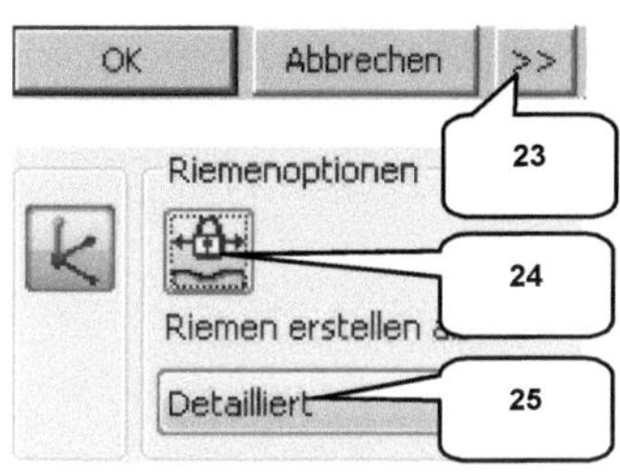

Das korrigierte Ergebnis ist in der oberen rechten Abbildung zu sehen. Der Riementrieb kann jetzt berechnet werden.

>> Erweitern Sie das Befehlsfenster (23) und deaktivieren Sie im unteren Bereich des Zahnriemen-Generators die **Riemenlängensperre** (24).

Stellen Sie die Option **Detailliert** (25) ein, wechseln Sie ins Register Berechnung **Berechnung** und starten Sie die Berechnen **Berechnung**. OK **OK** beendet den Befehl abschließend. [5] Die Abfrage nach dem Speicherort der Komponenten Zahnriemen, Riemenräder und Spannrolle kann ebenfalls mit OK **OK** bestätigt werden[6].

Innerhalb des Projektordners wird jetzt automatisch ein neuer Ordner **Konstruktions-Assistent** erstellt, worin die neuen Komponenten gesichert werden.

Nachdem der Zahnriemen konstruiert wurde, sollte die gesamte Baugruppe **gespeichert** werden. Dabei ist darauf zu achten, die Option Ja für alle **Ja für alle** zu aktivieren, denn nur so werden die neuen Komponenten auch sicher gespeichert.

---

[5] Sollte während der Berechnung des Riemenantriebs eine Fehlermeldung angezeigt werden, bestätigen Sie sie einfach. Leider reagiert das Programm auf kleine Abweichungen oft sehr sensibel, was der erfolgreichen Konstruktion allerdings keine großen Probleme bereiten wird.

[6] Soll der Zahnriemenantrieb später bearbeitet werden, so muss (am besten im Browser) mit der **rechten Maustaste** darauf geklickt und im Kontextmenü die Option **Mit Konstruktions-Assistent bearbeiten** ausgewählt werden. Um den kompletten Zahnriemenantrieb aus der Baugruppe zu löschen, muss im Kontextmenü die Option **Konstruktions-Assistent-Komponente löschen** ausgewählt werden. Dieses Vorgehen funktioniert bei allen Elementen des Registers **Konstruktion**, die über Programm-Generatoren erstellt wurden.

6.2.3 Befehlsgrundlagen ZUGFEDER-KOMPONENTEN-GENERATOR

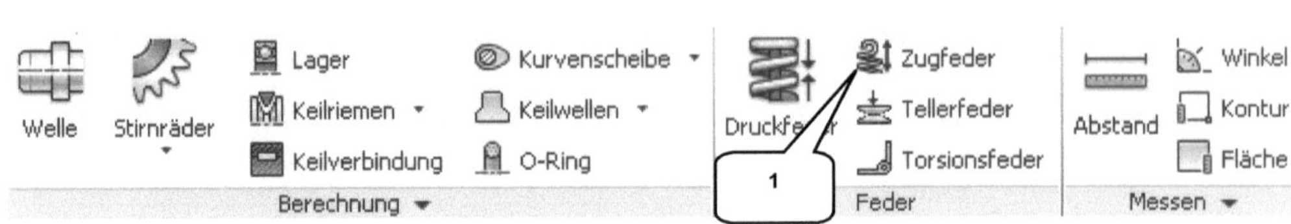

Mit dem $\blacksquare$ **Zugfeder-Komponenten-Generator** (1) können Zugfedern konstruiert und berechnet werden. Sie können während der Konstruktionsphase leider nicht auf bereits vorhandene geometrische Elemente der Baugruppe bezogen platziert werden, weshalb sie manuell mit Abhängigkeiten versehen werden müssen.

6.2.3.1 Register KONSTRUKTION

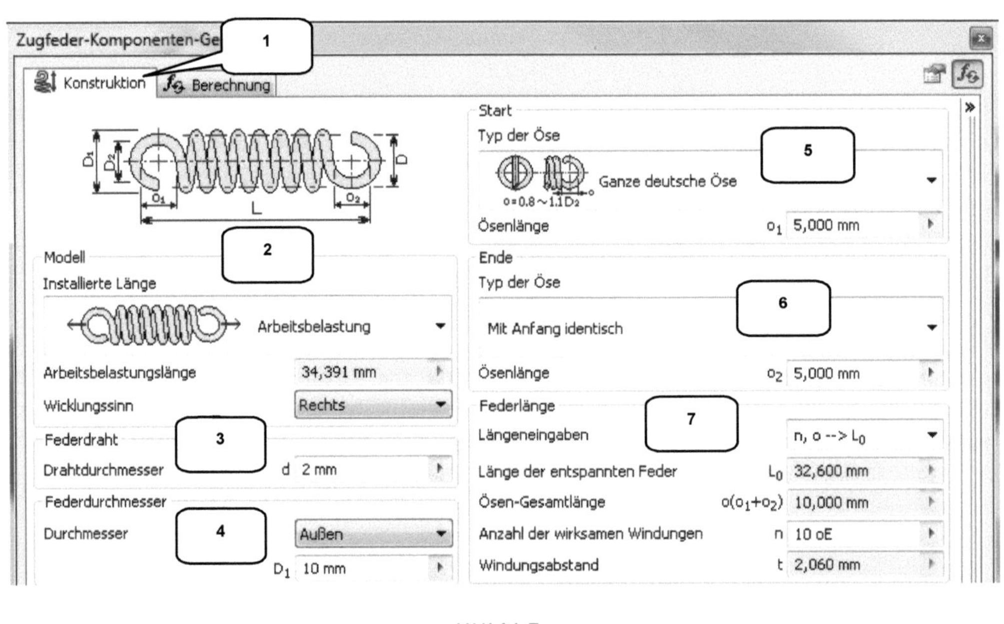

Im Register **Konstruktion** können Federform, Drahtdurchmesser, Typ der Öse und Federlänge definiert werden.

1) Register: Konstruktion/ Berechnung	5) Typ der ersten Öse
2) Darzustellende Belastung	6) Typ der zweiten Öse
3) Durchmesser Federdraht	7) Federlänge
4) Durchmesser Feder	

6.2.3.2 Register BERECHNUNG

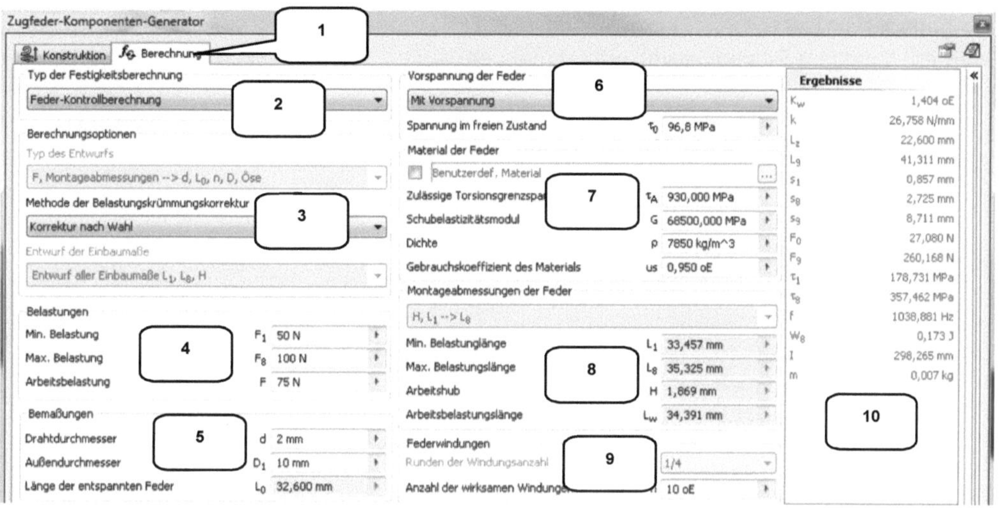

Im Register **Berechnung** werden der Typ der Festigkeitsberechnung definiert (Zugfeder-entwurf, Feder-Kontrollberechnung, Berechnung der Arbeitskräfte), sowie Belastungen, Be-maßungen, Vorspannungen, Material, Windungen und Abmessungen festgelegt.

1) Register: Konstruktion/ Berechnung	6) Vorspannung der Feder
2) Typ der Festigkeitsberechnung	7) Federmaterial
3) Berechnungsoptionen	8) Montageabmessungen der Feder
4) Belastungen	9) Federwindungen
5) Bemaßungen	10) Berechnungsergebnisse

6.2.4 Spannrolle des Zahnriemens mit einer Zugfeder beaufschlagen

Um den Riemenspanner des Zahnriemens mit einer kontinuierlichen Kraft beaufschlagen zu können, soll eine einfache Zugfeder konstruiert werden. Sie soll den Riemenspanner gegen den Zahnriemen drücken und damit einen konstant gespannten Riementrieb gewährleisten. Verwendet werden soll eine Spiralfeder mit beidseitig geschlossenen Ösen.

Übernehmen Sie die Vorgaben der Register **Konstruktion** (1) und **Berechnung** (2) aus den folgenden Abbildungen und starten Sie anschließend die Berechnung der Feder (3), um sie zu generieren. Nach ihrer Fertigstellung kann sie einmal frei im Zeichenbereich abgelegt werden, denn ihre Positionierung erfolgt manuell.

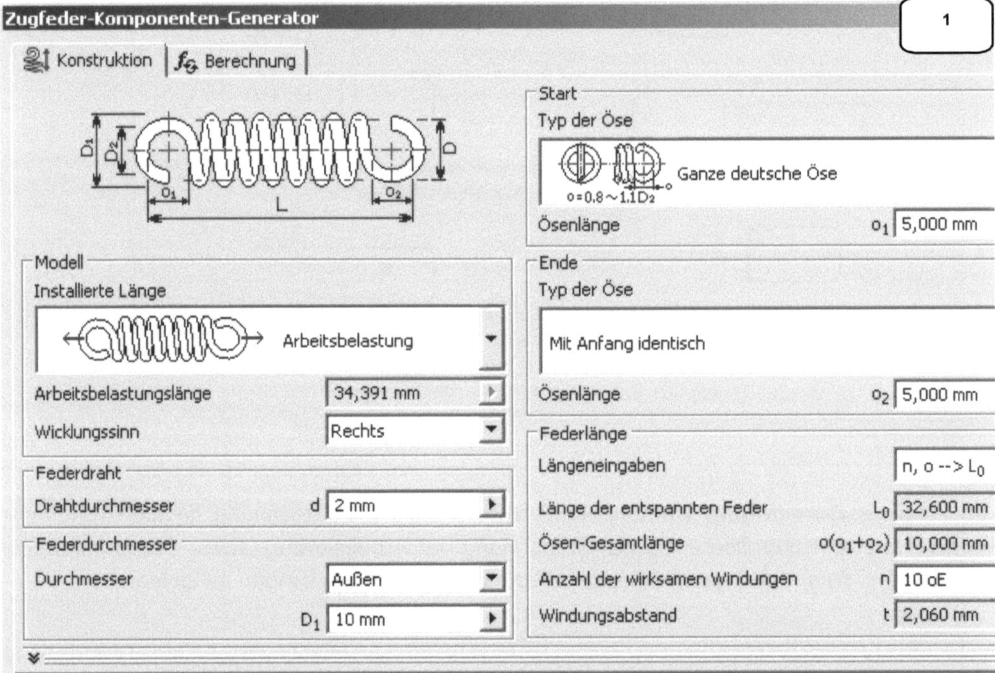

Zur Positionierung der Feder sind insgesamt drei Abhängigkeiten zu platzieren, welche mit dem Befehl ⬛ **Abhängig machen** im Register **Zusammenfügen** zu erstellen sind.

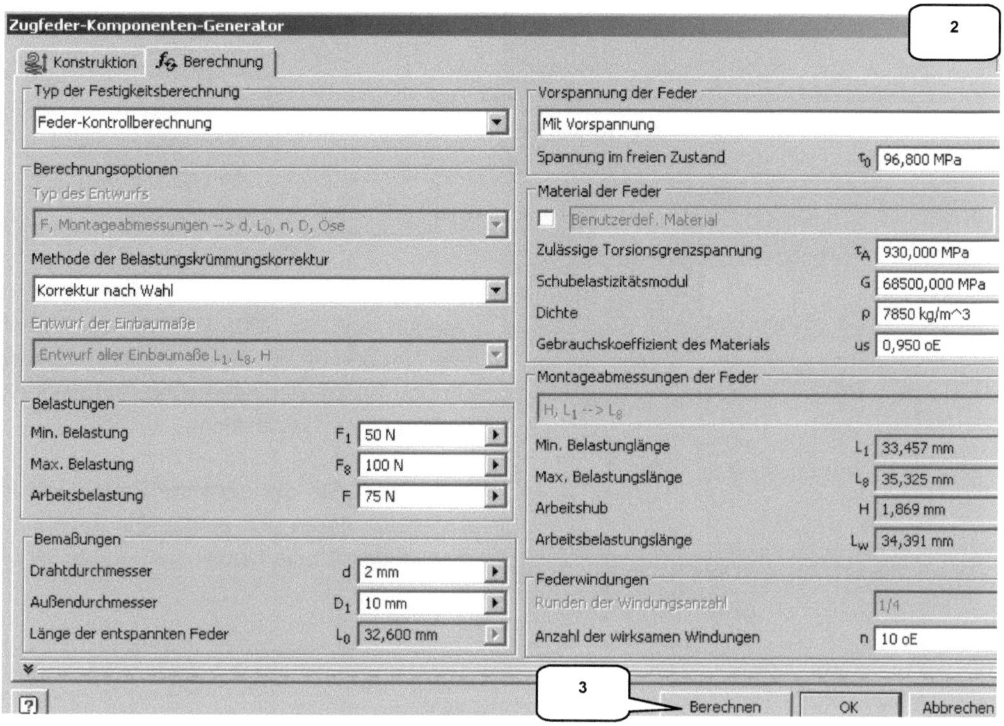

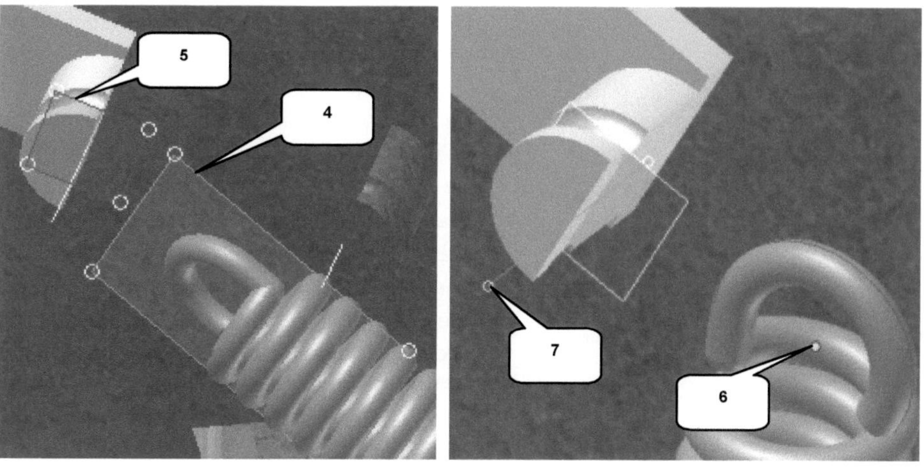

Verbinden Sie zuallererst die **XY-Ebene** der Zugfeder (4) mit der markierten **Arbeitsebene** des Bauteils **Führung-Spannrolle-Zahnriemen** (5).

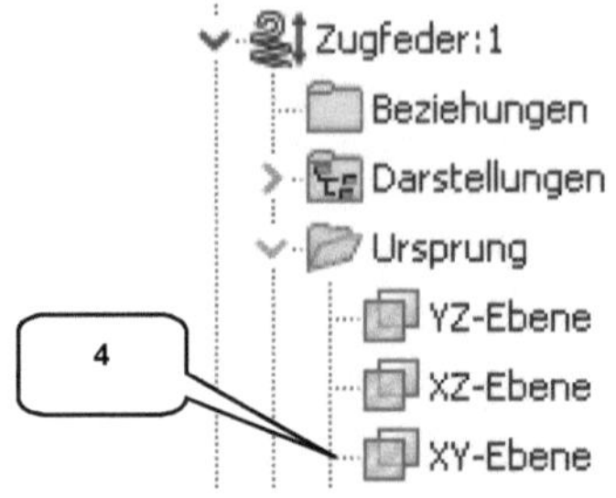

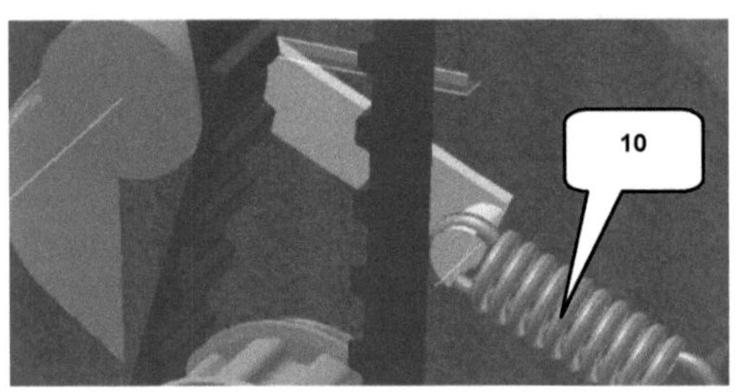

Danach sind die **Mittelpunkte** der Feder-ösen (6) und (8) mit den markierten **Achsen** (7) und (9) zu verbinden (Bild (10) zeigt die Feder in ihrer Zielposition).

Speichern Sie die gesamte Baugruppe im Anschluss daran und achten Sie auch dies-mal wieder auf die Option ⌷Ja für alle⌷ **Ja für al-le**.

6.3 Konstruktion einer Druckfeder
6.3.1 Erzeugen einer geschnitten dargestellten Ansicht

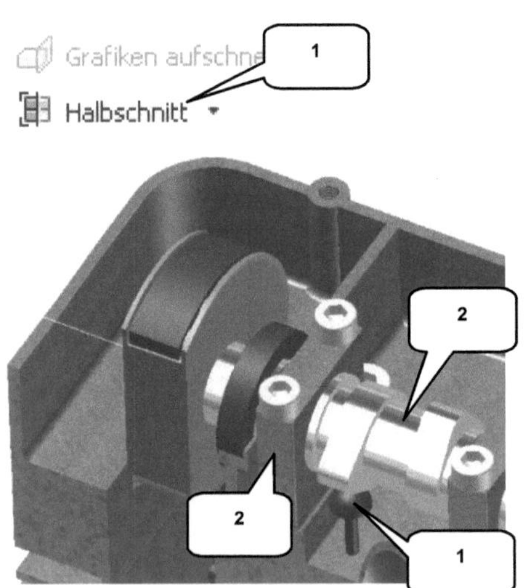

Auch zwischen den **Ventilen** (1) und dem **Zylinderkopf** (2) sollen zusätzliche Spiralfe-der erzeugt werden. In diesem Fall sind es Druckfedern welche die Ventile konstant ge-gen die Nockenwelle pressen.

Zur besseren Ansicht ist die Baugruppe ge-schnitten darzustellen.

Wechseln Sie hierfür ins Register **Ansicht**, starten Sie den Befehl ▦ **Halbschnitt** (1) in der Befehlsgruppe **Darstellung** und wählen Sie die markierte Seitenfläche (2) des No-ckenwellenhalters als Referenzfläche. Be-stätigen Sie die Auswahl mit ☑ **OK** und kehren Sie ins Register **Konstruktion** zu-rück.

6.3.2 Befehlsgrundlagen DRUCKFEDER-GENERATOR

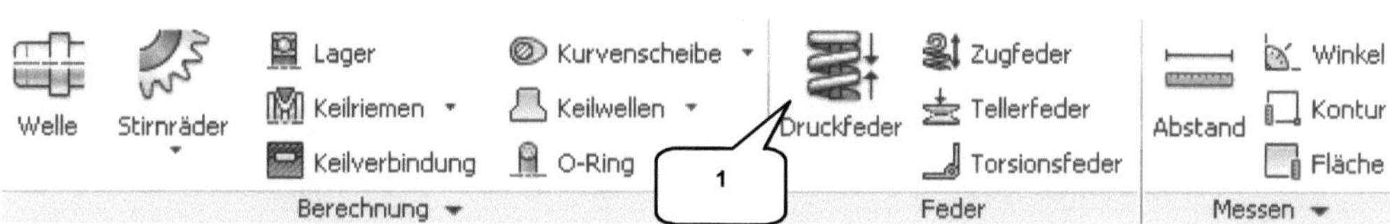

Sollen Druckfedern konstruiert und berechnet werden so kann der Befehl **Druckfeder-Generator** (1) verwendet werden. Im Gegensatz zum Zugfedern-Generator können Elemente aus dem Druckfeder-Generator bereits während ihrer Konstruktion aus dem Befehl heraus platziert und positioniert werden.

6.3.2.1 Register KONSTRUKTION

INHALT

Im Register **Konstruktion** kann die Druckfeder definiert und auf vorhandene geometrische Referenzen der Baugruppe bezogen werden. Weiterhin sind die physikalischen Eigenschaften, wie Federanfang, Federende, Federlänge und Federdurchmesser auszuwählen.

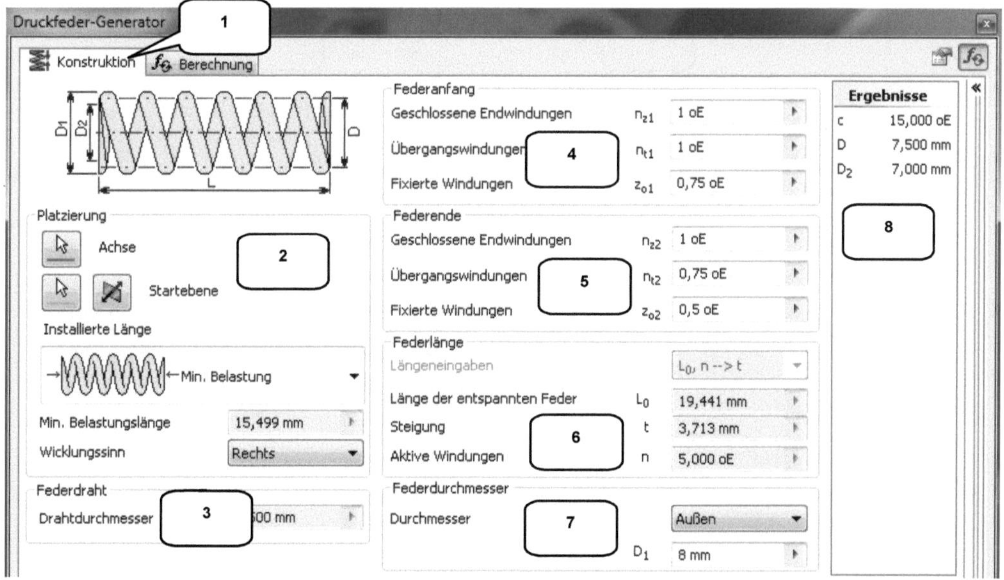

OPTIONEN

1) Register: Konstruktion/ Berechnung
2) Platzierung (Achse, Ebene), Federbelastung
3) Federdrahtdurchmesser
4) Federanfang
5) Federende
6) Federlänge
7) Federdurchmesser
8) Berechnungsergebnisse

6.3.2.2   Register BERECHNUNG

INHALT

Im Register **Berechnung** werden Berechnungstyp, Berechnungsoptionen, Federmaterial und Federbelastung definiert.

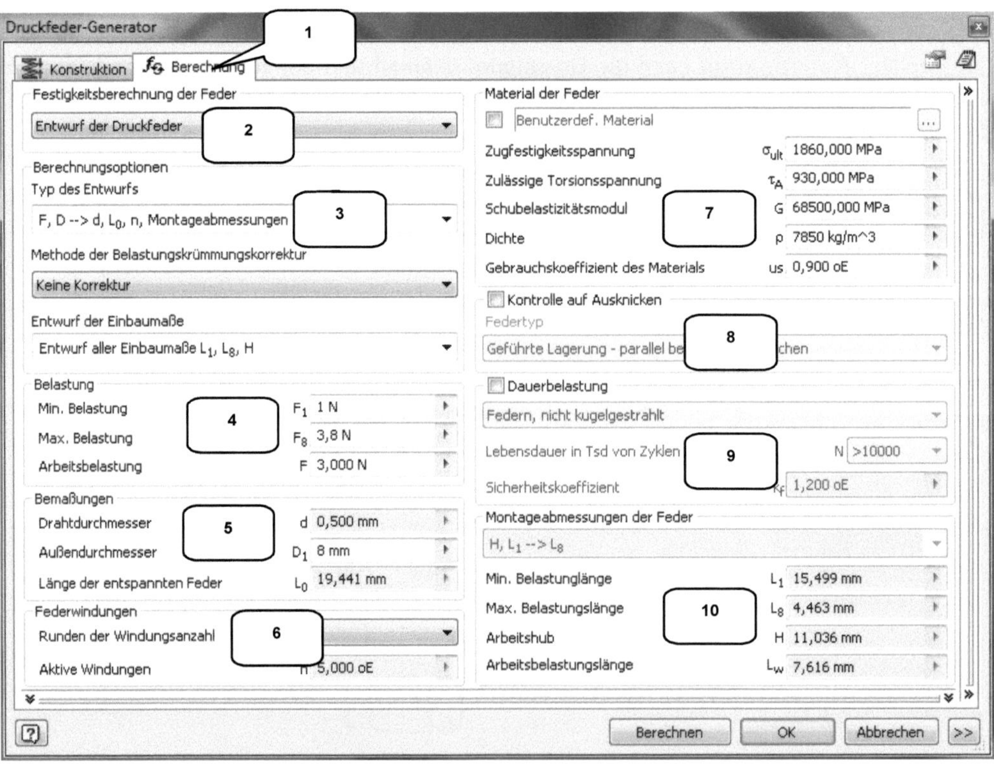

OPTIONEN

1) Register: Konstruktion/ Berechnung
2) Berechnungstyp
3) Berechnungsoptionen
4) Belastung
5) Bemaßungen

6) Windungen
7) Federmaterial
8) Kontrolle auf Ausknicken
9) Dauerbelastung
10) Montageabmessungen der Feder

6.3.3 Druckfeder zwischen Ventil und Zylinderkopf erzeugen

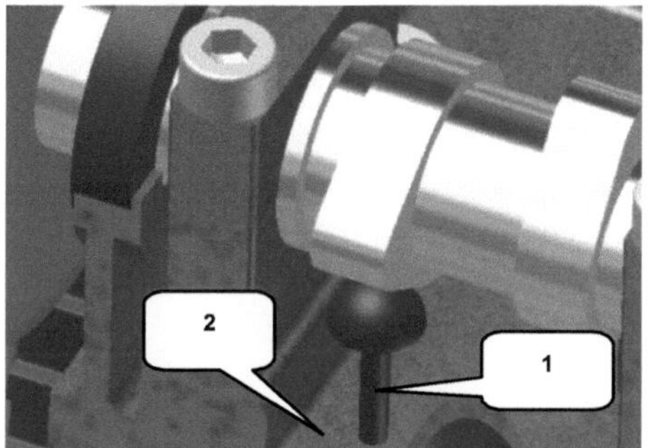

Im Register **Konstruktion** sollten zuerst die geometrischen Referenzen definiert werden:

Als **Achse** ist die Zylinderfläche des Ventils (1) zu wählen und als **Startebene** die Oberfläche des Zylinderkopfes (2). Alle Werte und Einstellungen der Register **Konstruktion** (3) und **Berechnung** (4) sind den folgenden Abbildungen zu entnehmen.

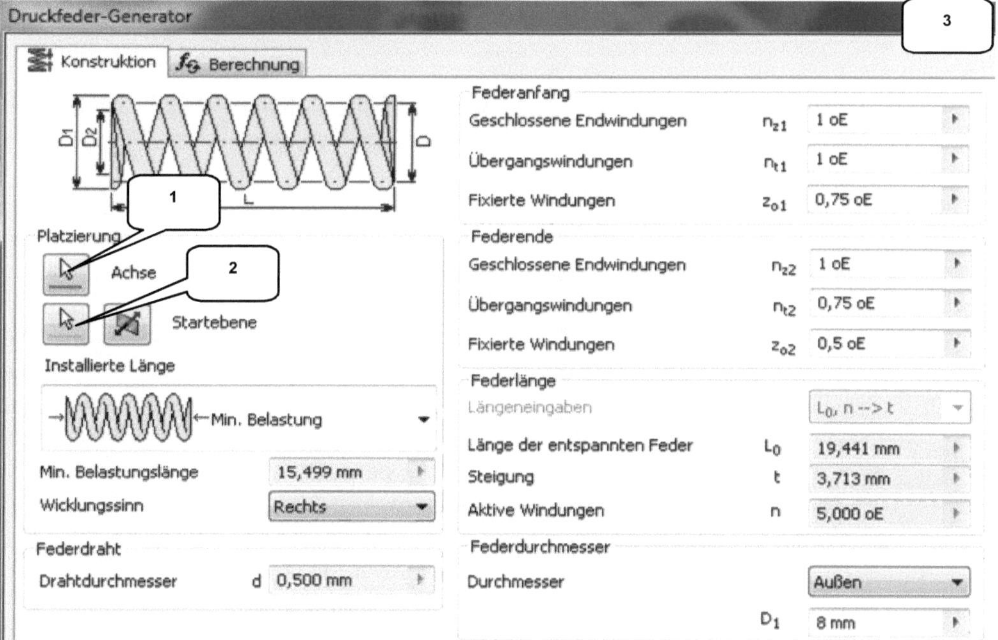

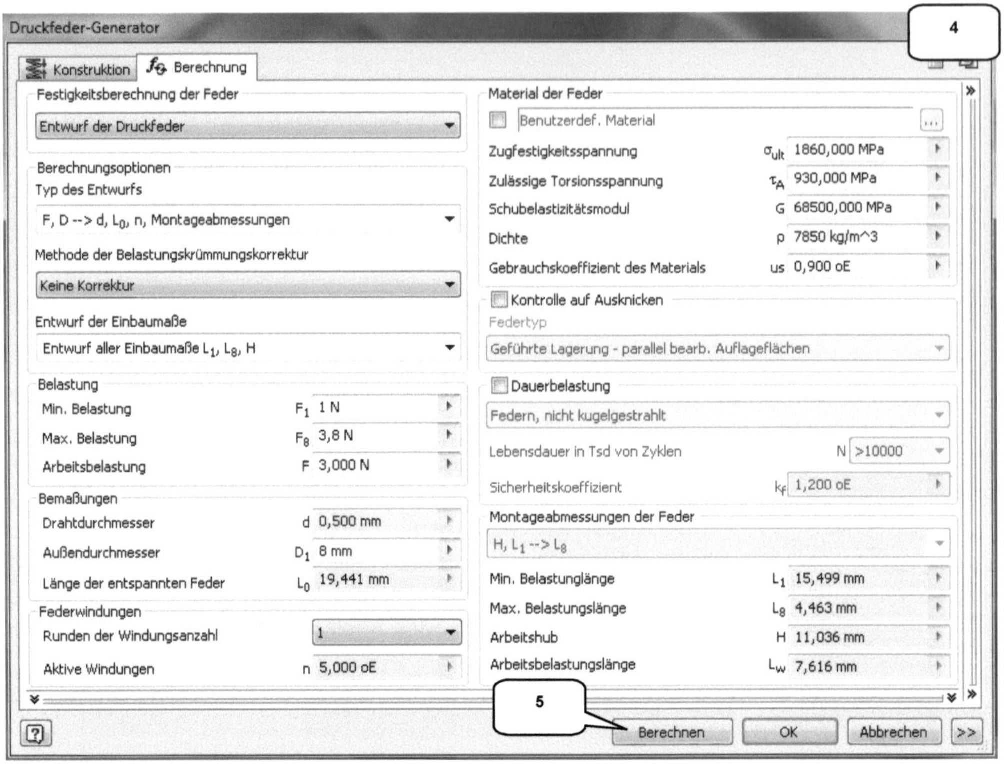

HINWEIS: Der Wert der *minimalen Belastungslänge* wird automatisch anhand der restlichen Eingaben berechnet und muss daher nicht vorgegeben werden.

Wurden alle Werte übertragen, kann mit der **Berechnung** (5) gestartet werden.

Die Ergebnisse sind anschließend durch einen Klick auf **OK** zu übernehmen und auch die Schnittdarstellung der Baugruppe kann wieder beendet werden (Register **Ansicht**, Befehl **Schnitt beenden**).

Speichern Sie die Baugruppe abschließend (**Ja für alle**).

15 INDEX

A

Aktivierung des Einzelbenutzerprojektes	33
Aktivierung von Autodesk® Inventor® 2021	13
Anwendungsoptionen (empfohlene Einstellungen)	23
Arbeitsbereich	19
Arten der Inventor-Belastungsanalyse	36
Aufbau der Schweißbaugruppe	144
AUSZUG AUS DEM BUCH DYNAMISCHE SIMULATION	180

B

Basiskontur zeichnen	131
Baugruppe DYNAMISCHER_RADLADER_VEREINFACHT öffnen	37
Baugruppe DYNAMISCHER_RADLADER_VEREINFACHT öffnen	85
Baugruppe SBG-KIPPZYLINDER_FIXIERUNG öffnen	144
Bauteil HUBRAHMEN bearbeiten	59
Bauteil HUBRAHMEN öffnen	138
Bauteil HUBZYLINDER_KOLBEN öffnen	74
Bauteil KIPPZYLINDER_FIXIERUNG öffnen	155
Bauteil KIPPZYLINDER_FIXIERUNG optimieren	162
Bauteil KOLBEN öffnen	90
Bauteil RAD_BOLZEN_VR öffnen	106
Bauteile isolieren	86
Befehlsgruppen in der Belastungsanalyse	38
Begrenzungsbedingungen deaktivieren	53
Belastungen platzieren	76
Benötigte Kraft einer gewünschten Verformung berechnen	99
Benötigte Kraft ermitteln	101
Berechnungsergebnisse in den Parameter-Manager übernehmen	127
Berechnungsergebnisse verwerten	164
Bericht erstellen	103
Blechstärke festlegen	130
Browser	18

D

Der Browser in der Belastungsanalyse	41
Die Baugruppe im Überblick	35
DIE ERSTEN SCHRITTE	20
Die parametrische Tabelle	118
DIE UMGEBUNG DER BELASTUNGSANALYSE	36
Download der Übungsdateien	33
Download des Programms	11

E

Einspann- und Belastungssituation des Bauteils KOLBEN	79
Einzelpunkt-Studie erstellen	43
Einzelpunkt-Studie erstellen	74
Einzelpunkt-Studie erstellen	134
Einzelpunkt-Studie erstellen	138
Einzelpunkt-Studie erstellen	145
Ergebnisanalyse	51
Ergebnisinterpretation	65
Ergebnisinterpretation	123
Ergebnisinterpretation	140
Ergebnisinterpretation	142
Ergebnisinterpretation	151
Ergebnisinterpretation	154
Ergebnisinterpretation	163
Exportieren der Ergebnisse	127

F

Feste Abhängigkeiten platzieren	141
Festgelegte Abhängigkeit platzieren	157
Fläche erstellen	131
Formen-Generator-Studie erstellen	155
Formen-Generator-Studie erstellen	155
Für Anwender von Autodesk® Inventor® 2021 auf Macintosh	11

G

Grundlagen: Animieren	66
Grundlagen: Automatische Kontakte und manuelle Kontakte	149
Grundlagen: Begrenzungsbedingungen	53
Grundlagen: Belastungsanalyse-Einstellungen	45
Grundlagen: Bereich beibehalten	158
Grundlagen: Bericht	102
Grundlagen: Dünne Körper suchen	135
Grundlagen: Externes Kraftmoment	78
Grundlagen: Farbleisteneinstellungen	55
Grundlagen: Festgelegte Abhängigkeiten	90
Grundlagen: Form anwenden	164
Grundlagen: Form erstellen	162
Grundlagen: Formengenerator-Einstellungen	159
Grundlagen: Gleicher Maßstab	55
Grundlagen: Handbuch	44
Grundlagen: Konvergenzeinstellungen und -plot	67
Grundlagen: Körperlasten	78
Grundlagen: Kraft und Druck	76
Grundlagen: Lagerbelastung und Drehmoment	77
Grundlagen: Lokale Netzsteuerung	61
Grundlagen: Material zuweisen	48
Grundlagen: Maximal- und Minimalwertdarstellungen	56
Grundlagen: Mittelfläche und Versatz	135
Grundlagen: Netzeinstellungen und Netzansicht	57
Grundlagen: Neue Studie erstellen	42
Grundlagen: Parametrische Tabelle	118
Grundlagen: Pin-Abhängigkeiten und reibungslose Abhängigkeiten	91
Grundlagen: Prüfen	64
Grundlagen: Schattierungen	53
Grundlagen: Schwerkraft	77
Grundlagen: Simulieren	50
Grundlagen: Symmetrieebene	159
Grundlagen: Verschiebungsanzeige	56
GRUNDLEGENDE VORBEREITUNGEN	33
Grundlegender Aufbau des Analysebereiches	37
GRUNDLEGENDES ZUM BUCH	9

H

Hauptmenü 16

I

INSTALLATION VON AUTODESK® INVENTOR® 2021 10
Installation von Autodesk® Inventor® 2021 12
Installationsvoraussetzungen 12

K

Konstruktion eines dünnwandigen Blechbauteils 130
Konstruktionsabhängigkeiten auswählen 119
Konstruktionselemente von Studien ausschließen 68
Kontakt- und Kraftangriffsflächen präzisieren 59
Kontaktbedingungen berechnen und auswerten 150
Kontaktbedingungen korrigieren 152
Kontaktflächen bearbeiten 85
Kontaktflächen bearbeiten 152
Kontaktflächen präzisieren 87
Kontaktflächen präzisieren 109
Kontaktflächen zwischen KOLBEN und HUBRAHMEN def. 90
Kontaktflächen zwischen KOLBEN und ZYLINDER definieren 93
Kraft durch festgelegte Abhängigkeit ersetzen 96
Kraft F1 platzieren 114
Kraft F2 platzieren 115
Kraft platzieren 157
Kraft zwischen KOLBEN und ZYLINDER platzieren 80
Kräfte platzieren 148
Kräfte und Momente 52

L

Lagerbelastung durch festgelegte Abhängigkeit ersetzen 99
Lagerbelastung platzieren 149
Lagerkraft zwischen KOLBEN und HUBRAHMEN platzieren 83
Laschen hinzufügen 132
Lasten und Abhängigkeiten platzieren 113
Lernprogramme 21

M

Material zuweisen	113
Material zuweisen	134
Material zuweisen	140
Material zuweisen	156
Materialien zuweisen	49
Materialien zuweisen	75
Materialien zuweisen	146
Maximalen Sicherheitsfaktor ermitteln	125
Maximalwert der Von Mises-Spannung lokalisieren	57
Mechanismus simulieren	50
Minimale Masse ermitteln	126
Mittelfläche generieren	136
Modalanalyse befestigter Bauteile	141
MODALANALYSEN	138
Modalanalysen unbefestigter Bauteile	138
Multifunktionsleiste	17

N

Netzansicht generieren	135
Netzansicht generieren	137
Netzdarstellung aktivieren	58
Netzstruktur lokal verfeinern	61
Neues Blechbauteil erstellen	130

O

Oberflächen trennen	60
Optimierte Bauteilgeometrie anwenden	128
Optimierte Bauteilgeometrie erneut berechnen	167
Optimierte Kontur berechnen	163
Optimierte Kontur in den Modellbereich übertragen	164
Optimierungskriterien auswählen	158

P

Parameter im Skizzenbereich kennzeichnen	106
Parametrische Studie erstellen	112

PARAMETRISCHE STUDIEN — 106
Parametrische Tabelle bearbeiten — 122
Programmaufbau — 15
PROGRAMMAUFBAU UND PROGRAMMOBERFLÄCHE — 15
Programmhilfe und neue Funktionen — 20
Projektordner erstellen — 33
Prüfpunkte hinzufügen — 64
Prüfpunkte platzieren — 64

R

Radbolzen verankern — 116
Randbedingungen analysieren — 113
Randbedingungen analysieren — 146
Randbedingungen definieren — 42
Randbedingungen definieren — 145
Randbedingungen definieren — 156
Reibungslose Abhängigkeiten definieren — 92
Reibungslose Abhängigkeiten platzieren — 93
Reibungslose Abhängigkeiten platzieren — 117
Reibungslose Abhängigkeiten platzieren — 147
Rückstoßkräfte ermitteln — 97
Rundungen von Studie ausschließen — 71

S

SCHLUSSWORT — 171
Schnellzugriff-Werkzeuge — 17
Schweißbaugruppe analysieren — 144
Schwerkraft platzieren — 116
Simulation aufzeichnen — 143
Simulation ausführen — 50
Simulation ausführen — 63
Simulation ausführen — 96
Simulation ausführen — 101
Simulation ausführen — 123
Simulation ausführen — 140
Simulation ausführen — 142
Simulation ausführen und aufzeichnen — 70
Simulation ausführen und aufzeichnen — 72

Simulation ausführen und aufzeichnen — 81
Simulation ausführen und aufzeichnen — 83
Simulation ausführen und aufzeichnen — 92
Simulation ausführen und aufzeichnen — 94
Simulation ausführen und aufzeichnen — 121
Simulation ausführen und aufzeichnen — 150
Simulation ausführen und aufzeichnen — 153
Simulation ausführen und aufzeichnen — 168
Simulation der fehlerhaften Kontaktsituation — 150
Simulation und Ergebnisinterpretation — 169
Simulationsergebnisse animieren — 66
Startbildschirm — 19
Studie kopieren — 68
Studie kopieren — 95
Studie kopieren — 99
Studie kopieren — 141
Studie kopieren — 167
Studie kopieren — 168
STUDIEN AN SCHWEIßBAUGRUPPEN — 144
STUDIEN DÜNNWANDIGER BAUTEILE — 130
STUDIEN STATISCH BESTIMMTER BAUTEILE — 42
STUDIEN STATISCH UNBESTIMMTER BAUTEILE — 74
Studien-Parameter auswählen — 120
Subtraktionsgeometrie von der Studie ausschließen — 169
Symmetrieebene festlegen — 162
Systemanforderungen — 10

T

Tatsächlich auftretende Kräfte ermitteln — 95
TOPOLOGIEOPTIMIERUNG MIT DEM FORMENGENERATOR — 155

U

Überarbeiten der Grundeinstellungen — 160
Überschüssiges Material entfernen — 165
Umgebung der Belastungsanalyse aktivieren — 61
Umgebung der Belastungsanalyse aktivieren — 74
Umgebung der Belastungsanalyse aktivieren — 111
Umgebung der Belastungsanalyse aktivieren — 133

Umgebung der Belastungsanalyse aktivieren 138
Unveränderbare Bereiche festlegen 160

V

Verformungen ermitteln 98
Vergleichsstudie erstellen 168
Vorbereitungen im Bereich der Belastungsanalyse treffen 111
Vorbereitungen im Bereich der Belastungsanalyse treffen 133
Vorbereitungen im Modellbereich treffen 106

Z

Zusatzmodule (empfohlene Einstellungen) 21

Herstellung und Verlag:
BoD – Books on Demand, Norderstedt
ISBN: 978-3-7519-5763-2